全国高等院校计算机基础教育研究会重点立项教材

计算机系统平台

主　编　何　颖

副主编　杨志奇　李春阁　杜　璞
　　　　何晓菊　董金明

主　审　张　钢

北京邮电大学出版社
www.buptpress.com

内 容 简 介

本书的目标定位是实现计算机应用型人才的系统能力培养,内容以高级语言(以 C 语言为例)是如何编译形成可执行文件后,在硬件上的执行为主线,将 C 语言、汇编语言、计算机组成原理、数字逻辑、微机接口原理等课程的知识进行串联。本书共分 7 章,分别介绍了计算机系统概述、数字电路分析与设计基础、计算机容易存储与处理的数据形式、计算机能够理解与执行的程序形式、计算机执行程序的过程、计算机存储程序和数据的方式、计算机输入/输出程序和数据的方式等内容。

本书内容循序渐进、浅显易懂、案例丰富,可作为计算机专业独立学院和大专院校计算机系统方面的基础性教材。

图书在版编目(CIP)数据

计算机系统平台 / 何颖主编 . -- 北京:北京邮电大学出版社,2018.7 (2021.6 重印)

ISBN 978-7-5635-5469-0

Ⅰ. ①计… Ⅱ. ①何… Ⅲ.①电子计算机－高等学校－教材 Ⅳ.①TP3

中国版本图书馆 CIP 数据核字(2018)第 139169 号

书　　　名:计算机系统平台
著作责任者:何　颖　主编
责 任 编 辑:满志文　穆晓寒
出 版 发 行:北京邮电大学出版社
社　　　址:北京市海淀区西土城路 10 号(邮编:100876)
发 　行 　部:电话:010-62282185　传真:010-62283578
E-mail:publish@bupt.edu.cn
经　　　销:各地新华书店
印　　　刷:北京九州迅驰传媒文化有限公司
开　　　本:787 mm×1 092 mm　1/16
印　　　张:15.75
字　　　数:387 千字
版　　　次:2018 年 7 月第 1 版　2021 年 6 月第 3 次印刷

ISBN 978-7-5635-5469-0　　　　　　　　　　　　　　　　定　价:36.00 元

前　言

随着后 PC 时代的到来,对计算机专业学生的能力要求不仅是编写应用程序,而且需要具有计算机系统观,能够进行软、硬件协同设计。而学生在学习计算机专业课程时,对计算机系统知识的理解大多存在孤立性、片面性,好比只看到了一节节单独的火车车厢,而没有将这些火车车厢连接起来,形成一辆完整的火车,而只有完整的火车才有它本来的价值。完整的火车是系统能力,即具备能够站在系统的高度考虑和解决应用问题的能力。“计算机系统平台”是一门将这些计算机专业知识进行连接、整合的课程,帮助学生树立计算机系统观,即对计算机系统有一个整体的认识,帮助学生在以后的编程或学习相关应用技术时,能站在计算机系统的高度考虑和解决问题。

本书的目标定位是实现计算机应用型人才的系统能力培养目标,帮助计算机专业的学生对计算机系统建立一个整体认识,具体来说就是理解高级语言(本书以 C 语言为例)程序是如何编译形成汇编语言,然后生成机器语言并被计算机识别,最终在计算机硬件上是如何执行的。这个过程将计算机专业知识如高级语言(C 语言)、操作系统、指令集架构、微体系结构、数字逻辑电路等串接、汇集在一起。我们希望能够培养学生在计算机系统层面的认知能力、分析能力和解决问题的能力,培养具有系统观的应用型人才。

本书由 7 章组成。第 1 章主要介绍电子数字计算机、Intel CPU 的发展历史以及集成电路的制造过程,以一个 C 语言程序的编译、链接生成机器指令并在模型机上执行过程为例,简要概述了计算机系统的层次结构,解析如何从高级语言到达底层电子器件,让学生对计算机的发展历史和计算机系统有一个基本且完整的认识。第 2 章主要介绍数字逻辑电路的基础知识,从而为后续章节中分析计算机各大部件奠定基础。主要从数字电路的概念、与布尔代数的关系、布尔代数的基本公式、常用定理和化简等过渡到如何分析与设计简单组合逻辑电路和简单同步时序逻辑电路。第 3 章主要介绍计算机底层中的各种数据表示、运算与高级语言中各种数据表示、运算的关系。以 C 语言为例,首先介绍了原码、反码、补码、定点、浮点等与 C 语言中定义的类型(如整型、浮点型、无符号数等)的对应关系。让学生明白高级语言中的数据在计算机底层是如何表示和存储的;然后结合 C 语言中的运算说明计算机底层中的运算是如何实现的;最后介绍了简单定点运算器的组成,其中重点介绍 ALU 是如何设计出来的。第 4 章主要介绍高级语言如何转换为底层的机器语言。首先从 Intel 最简单的 8086 微处理器过渡到 32 位微处理器 IA－32,介绍了两款微处理器的指令系统、寄存器组织、常用指令及操作,从而帮助学生读懂简单的 IA－32 的汇编语言程序;最后介绍了 C

语言中的主要函数调用语句、选择语句和循环语句转换为对应的汇编指令的过程,让学生清楚地看到高级语言中的常用语句是如何转换为底层的机器级指令的。第 5 章主要介绍被转换为底层机器级指令的执行过程以及在 CPU 中执行的数据通路是怎样的。首先介绍了涉及数据通路的 CPU 的组成,包括寄存器、运算器、控制器以及时序系统;然后以一个简单的实例计算机为例,配以时序系统和由 4 条简单指令构成的指令系统,讨论 4 条指令在模型机上的微操作序列、数据通路的情况以及控制器的设计。第 6 章介绍主存储器与 CPU 的连接、写入和读出的过程,PC 中如何扩展半导体存储器以及高速缓存的结构。重点介绍主存储器与 CPU 连接,以及"装入""存储"机器指令的操作过程。第 7 章主要介绍了高级语言中输入/输出函数与底层输入/输出指令的对应关系以及最终在计算机底层实现的过程。以一个 C 语言小程序为例简单介绍了 I/O 子系统的概念、作用以及过程,进一步说明查询、中断和 DMA 三种方式在底层实现的过程;还介绍了中断方式和 DMA 方式的具体硬件实现。

本书是全国高等院校计算机基础教育研究会重点立项教材。参与本书编写的作者有何颖、杨志奇、李春阁、杜璞、何晓菊、董金明。天津大学的张钢教授对本书的编写进行了全程指导。由于计算机技术在不断发展,加之作者水平有限,书中难免存在不妥之处,敬请广大读者批评指正。

编者　何颖
2018 年 1 月于天津大学仁爱学院

目 录

　　　3.8.2　内部总线 ·· 83

　　　3.8.3　算术逻辑运算单元(ALU) ····························· 84

　习题 ·· 85

第 4 章　计算机能够理解与执行的程序形式 ···················· 87

　4.1　程序转换概述 ··· 87

　　　4.1.1　机器指令与汇编指令 ································· 87

　　　4.1.2　指令集体系结构 ····································· 88

　　　4.1.3　生成机器代码的过程 ································· 89

　4.2　80x86 指令系统概述 ····································· 92

　　　4.2.1　指令格式 ··· 92

　　　4.2.2　CPU 寄存器组织 ····································· 92

　　　4.2.3　IA-32 CPU 寄存器组织 ······························ 96

　　　4.2.4　8086 寻址方式 ····································· 97

　　　4.2.5　IA-32 的寻址方式 ································· 100

　4.3　IA-32 常用指令类型及其操作 ·························· 101

　　　4.3.1　传送指令 ··· 102

　　　4.3.2　定点算术运算指令 ································· 105

　　　4.3.3　按位运算指令 ····································· 108

　　　4.3.4　控制转移指令 ····································· 111

　　　4.3.5　IA-32 汇编语言实例 ······························ 112

　4.4　C 语言程序的机器级表示 ····························· 113

　　　4.4.1　过程调用语句的汇编指令表示 ····················· 113

　　　4.4.2　选择语句的汇编指令表示 ························· 114

　　　4.4.3　循环结构和汇编指令表示 ························· 115

　　　4.4.4　数组的分配和访问 ································· 116

　习题 ·· 117

第 5 章　计算机执行程序的过程 ······························· 119

　5.1　程序执行的概述 ··· 119

　5.2　CPU 的基本功能和组成 ································· 122

　5.3　时序控制方式与时序系统 ······························· 124

　　　5.3.1　时序控制方式 ····································· 124

　　　5.3.2　三级时序系统 ····································· 124

　5.4　数据通路 ··· 125

　　　5.4.1　构造一个模型机 ··································· 126

　　　5.4.2　模型机的时序系统 ································· 127

第1章 计算机系统概述

1.1 第一台电子数字计算机的诞生

世界上第一台电子数字计算机于 1946 年在美国宾夕法尼亚大学诞生,它的名字叫 ENIAC(埃尼阿克),是电子数值积分计算机(The Electronic Numerical Integrator and Computer)的缩写。在第二次世界大战期间,美国军方每天需要计算 6 张火炮射程表以便对导弹的研制进行技术鉴定。每张射程表都要计算几百条弹道,而每条弹道的数学模型是一组非常复杂的非线性方程组。飞行时间为 60 秒的弹道,使用当时最新式的微分分析仪计算也需要 20 分钟。为了提高计算速度,美军求助于美国宾夕法尼亚大学的摩尔电机学院,承担这次开发任务的"莫尔小组"由埃克特、莫克利、戈尔斯坦、博克斯四位科学家和工程师组成。1946 年,世界上第一台电子数字计算机 ENIAC 投入试运行,用 ENIAC 计算弹道参数,60 秒弹道的计算由原来的 20 分钟减少为 30 秒,大大缩短了计算时间。

ENIAC 是个庞然大物,高 8 英尺(约 2.44 米)、宽 3 英尺(约 0.9 米)、长 100 英尺(约 30.48 米),使用了 18 000 个真空电子管,耗电 174 千瓦,占地 170 平方米,重达 30 吨,与现在的计算机相比,它的计算能力并不强,每秒可进行 5 000 次加法运算或 50 次乘法运算,可进行平方、立方、sin 和 cos 函数数值运算等。ENIAC 如图 1.1 所示。

图 1.1 世界上第一台电子数字计算机 ENIAC

用今天的标准来看,ENIAC 是那样的"笨拙"和"低级",其功能远不如今天最普通的一台个人计算机,但在当时它已是运算速度的绝对冠军,并且其运算的精确度和准确度也是史无前例的。以圆周率(π)的计算为例,中国的古代科学家祖冲之利用算筹,耗费 15 年心血,才把圆周率计算到小数点后 7 位数。一千多年后,英国人香克斯以毕生精力计算圆周率,才计算到小数点后 707 位。而使用 ENIAC 进行计算,仅用了 40 秒就达到了这个记录,还发现香克斯的计算中,第 528 位是错误的。ENIAC 运行了十年的时间,但其算术运算量比有史以来人类进行的所有运算总和还要大得多。它的诞生是一个历史的里程碑,标志着人类进入了一个崭新的信息革命时代。

但是 ENIAC 与现代电子计算机还有很大的差距,因为其采用十进制操作,不能存储程序,只能通过开关、电缆或硬连线实现编程。1945 年 3 月,冯·诺依曼和他的研究小组公布了"存储程序"式计算机 EDVAC 的方案,这标志着现代计算机的诞生。但由于种种原因,EDVAC 直到 1951—1952 年才开始运行。同样著名的另一个"存储程序"式计算机是英国剑桥大学所研制的 EDSAC,于 1949 年 5 月在剑桥大学开始运行。"存储程序"式计算机的特点可归纳如下:

(1) 计算机由运算器、控制器、存储器、输入设备和输出设备五大部件组成;

(2) 指令和数据均用二进制形式表示;

(3) 指令和数据以同等地位存放于存储器内,并可按地址访问;

(4) 指令在存储器内按顺序存放,但也可以根据运算结果或某种设定条件改变指令执行顺序。

存储程序思想的重要意义在于,人们可以根据自己的预想编写程序,然后将编好的程序送入存储器,并启动计算机工作,计算机就能在没有操作人员的干预下,自动逐条地取出指令和执行指令。

1.2　计算机发展的时代划分

(1) 第一代计算机(20 世纪 40 年代中期到 20 世纪 50 年代末)

• 以电子管作为逻辑元件,如图 1.2 所示,用电子管制造的计算机通常会占据整个房间。

图 1.2　电子管

- 使用汞延迟线或磁鼓作为存储设备,后来逐渐过渡到用磁芯存储器。磁芯存储器如图 1.3 所示,磁鼓如图 1.4 所示。

图 1.3　磁芯

图 1.4　磁鼓

- 主要以定点运算为主,采用机器语言与汇编语言进行编程;
- 运算速度大约每秒几千次至几万次;
- 这个时代的计算机体积大,速度慢,存储容量小。

典型机型:ENIAC,EDSAC,冯·诺依曼型计算机 IAS,以及我国自己研制的 104 机、103 机和 119 机等。

（2）第二代计算机(20 世纪 50 年代末期到 60 年代中期)

- 以晶体管(图 1.5)作为逻辑元件,与电子管相比,晶体管体积仅为 1/100,耗电量也仅为 1/100,而寿命却要长 100 倍。但这个时代的计算机相比现代的计算机还是很重、很大。
- 用磁芯或磁鼓作为存储器。
- 引入浮点运算,支持早期的高级程序设计语言,如 FORTRAN、COBOL 和 ALGOL 等。

图 1.5　晶体管

- 运算速度每秒几万次至几十万次。
- 这个时代的计算机比第一代计算机体积小,速度快,功耗小,可靠性高。
- 典型机型:PDP-1,如图 1.6 所示(从图中可以看到 PDP-1 与其外设差不多占据了整个房间)。IBM 7040、IBM 7070、IBM 7090、CDC1640 以及国产计算机的代表 109 机、441B 和 108 机等。

（3）第三代计算机(20 世纪 60 年代中期到 70 年代中期)

- 以集成电路(Integrated Circuit)为基本元器件。集成电路是微电子技术与计算机技术相结合的一大突破,为实现计算机可靠性高、体积小、功耗低奠定了基础。这时主要采用小规模集成电路和中规模集成电路。
- 以半导体存储器作为内存,以磁盘和磁带作为外存。磁带存储器如图 1.7 所示。
- 引入了多道程序和并行处理等新的技术,操作系统日益成熟。

图 1.6　PDP-1

图 1.7　磁带存储器

- 运算速度每秒几十万次至几百万次。
- 这个时代的计算机由于普遍采用集成电路,因此体积缩小,价格降低,功能增强,可靠性大大提高。
- 典型机型:IBM System/360 和 CDC6600、CDC7600 系列等,国产机型代表有 150、151、DJS-2000 系列和 DJS-1000 系列等。其中最为人所知的是 IBM System/360,它包括 512 KB 的存储器,运行主频为 4 MHz。并且该系统采用了很多新技术,如微程序控制、高速缓冲存储器、虚拟存储器和流水线技术等。IBM System/360 Model 30,如图 1.8 所示(从图中可以看出 IBM System/360 机器仍然是一台很大的设备)。

(4) 第四代计算机(20 世纪 70 年代中期至今)

- 采用大规模集成电路和超大规模集成电路。
- 运算速度每秒几百万次至上千万亿次。
- 以半导体存储器作为内存储器,磁盘、光盘等作为外存储器。
- 这个时代由于大规模和超大规模集成电路的发展,应用最广、最多的是个人计算机,各种技术也得到了飞速发展,包括并行处理、计算机网络、分布式操作系统、数据库技术等。

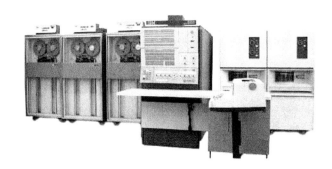

图 1.8　IBM System /360 Model 30 CPU
（磁带驱动器在其左侧，磁盘驱动器在其右侧）

由于计算机技术在不断进步，因此学术界和工业界不再以元器件为标准来划分第×代计算机。但目前也有一种说法，如果以公元 2000 年作为科技史的一个分水岭，那么从第四代计算机到公元 2000 年之前可以称为"PC"（Personal Computer）时代；而公元 2000 年之后则被称为"后 PC"（Post-Personal Computer）时代。即在 PC 时代，大家主要以个人计算机使用为主，而到了后 PC 时代，计算机网络将在人们生活中扮演重要角色，在这一阶段，人们开始考虑如何将客户终端设备变得更加智能化、数字化，从而使得改进后的客户终端设备轻巧便利、易于控制或具有某些特定的功能。随着计算机的进一步发展，云、普适化、嵌入式、智能化将是计算机发展的主要方向。

1.3　微型计算机的发展简史——Intel CPU 的发展

微型计算机简称"微型机""微机"，也称其为"微电脑"。微型计算机是由大规模集成电路组成的、体积较小的电子计算机。它的构成是以微处理器为基础，配以内存储器、输入/输出（I/O）接口电路和相应的辅助电路。

1971 年世界上第一台微处理器——英特尔 4004 诞生，它标志着微型计算机时代的到来。由于微型计算机的性能常常是用 CPU 的规格与频率来衡量的，而 Intel 公司的 CPU 演进史几乎就等于微处理器的演进史，因此本书从 Intel 系列 CPU 及其架构的发展来介绍微型计算机的发展。

Intel 公司推出的 CPU 经历过 4004、8008、8080、8086、80286、80386、80486、Pentium、Pentium Pro、Pentium Ⅱ、Pentium Ⅲ、Pentium 4，以及到现今主流的酷睿系列。

第一代（1971—1973 年）：4 位及低档 8 位微处理器。1971 年，Intel 公司推出了世界上第一个 4 位微处理器 Intel 4004 芯片。这款微处理器虽然功能有限，每秒只能执行 5 万条指令，主频只有 108 kHz，还不如第一台计算机 ENIAC。但它的集成度很高，一块重量不到一盎司（约 28.35 克）的 4004 芯片上集成了 2 300 个晶体管，Intel 4004 芯片如图 1.9 所示。这一突破性的发明为个人计算机铺平了道路，也开启了 Intel 公司 CPU 的发展之路。

但是 Intel 4004 芯片推出后，业内反应很平淡，主要是因为 Intel 4004 芯片的处理能力有限。1972 年 Intel 公司推出世界上第一款 8 位微处理器 Intel 8008。Intel 8008 芯片如图 1.10所示。8008 的频率为 200 kHz，晶体管集成数量达到了 3 500 个，性能是 Intel 4004 的两倍，能处理 8 位的数据。

图 1.9　Intel 4004 芯片

图 1.10　Intel 8008 芯片

第二代(1974—1978 年):中、低档 8 位微处理器。典型 CPU 芯片有:Intel 公司的 Intel 8080、Intel 8085。1974 年 Intel 公司推出的 CPU 芯片 Intel 8080,立刻引起了业界的轰动。Intel 8080 芯片的指令执行速度是 Intel 8008 的 10 倍,晶体管集成数量为 6 000 个,频率为 2 MHz。1974 年第一台 PC MITS Altair 8800 选择了 Intel 8080 作为其微处理器。用户仅仅花费 350 美元就可以购买 Altair。短短数月,Altair 的销量达到了数万台。

第三代(1978—1983 年)16 位微型计算机的发展阶段,微处理器有 Intel 8086、Intel 8088、Intel 80286。1978 年,Intel 公司推出了首枚 16 位微处理器 Intel 8086,Intel 8086 芯片如图 1.11 所示。时钟频率达到 4~8 MHz。它与上一代产品最大的区别就在于它是一颗 16 位的微处理器。同一年 Intel 公司在 Intel 8086 的基础上推出了 Intel 8088 处理器,它们都集成了 29 000 个晶体管。与 Intel 8086 拥有内部与外部均为 16 位的数据总线不同,Intel 8088 内部数据总线是 16 位,但外部数据总线是 8 位。

1982 年,Intel 80286 问世,这是 Intel 最后一片 16 位 CPU。Intel 80286 芯片如图 1.12 所示。该芯片虽然还是 16 位数据总线,但是集成了 13.4 万个晶体管。时钟频率达到 10 MHz。CPU 速度比 Intel 8086 提高了 5 倍多。从 80286 开始,CPU 的工作方式也演变出两种来:实模式和保护模式。实模式是指 80286 向后兼容 8086 的指令,保护模式是指增加部分新指令的工作模式。

图 1.11　Intel 8086 芯片

图 1.12　Intel 80286 芯片

第四代(1983—2000 年):主要是字长为 32 位的微处理器。这一阶段 Intel 公司推出的典型的微处理器芯片有:80386、80486、Pentium、Pentium Ⅱ、Pentium Ⅲ 及 Pentium 4 等。1985 年,Intel 公司 32 位 CPU 的第一代产品 Intel 80386(图 1.13)诞生。它的工作频率达

到 25 MHz,集成了 27.5 万个晶体管,超过了 Intel 4004 芯片的 100 倍,每秒可以处理 500 万条指令。1989 年,Intel 80486 芯片推出,它突破了 100 万个晶体管的界限。集成了 120 万个晶体管。Intel 80486 的时钟频率从 Intel 80386 的 25 MHz 逐步提高到 33 MHz、50 MHz。而且该芯片也是第一款具有"多任务"能力的处理器,即它可以同时处理多个程序的指令。

1993 年,Intel 公司推出了新一代 CPU,但是这一代 CPU 并没有按照惯例继 80486 以后用 80586 进行命名,而是采用 Pentium 来命名新一代的 CPU,Intel 公司还替它起了一个中文名字"奔腾",Intel Pentium 芯片如图 1.14 所示。它包含了 310 万个以上的晶体管,内置 16KB 的一级高速缓冲存储器,奔腾系列 CPU 的时钟频率由最初的 60 MHz 和 66 MHz 到后来的 200 MHz。

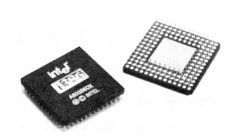

图 1.13　Intel 80386 芯片

图 1.14　Intel Pentium 芯片

第五代(2000 年至今):出现了字长为 64 位的微处理器芯片。2000 年 Intel 推出的微处理器 Itanium(安腾),安腾是专门用在高端企业级 64 位计算环境中的。2006 年英特尔公司继使用长达 12 年之久的"奔腾"处理器之后推出酷睿(Core)系列,Intel 先推出的酷睿一代用于移动计算机,上市不久即被酷睿 2 代所取代。酷睿 2 代包括"Core 2 Duo"双核和"Core 2 Quad"四核处理器,Core 2 Duo 在单个芯片上封装了 2.91 亿个晶体管,核心尺寸为 143 平方毫米。从 2010 年开始又逐渐推出了 Core i3、Core i5、Core i7 三个品牌的 CPU。Core i3 的 CPU 部分采用双核心四个线程,晶体管数量达到 3.82 亿个,核心面积为 81 平方毫米,三级缓存为 4 MB;Core i5 采用四核四线程,晶体管集成数量为 5.04 亿个,核心面积为 131 平方毫米,依旧采用整合内存控制器,三级缓存达到 8 MB;相比 Core i3 主要增加了睿频技术,即可以在不同负载下主频动态变化,能达到较好的节能效果。Core i7 处理器具有 4 核心＋8 线程(Extreme 系列则拥有 6 核心＋12 线程)、高主频、超大容量三级缓存等特性,晶体管数量集成到了 7.74 亿个,核心面积为 296 平方毫米,在缓存方面也采用了三级内含式高速缓冲存储器设计,一级高速缓冲存储器的设计和酷睿微架构一样;二级高速缓冲存储器采用超低延迟的设计,每个内核 256 KB;三级高速缓冲存储器采用共享式设计,被片上所有内核共享,容量为 4～20 MB。Intel Core i3 芯片如图 1.15 所示。

Intel CPU 系列芯片性能如表 1.1 所示。微型计

图 1.15　Intel Core i3 芯片

算机在社会上大量应用后,一座办公楼、一所学校、一个仓库常常拥有数十台以至数百台计算机,实现它们互连的网络随之兴起,进一步发展到多人使用多台计算机的网络计算时代,即后 PC 时代。

表 1.1　Intel 公司主要 CPU 参数

产品型号	推出年份	主频/Hz	晶体管/个	数据总线宽度/位	地址总线宽度/位
4004	1971	740 k	0.23 万	4	
8080	1974	4M	0.80 万	8	16
8086	1978	4.77 M	2.9 万	16	20
80286	1982	6～25 M	13.5 万	16	24
80386	1985	20～33 M	27.5 万	32	32
80486	1989	33～100 M	118.5 万	32	32
Pentium	1993	60～133 M	300 万	64	32
Pentium Pro	1995	150～233 M	550 万	64	32
Pentium Ⅱ	1997	233～400 M	750 万	64	32
Pentium Ⅲ	1999	450 M～1 G	950 万	64	32
Pentium Ⅳ	2000	1.5～3.66 G	4 200 万	64	32
Core i7	2010	2.66～3.6 G	11 700 万	64	64

1.4　芯片的制造

1.4.1　从晶体管到集成电路芯片

1947 年,贝尔实验室科学家肖克莱、巴丁和布拉顿组成的研究小组研制出第一只真正的晶体管,被证明是 20 世纪最重要的发明。从此人类步入了飞速发展的电子时代。

严格意义上讲,晶体管泛指一切以半导体材料为基础的单一元件,包括各种半导体材料制成的二极管、晶体管、场效应管、晶闸管等。晶体管出现后,人们就能用一个小巧的、消耗功率低的电子器件,来代替体积大、功率消耗大的电子管了。晶体管的发明为后来集成电路的降生吹响了号角。

2000 年的诺贝尔物理学奖得主杰克·基尔比先生(图 1.16)是集成电路的发明者、手持计算器的发明人之一。集成电路是指采用一定的工艺,把一个电路中所需的晶体管、电阻、电容和电感等元件及布线互连一起,制作在一小块或几小块半导体晶片或介质基片上,然后封装在一个管壳内,成为具有所需电路功能的微型结构;其中所有元件在结构上已组成一个整体,使电子元件向着微小型化、低功耗、智能化和高可靠性方面迈进了一大步。它在电路中用字母"IC"表示。当今半导体工业大多数应用的是基于硅的集成电路。

集成电路问世六年后,戈登·摩尔(图 1.17)预言:集成电路芯片上所集成的晶体管的数目,每隔 18 个月就翻一倍。摩尔的这个预言在后来的发展中得以证实,并在较长时期保持有效性,被人誉为"摩尔定律"。目前最先进的集成电路已含有 17 亿个晶体管。集成电路发展至今,实践证明,摩尔定律基本是正确的。

图 1.16 杰克·基尔比先生

图 1.17 戈登·摩尔先生

1.4.2 集成电路芯片的制造过程

集成电路芯片的制造过程是从硅开始的,硅是从沙子中发现的一种物质。普通的沙子约有 25% 的硅,是地壳中仅次于氧的最常见元素,主要以二氧化硅的形态存在。这些硅经过多个步骤纯化后,这些高纯度的硅原子结晶成一颗巨大的单晶硅,整体基本呈圆柱形(直径为 30.32~30.48 厘米,长度为 30.48~60.96 厘米),重可达 100 千克。

集成电路芯片的制造过程如图 1.18 所示。单晶硅被横向切成一片片薄薄的薄片,每一片就是一片"晶圆"。这些晶圆经过抛光后,就形成了制造芯片的原料。晶圆直径越大,切割时浪费的部分就越少,而且每一颗芯片的单价越低。

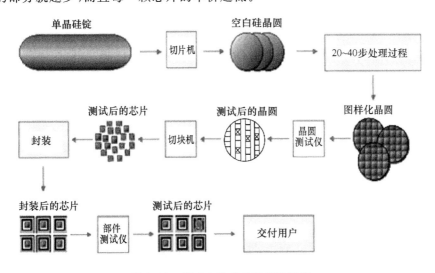

图 1.18 集成电路芯片的制造过程

从硅锭切下来以后,空白的晶圆经过 20~40 步的加工,产生图样化的晶圆,这些图样化的晶圆由晶圆测试器进行测试,测试后生成一张图,表示哪些部分是合格的,哪些是不合格。

接着这些晶圆被切块机切成芯片,淘汰那些有瑕疵的芯片,而不必淘汰整个晶圆,对这一过程进行量化描述可以用成品率来表示,即合格芯片数占总芯片数的百分比。例如20个芯片,其中有17个通过测试,那成品率是85%。

最后将芯片固定在塑胶或陶瓷基座上,把芯片上蚀刻出来的引线与基座底部伸出的引脚连接,盖上盖板并封焊成芯片,这一过程称为封装。在封装之后,必须经过多次测试,不合格的封装会在最后的测试中发现。最后芯片被交付给用户。

 扩展知识

芯片,英文为Chip;芯片组为Chipset。芯片一般是指集成电路的载体,也是集成电路经过设计、制造、封装、测试后的结果,通常是一个可以立即使用的独立的整体。"芯片"和"集成电路"这两个词经常混着使用,比如在大家平常讨论话题中,集成电路设计和芯片设计说的是一个意思,芯片行业、集成电路行业、IC行业往往也是一个意思。实际上,这两个词有联系,也有区别。集成电路实体往往要以芯片的形式存在,因为狭义的集成电路,是强调电路本身,比如简单到只有五个元件连接在一起形成的相移振荡器,当它还在图纸上呈现的时候,我们也可以叫它集成电路,当我们要拿这个小集成电路来应用的时候,那它必须以独立的一块实物,或者嵌入到更大的集成电路中,依托芯片来发挥它的作用;集成电路更着重电路的设计和布局布线,芯片更强调电路的集成、生产和封装。而广义的集成电路,当涉及行业(区别于其他行业)时,也可以包含芯片相关的各种含义。

1.5　计算机系统的组成

虽然计算机经历了几十年的发展,出现了类型多样、功能差别很大的计算机,但是它们的基本结构是类似的,都遵循着美籍匈牙利数学家冯·诺伊曼的存储程序原理。

1.5.1　计算机硬件组成

任何一台计算机的基础硬件都要完成相同的基本功能:输入数据、输出数据、处理数据和存储数据。

(1)数据输入/输出功能

数据输入/输出功能是指计算机内部的各个功能部件之间、计算机主机与外部设备之间、各个计算机系统之间进行信息交换的操作功能。计算机中两个关键部件输入设备与输出设备即可完成这项功能。

(2)数据处理功能

这是计算机最核心的功能,即它能进行一些最基本的算术运算和逻辑运算,从而组合成人类需要的一切复杂的运算和处理。处理的数据包括人类日常使用的十进制数据,也可以是文字、图像、声音和视频等非数值化的多媒体信息。

(3)数据存储功能

这是计算机能够进行存储程序原理工作的基础。因为计算机需要将人类提供的程序和数据提前保存,并在需要时被自动取出执行。

根据冯·诺伊曼提出的"存储程序"原理,计算机硬件系统主要由运算器、控制器、存储器、输入设备和输出设备五大部件组成,五大部件协调工作从而完成上述的输入数据、输出数据、处理数据和存储数据几大功能。总线是连接五大部件的桥梁。

① 运算器

运算器通常由算术逻辑单元 ALU 和一系列的寄存器构成。ALU 是运算器的核心部件,能进行基本的算术运算,即按照算术规则进行的运算,如加、减、乘、除,以及逻辑运算即比较、移位、逻辑加、逻辑减、逻辑乘、逻辑非及异或运算等。ALU 中最基本的部件是加法器,所有的运算都可以基于加法运算和逻辑运算来实现。

② 控制器

控制器是计算机的管理机构和指挥中心,按照预先确定的操作步骤,协调控制计算机各部件有条不紊地自动工作,它每次从存储器中读取一条指令,经过分析译码,产生一系列的控制信号,发向各个部件以控制它们的操作,保证数据通路的正确。中央处理器(CPU)包含运算器和控制器。

③ 存储器

存储器可分为外存和内存,外存也称辅助存储器或外部存储器,如磁带、磁盘和光盘等,它们存取速度慢,存储容量大,因此常作为海量后备存储器。内存也被称为内存储器,有时也被称为主存。其作用是用于暂时存放 CPU 中的运算数据以及与硬盘等外部存储器交换的数据。

内存储器的基本功能是存放数据和程序,它们均以二进制的形式表示,内存储器就像一个庞大的仓库,它被分成一个个单元,每个单元存放一条指令或一个数据。内存储器存储信息的最小单位是位,也是二进制数的最基本单位,位存储的器件称为存储元件或存储元。由若干个存储元件(或称存储元)组成一个存储单元,一个存储单元可以放一个至多个字节(一个字节由 8 个位组成),每个存储单元都有一个编号,称为存储单元的地址,用这个地址就能唯一访问到对应的单元。目前的内存储器一般由随机存储器芯片(RAM)与只读存储器芯片(ROM)构成。

④ 输入设备

输入设备是指将人们熟悉的信息形式,变换成计算机能接受并识别的二进制信息形式。

理想的输入设备应该是"会看"或"会听"的设备,如键盘、鼠标、扫描仪等,以及用于文字识别、图像识别、语音识别的设备。

⑤ 输出设备

输出设备是指将计算机输出的处理结果信息,转换成人类或其他设备能够接受和识别的信息形式。理想的输出设备应该是"会写"或"会讲"的设备,如激光打印机、绘图仪、显示器,以及输出语言的设备(如语音合成产品)。

⑥ 总线

计算机系统通过总线(Bus)将 CPU、主存储器及 I/O 设备连接起来。总线是多个系统部件之间进行数据传送的公共通路。按照信号类型,可将总线分为三类:

• 数据总线(Data Bus):传送数据,双向传播。

- 地址总线(Address Bus)：传送地址信息，单向传播，决定数据或命令传送给谁。
- 控制总线(Control Bus)：传送各种控制信号，双向传播。

CPU、主存储器和I/O模块之间通过总线交换信息，例如存储器总线用来传输与主存储器交换的信息，I/O总线用来传输与设备控制器交换的信息，不同的总线用I/O桥接器相连。

接下来以PC为例，进一步说明计算机硬件的组成。

如图1.19所示，普通的台式计算机包括：主机、显示器、键盘、鼠标、U盘等外部存储器及打印机等其他外部设备。其中最重要的部分就是主机。打开一台普通台式机的主机箱，可以看到如图1.20所示的主板、电源、风扇以及电缆等。

图 1.19　普通的台式计算机

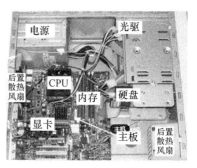

图 1.20　打开主机箱

主机部分最重要的就是主板，如图1.21所示。主板是构成复杂电子系统(例如电子计算机)的中心或者主电路板。主板能提供一系列接合点，供处理器、显卡、声效卡、硬盘、存储器、外部设备等设备接合。其中有一个处理器的芯片插座，用于插入相应的CPU芯片。白色的插槽是PCI插槽，用于连接相应的外设。内存条插槽可以插入兼容的内存条进行更换和扩充。

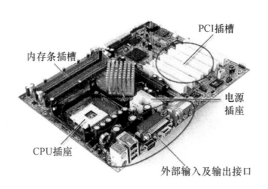

图 1.21　主板

可以这样说，个人计算机由主机和外设构成，计算机的主机由多个电路板组成，每个电路板上又集成了十几个集成电路，每个集成电路芯片当中有十几个电路模块，每个电路模块当中有成千上万个单元，每个单元当中有几个门电路，每个门电路能够实现基本的逻辑运算，即与、或、非等；同时计算机中的信息都用二进制来编码，0和1正好对应了其中的真假值，所以也可以用逻辑运算来实现算术运算，如图1.22所示。

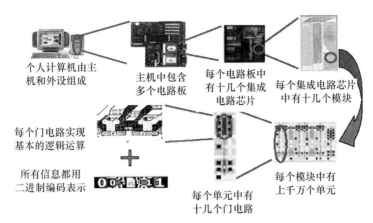

个人计算机由主
机和外设组成

主机中包含
多个电路板

每个电路板中
有十几个集成
电路芯片

每个集成电路芯片
中有十几个模块

每个门电路实现
基本的逻辑运算

所有信息都用
二进制编码表示

每个单元中有
十几个门电路

每个模块中有
上千万个单元

图 1.22　计算机的分解

1.5.2　计算机软件组成

软件是用户与硬件之间的接口界面。用户主要通过软件与计算机进行交流。软件是计算机系统设计的重要依据。为了方便用户,为了使计算机系统具有较高的总体效用,在设计计算机系统时,必须通盘考虑软件与硬件的结合,以及用户的要求和软件的要求。

软件是由计算机程序和程序设计的概念发展演化而来的,是在程序和程序设计发展到一定规模并且逐步商品化的过程中形成的。软件开发经历了程序设计阶段、软件设计阶段和软件工程阶段的演变过程。

程序设计阶段出现在 1946—1955 年。此阶段的特点是:尚无软件的概念,程序设计主要围绕硬件进行开发,采用机器语言编程,规模很小,程序设计追求节省空间和编程技巧,无文档资料(除程序清单外),主要用于科学计算,计算量较大,但输入/输出量不大。

软件设计阶段出现在 1956—1970 年。此阶段的特点是:硬件环境相对稳定,出现了"软件作坊"的开发组织形式,开始广泛使用产品软件(可购买),从而建立了软件的概念。随着计算机技术的发展和计算机应用的日益普及,软件系统的规模越来越庞大,高级编程语言层出不穷,应用领域不断拓宽,出现了操作系统、数据库及其管理系统,社会对软件的需求量剧增。但软件开发技术没有重大突破,软件产品的质量不高,生产效率低下,从而导致了"软件危机"的产生。

自 1970 年起,软件开发进入了软件工程阶段。由于"软件危机"的产生,基于个人和简单团队分工的传统软件开发效率低下,可靠性低,迫使人们不得不研究、改变软件开发的技术手段和管理方法,研究工程的方法。从此软件开发进入了软件工程时代。此阶段的特点是:硬件已向巨型化、微型化、网络化和智能化四个方向发展,数据库技术已成熟并广泛应用,第三代、第四代语言出现。

计算机软件总体分为系统软件和应用软件两大类:

系统软件是指计算机厂家为实现计算机系统的管理、调度、监视和服务等功能而提供给用户使用的软件。系统软件包括各类操作系统,如 Windows、Linux、UNIX 等,还包括操作系统的补丁程序及硬件驱动程序、语言处理系统、数据库系统、分布式软件系统、网络软件系统、人机交互系统等。

应用软件是指专门为数据处理、科学计算、事务管理、多媒体处理、工程设计等应用编写的各类程序,可以细分的种类就更多了,如工具软件、游戏软件、管理软件等都属于应用软件类。

由计算机软件与计算机硬件共同构成计算机系统,如图 1.23 所示。

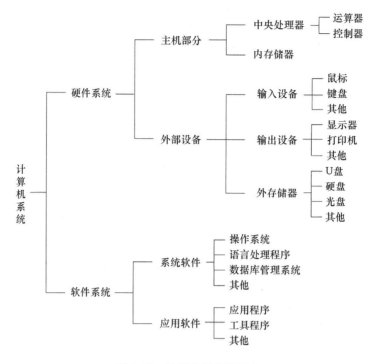

图 1.23　计算机系统的组成

1.6　计算机系统的抽象层次结构

如果我们用计算机系统解决一个具体的应用问题,就需要把它分解为如图 1.24 所示的抽象层次结构。解决一个具体应用问题的过程就是不同抽象层次转换的过程。

具体的应用问题
算法
各种程序设计语言
操作系统
ISA 指令集架构
处理器微体系结构
数字逻辑电路
电子器件

图 1.24　计算机系统抽象层次结构

如图 1.24 所示,计算机系统由不同的抽象层构成。从上往下看,程序员将应用问题转变成算法,形成清晰的流程化步骤,并确保算法的求解能在有限步内完成。接着用各种程序设计语言来实现,目前大约有上千种程序设计语言。

　　程序设计语言俗称"计算机语言"。计算机每做一次动作、一个步骤,都是按照已经用计算机语言编好的程序来执行的。所以人们要控制计算机一定要通过计算机语言向计算机发出命令。计算机语言的种类非常多,总的来说可以分成机器语言、汇编语言、高级语言三大类。机器语言是指二进制编写的机器指令,是计算机可直接解读的指令。汇编语言的出现是因为机器语言的可读性和记忆性都很差,给程序员的编写和阅读带来了很大困难,因此人们用助记符的方式建立了与二进制代码的对应关系,以方便程序员编写和阅读程序。特定的汇编语言和特定的机器语言指令集是一一对应的。

　　高级语言和底层计算机结构关联不大,它是将许多相关的机器指令合成为单条指令,并且去掉了与具体操作有关但与完成工作无关的细节,例如使用堆栈、寄存器等,这样就大大简化了程序中的指令。大部分语言都是高级语言,如 PASCAL、C、C++、JAVA、C♯等。但高级语言不能被计算机识别,需要转换成机器语言才能被执行,因此程序员编写的程序都需要通过翻译程序转换成计算机所能识别的机器语言。翻译程序是一种系统程序,它将计算机编程语言编写的程序翻译成机器语言形式的目标程序。翻译程序主要包括编译程序和解释程序,汇编程序也被认为是翻译程序。

　　编译程序:编译程序(Compiler,Compiling Program)也称编译器,它把高级语言编写的源程序翻译成用机器语言表示的目标程序,然后计算机再执行该目标程序。

　　解释程序:解释程序是翻译程序的一种,它将高级语言书写的源程序作为输入,解释一句后就提交计算机执行一句,并不形成目标程序。就像外语翻译中的"口译"一样,说一句翻一句,不产生全文的翻译文本。

　　汇编程序:把汇编语言书写的程序翻译成与之等价的机器语言程序的翻译程序。汇编程序输入的是用汇编语言书写的源程序,输出的是用机器语言表示的目标程序。

　　再下一层即是操作系统(Operating System,OS),常见的有 Window、UNIX、Linux、Mac OS、iOS(由苹果公司开发的移动操作系统)、Android(基于 Linux 的自由及开放源代码的移动操作系统)等。它是管理和控制计算机硬件与软件资源的计算机程序,是直接运行在"裸机"上的最基本的系统软件,任何其他软件都必须在操作系统的支持下才能运行。如汇编程序、编译程序、数据库管理系统等系统软件,以及大量的应用软件,都将依赖于操作系统的支持。操作系统为其提供支持和资源调用,让计算机系统所有的资源最大限度地发挥作用。

　　接着便是连接硬件和软件之间的桥梁——ISA(指令集体系结构),它是软件与硬件之间接口的一个完整定义。指令集是存储在 CPU 内部,对 CPU 运算进行指导和优化的硬程序。

　　具体来说,ISA 规定了如下内容:

- 可执行的指令的集合,包括指令格式、操作种类以及每种操作对应的操作数的相应规定;
- 指令可以接受的操作数的类型;
- 操作数所能存放的寄存器组的结构,包括每个寄存器的名称、编号、长度和用途;
- 操作数所能存放的存储空间的大小和编址方式;
- 操作数在存储空间存放时按照大端方式还是小端方式存放;
- 指令获取操作数的方式,即寻址方式;
- 指令执行过程的控制方式,包括程序计数器、条件码定义等。

再下一层是微体系架构层。这一层就是将上层的 ISA 翻译为具体的实现。微架构又称为微体系结构或微处理器体系结构,是给定的 ISA 在处理器中执行的方法。也就是说,ISA 和微架构是不同层面上的概念,ISA 是对指令系统的一种规定或结构规范,具体的实现就是微架构。注意,相同的 ISA 可能具有不同的微体系结构,如 Intel 80x86 的 ISA,具有不同的微体系架构,但具有相同的 ISA。

再下一层就是数字逻辑电路层,该层就是使用微体系架构的实现,即微架构中的不同功能部件就是用不同的逻辑电路来实现的。而逻辑电路就是由不同的逻辑门电路如与门、或门、非门等构成。实现同一种逻辑电路可能有很多种选择,如使用哪种门电路,使用何种逻辑结构等,这应该在花销与性能之间进行权衡。具体内容见第 2 章。

最后一层就是电子器件层,即每一种逻辑门电路都是由特定的器件来实现的。不同的逻辑门电路中使用的器件也可能不同。逻辑门电路分为分立门电路(包括二极管和晶体管)以及集成门电路(包括 MOS 门电路和 TTL 门电路),具体内容可参考电子技术基础类的书籍,本书不具体展开。

1.7　程序的开发与执行过程

本节以一个简单的 C 语言程序的开发执行过程为例,进一步具体说明 1.6 节中各个抽象层次在解决一个具体问题中的作用。即从计算机系统的层面来解读高级语言程序的开发和执行过程。

1.7.1　计算机执行的简单实例

用计算机来求解一个问题时,通常是先根据问题建立数学模型,再将问题转化为在有限步内可以实现的算法,并选择合适的语言编写程序,接着进行编译、链接,形成可执行程序,运行并得到最终结果。例如,要求解 12 减 3 的差。那么可以编写如下的一个简单的求解程序。

【例 1.1】　求解 12－3 的差。

首先用伪代码给出算法描述:

步骤 1:用字符 a、b 分别表示整数 12 和 3,即 a＝12,b＝3;

步骤 2:命令计算机执行减法运算 a－b,得到运算结果 c;

步骤 3:将运算结果 c 从显示屏幕输出。

接着高级语言(本例用 C 语言)实现上述算法,文件名为 Sub.c:

```c
# include <stdio.h>
int main()
{
    int a,b,c;
    a = 12;
    b = 3;
    c = a - b;
    printf("result is : %d\n",c);
}
```

以上用 C 语言编写的程序,对于计算机硬件来说是无法识别的,因为计算机只能识别 0/1 的二进制代码,即机器语言。那么高级语言到机器语言的转换需要一个翻译工具来实现,这个翻译工具就是人们通常所说的编译器。编译器处理 Sub.c 的过程如下:

(1) 首先通过程序的编译器输入 Sub.c 源文件,该文件在没有被编译之前每个字符是用 ASCII 码存放的。如图 1.25 所示,例如"♯"字符对应的 ASCII 码就是 23H,"i"对应的 ASCII 码就是 69H。保存在计算机中就是文本文件。

23 69 6E 63 6C 75 64 65 20 3C 73 74 64 69 6F 2E	#include <stdio.
68 3E 20 20 20 20 0D 0A 69 6E 74 20 6D 61 69 6E	h>　　 int main
28 29 0D 0A 7B 0D 0A 20 20 20 69 6E 74 20 61	() {　　 int a
2C 62 2C 20 63 3B 0D 0A 20 20 20 20 61 20 3D 20	,b, c;　 a =
31 32 3B 0D 0A 20 20 20 20 62 20 3D 20 33 3B 0D	12;　 b = 3;
0A 20 20 20 20 63 20 3D 20 61 20 2D 20 62 3B 0D	c = a - b;
0A 20 20 20 20 20 70 72 69 6E 74 66 28 A1 B0 72 65	printf("re
73 75 6C 74 20 69 73 20 3A 20 25 64 5C 6E A1 B1	sult is : %d\n"
2C 20 63 29 3B 0D 0A 7D 0D 0A	, c); }

图 1.25　Sub.c 源文件在计算机中存储的是 ASCII 码

预处理过程:读取 Sub.c 源程序,对其中的伪指令(以"♯"开头的指令)和特殊符号进行处理。伪指令主要包括以下四个方面:

① 宏定义指令,如♯ define Name TokenString,♯ undef 等。

对于前一个伪指令,预编译所要做的是将程序中的所有 Name 用 TokenString 替换,但作为字符串常量的 Name 则不被替换。对于后者,则将取消对某个宏的定义,使以后该串的出现不再被替换。

② 条件编译指令,如♯ ifdef、♯ ifndef、♯ else、♯ elif、♯ endif 等。

这些伪指令的引入使得程序员可以通过定义不同的宏来决定编译程序对哪些代码进行处理。预编译程序将根据有关的文件,将那些不必要的代码过滤掉。

③ 头文件包含指令,如♯ include "FileName" 或者♯ include < FileName> 等。

采用头文件的目的主要是为了使某些定义可以供多个不同的 C 源程序使用。因为在需要用到这些定义的 C 源程序中,只需加上一条"♯ include"语句即可,而不必再在此文件中将这些定义重复一遍。预编译程序将把头文件中的定义统统都加入到它所产生的输出文件中,以供编译程序对之进行处理。

包含到 C 源程序中的头文件可以是系统提供的,这些头文件一般被放在"/usr/include"目录下。在程序中"♯ include"要使用尖括号(< >)。另外,开发人员也可以定义自己的头文件,这些文件一般与 C 源程序放在同一目录下,此时在"♯ include"中要用双引号("")。

④ 特殊符号,预编译程序可以识别一些特殊的符号。例如在源程序中出现的 LINE 标识将被解释为当前行号(十进制数)。预编译程序对于在源程序中出现的这些串将用合适的值进行替换。

预编译程序所完成的基本上是对源程序的"替代"工作。经过此种替代,生成一个没有宏定义、没有条件编译指令、没有特殊符号的输出文件。这个文件的含义同没有经过预处理的源文件是相同的,但内容有所不同。下一步,此输出文件将作为编译程序的输入而被翻译成为机器指令。本阶段生成的文件为 Sub.i 文件。

(2) 编译过程:在经过预编译得到的输出文件 Sub.i 文件中,只有常量如数字、字符串、变量的定义,以及 C 语言的关键字,如 main、if、else、for、while 等。编译程序所要做的工作就是通过词法分析和语法分析,在确认所有的指令都符合语法规则之后,将其翻译成等价的汇编代码。本阶段生成的汇编语言文件为 Sub.s 文件。

（3）汇编过程：汇编过程实际上把汇编语言代码 Sub.s 翻译成目标机器指令的过程。对于被翻译系统处理的每一个 C 语言源程序，都将最终经过这一处理而得到相应的目标文件。目标文件中所存放的也就是与源程序等效的目标的机器语言代码。本阶段生成的机器语言文件是 Sub.o。

（4）链接过程：由汇编程序生成的目标文件 Sub.o 虽然是一个二进制文件，但并不能立即被执行，其中可能还有许多没有解决的问题。例如，某个源文件中的函数可能引用了另一个源文件中定义的某个符号（如变量或者函数调用等）；在程序中可能调用了某个库文件中的函数等。所有的这些问题，都需要经链接程序的处理才能得以解决。

链接程序的主要工作就是将有关的目标文件彼此相连接，也即将在一个文件中引用的符号同该符号在另外一个文件中的定义连接起来，使得所有的这些目标文件成为一个能够被操作系统装入执行的统一整体。本阶段即可生成 Sub.exe 的可执行文件。至此编译工作就完成了，如图 1.26 所示。

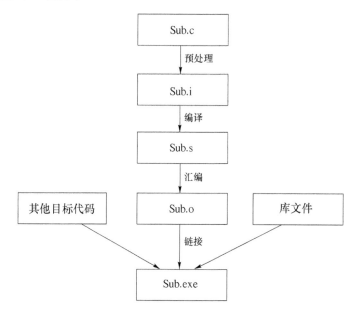

图 1.26　Sub.c 编译过程

1.7.2　可执行文件在硬件上的执行

编译后生成的可执行文件存储在计算机的磁盘上，在操作系统提供的用户操作的环境中，可以采用双击该文件或在命令行中输入可执行文件的名字等多种方式启动执行。

例如，对于 Sub.exe 文件，在 Windows 操作系统环境下，在 DOS 命令行中输入文件的名字来启动执行。假设文件存储在 D 盘下：

D:\Sub

result is :9

D:\

图 1.26 是简化的 Intel Pentium 机器的硬件模型，以此来说明硬件的执行过程。当用户在键盘上敲击字母序列"Sub"后，字符串"Sub"中的每一个字符都通过键盘设备翻译成对应的二进制代码，每一个编码被 I/O 总线传递到 I/O 桥，并经过 I/O 桥转换传递到内部系

统总线上,每个字符编码便逐一暂存在 CPU 的寄存器中,当用户输入按 Enter 键时,操作系统 Shell 命令解释器就会调出内核中相应的服务例程来加载磁盘上的可执行文件 Sub 到主存中。于是,Sub 的二进制代码便放入了主存中,同时将可执行文件 Sub 的第一条指令的地址送到程序计数器(Program Counter,PC),这就是 CPU 下一条即将执行的指令的地址。因此,处理器随后开始根据 PC 存储的地址,从主存中逐条取出可执行文件 Sub 指令序列,然后通过存储器总线,经 IO 桥转换,并经过系统总线送入 CPU 中分析、解释、执行。最后由运算器(图 1.27 中的 ALU 为算术逻辑运算部件,是运算器的核心部件)运算得到运算结果,然后存放在 CPU 的内部寄存器中,最后将结果通过系统总线、IO 桥、IO 总线送入图形适配器的显存中,显示器从显存中读取显示数据并把结果显示给用户。

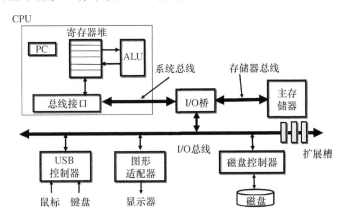

图 1.27　Intel Pentium 机器的硬件模型

从上述的分析可知,操作系统在程序的执行过程中起到非常重要的作用。第一,操作系统的 Shell 命令解释器能够接受用户的操作,提供了一个可以启动程序的环境,根据用户提出的请求调出操作系统内核来加载用户程序;第二,将可执行文件从磁盘加载到主存并保证 CPU 从可执行文件的第一条指令开始执行。该操作也是操作系统来提供的;第三,显示输出结果时,程序员只需要通过 C 语言的库函数 Printf 即可实现结果在屏幕上的显示,但实际显示器等底层硬件是不能由用户程序直接访问的,也是由操作系统内核服务例程来实现的。总之,操作系统不但能够提供一个良好的人机交互界面,也可以帮助用户实现对硬件资源、文件系统、应用程序、内存分配、处理机调度等各种复杂任务的管理和配置,让用户以最简单方便的形式来使用计算机系统。

1.8　计算机性能评价

如何在不同的计算机中挑选合适的产品,性能是极其重要的一个因素。能够比较不同的计算机之间的性能,对于购买者和设计者来说都很重要。但对于计算机的性能评价不是一件简单的事情,由于计算机系统的性能与软件、硬件都息息相关,现代软件系统的规模及其复杂性,加上硬件设计者采用了大量先进的性能改进方法,性能评价极为困难。本节主要向读者介绍一些计算机性能的基本因素和技术指标。

1. 主频

CPU 的主频,即 CPU 主脉冲信号的时钟频率(CPU Clock Speed)。通常人们所说的某某 CPU 是多少兆赫兹的,而这个多少兆赫兹就是"CPU 的主频"。CPU 的工作节拍是由时钟所控制的,时钟不断产生固定频率的时钟脉冲,这个时钟的频率就是 CPU 的主频。因此主频越高,CPU 的工作节拍就越快。通常的单位是 MHz,但现在 CPU 的速度发展很快,一般是 GHz,比如酷睿 i5 的主频是 2.8 GHz,酷睿 i7 的主频是 4 GHz。

2. CPU 执行时间

从用户的角度关注 CPU 的性能,更多的是看一个程序 CPU 执行的时间,但 CPU 时间与时钟周期数及时钟周期时间相关。

时钟周期:时钟周期也称为振荡周期,定义为时钟频率的倒数。时钟周期是计算机中最基本的、最小的时间单位。计算机执行一条指令的过程被分解为若干基本动作,在一个时钟周期内,CPU 仅完成一个最基本的动作。时钟周期是一个时间的量。

时钟周期数(CPI):表示指令所需要的时钟周期数。由于不同的指令功能不同,所以所需要的时钟周期数也会不同。

下面用一个简单的公式说明 CPU 执行时间的计算方法:

一个程序的 CPU 执行时间=一个程序的 CPU 时钟周期数×时钟周期时间

由于时钟频率与时钟周期时间互为倒数,故:

一个程序的 CPU 执行时间=一个程序的 CPU 时钟周期数/时钟频率

由此可见,提高时钟频率是能改进性能的。

【例 1.2】 假设有相同指令集的两种不同的实现方式。计算机 A 的时钟周期为 150 ps(ps 是指皮秒,1 ps=10^{-12} s),对某程序的时钟周期数为 1.5,计算机 B 的时钟周期为 500 ps,对同样程序的时钟周期数为 1.1。对于该程序,请问哪台计算机执行速度更快? 为什么?

答案:由于固定的程序,每台计算机执行的总指令数是相同的,用 I 来表示。于是,每台计算机的 CPU 时钟周期数:

A 的 CPU 时钟周期数=$I \times 1.5$

B 的 CPU 时钟周期数=$I \times 1.1$

现在可以计算每台计算机的 CPU 时间:

A 需要的 CPU 时间=CPU 时钟周期数 A×时钟周期时间

$$=I \times 1.5 \times 150 \text{ ps}=225 I \text{ps}$$

B 需要的 CPU 时间=$I \times 1.1 \times 500 \text{ ps}=550 I \text{ps}$

$$\frac{\text{CPU 性能 A}}{\text{CPU 性能 B}}=\frac{\text{CPU 执行时间 B}}{\text{CPU 执行时间 A}}=\frac{550 I \text{ps}}{225 I \text{ps}}=2.4$$

因此,计算机 A 更快,计算机 A 的速度是计算机 B 的 2.4 倍左右。

3. 运算速度

运算速度是指每秒所能执行的指令条数,单位为 MIPS(百万条指令每秒),这是衡量 CPU 速度的一个指标。计算机运算速度的计算方法有很多种,如吉布森混合法、峰值速度评估法、典型程序评估法和模型分析和模拟法。

吉布森混合法是早期估算 MIPS 的方法,也称等效指令速度法。通过统计各类指令在程序中所占比例进行折算。设某类指令 i 在程序中所占比例为 W_i,执行时间为 T_i,则等效指令的执行时间为:$T=W_1 * T_1+W_2 * T_2+\cdots+W_n * T_n$($n$ 为指令类别数)。

MIPS 虽然反映了计算机的运算速度,但用 MIPS 对不同机器进行性能评价是不准确的。因为不同机器的指令集不同,而且指令的功能也不同,即在机器 M1 上某一条指令的功能,在机器 M2 上要用多条指令来完成。

4. 字长

一般来说,计算机在同一时间内处理的一组二进制数的位数就是"字长"。字长与计算机的功能和用途有很大的关系,是计算机的一个重要技术指标。字长直接反映了一台计算机的运算精度。位数越多,精度越高。通常称处理字长为 8 位数据的 CPU 称为 8 位 CPU,32 位 CPU 就是在同一时间内处理字长为 32 位的二进制数据。

5. 主存容量

主存是计算机中重要的部件之一,它是与 CPU 进行沟通的桥梁。计算机中所有程序的运行都是在内存中进行的,因此内存的性能对计算机的影响非常大。主存(Memory)也被称为内存储器,其作用是用于暂时存放 CPU 中的运算数据,以及与硬盘等外部存储器交换的数据。只要计算机在运行中,CPU 就会把需要运算的数据调到内存中进行运算,当运算完成后,CPU 再将结果传送出来,主存的运行也决定了计算机的稳定运行。

主存容量同硬盘、软盘等存储器容量单位都是相同的,它们的基本单位都是字节(B),例如主存容量为 8GB,代表计算机主存的容量为 $8 \times 1024 \times 1024 \times 1024$ 个字节。并且:

1024 B＝1 KB＝1024 字节

1024 KB＝1 MB＝1024×1024 字节

1024 GB＝1 TB＝$1024 \times 1024 \times 1024$ 字节

1024 TB＝1 PB＝$1024 \times 1024 \times 1024 \times 1024$ 字节

总之,上述任何一项技术指标都不能完全代表整个计算机的实际性能。计算机功能的强弱或性能的好坏,不是由某项指标决定的,而是由它的系统结构、指令系统、硬件组成、软件配置等多方面的因素综合决定的。

1.9　用基准程序对计算机进行性能评估

计算机的性能不好评价,因为不同的角色对计算机的性能定义不同。如计算机用户认为计算机的性能好就是计算机速度快,关心的是响应时间(即从事件开始到结束之间的时间),而管理员关心的是计算机在一段时间里完成的任务的多少(流量)。而无论是流量还是响应时间,都是以时间来衡量的,它们的相同点是都认为能够以最短时间完成指定任务的计算机最快;不同点是响应时间是针对单任务,而流量针对多任务。

那么性能与程序的执行时间有关,用什么程序来测试呢? 如果用户都使用计算机来完成某种特定应用,那么这组应用程序就是评估计算机系统性能的最佳测试程序。用户只需要比较在不同系统中这组应用程序的响应时间,就可以知道哪台计算机系统的性能更优。但是这种情况很少见。通常需要依靠其他测试程序来获得计算机的性能。

基准程序是进行计算机性能评测的一种重要工具,基准程序是专门用来进行性能评价的一组程序,能够很好地反映计算机在运行实际负载时的性能,可以通过在不同的计算机上运行相同的基准程序来比较不同计算机上的运行时间,从而评测其性能。基准程序通常是选择一组各个方面都具有代表性的测试程序,组成一个通用测试程序集合。这种测试程序集合称为测试程序组件,其最大的优点是避免了各独立测试程序存在的片面性,尽可能全面地测试一个计算机系统的性能。

目前 SPEC 测试程序集是应用最广泛,也是最全面的性能评测基准程序集。1988 年,由 SUN、MIPS、HP、Apollo、DEC 五家公司联合提出了 SPEC 标准。它包括一组标准的测试程序、标准输入和测试报告。测试程序是一些实际的程序,包括系统调用、I/O 等。最初提出的基准程序集分为两类:整数测试程序集 SPECint 和浮点测试程序集 SPECfp,后来分成为按不同性能测试用的基准程序集:如 CPU 性能测试集(SPEC CPU2000)、Web 服务器性能测试集(SPECweb99)等。

一般用户是采用基准程序来评测不同计算机的性能,而计算机设计人员在采用基准程序评测系统性能的同时,会进行分析并改进计算机组件以提高计算机性能,最著名的是 Amdahl(阿姆达尔)定律。该定律于 1967 年由 IBM360 系列机的主要设计者阿姆达尔首先提出。该定律是指:系统中对某一部件采用更快执行方式所能获得的系统性能改进程度,取决于这种执行方式被使用的频率,或所占总执行时间的比例。阿姆达尔定律实际上定义了采取增强(加速)某部分功能处理的措施后可获得的性能改进或执行时间的加速比。

使用基准程序进行计算机性能评测也存在一些缺陷,因为基准程序的性能可能与某一小段短代码密切相关,而计算机系统设计人员可能会对这一小段短代码进行特殊优化,使得执行这段代码的速度非常快,以至于性能评测结果不够准确。例如,Intel Pentium 处理器运行 SPECint 时用了公司内部的特殊编译器,使其性能评测结果很高。而用户实际使用的只是普通编译器,达不到评测的性能。

1.10　云计算、普适化、物联网、智能化

进入 21 世纪,计算机技术正在朝着云计算、普适化、网络化、智能化的方向发展。

1. 云计算

云计算的核心思想,是将用网络连接的大量计算资源统一管理和调度,构成一个计算资源池向用户提供按需服务。云计算是一种基于互联网的计算模式,它将计算、数据、应用等资源作为服务通过互联网提供给用户。在云计算环境中,用户不需要了解"云"中基础设施的细节,不必具备相应的专业知识,也无须直接进行控制,而只需要关注自己真正需要什么样的资源,以及如何通过网络来得到相应的服务,如图 1.28 所示。

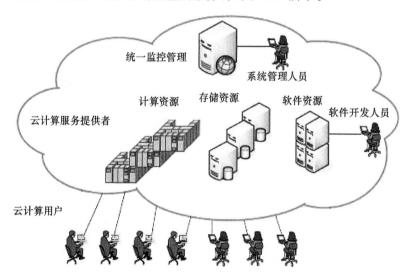

图 1.28　云计算模式

云计算具有以下特点：①云计算提供了可靠、安全的数据存储中心，用户可以不用再担心数据丢失、病毒入侵。以前人们觉得只有将数据存储在自己的计算机里才算安全，但是当计算机损坏或者被病毒入侵时，我们的数据就变得不那么安全了。而采用云存储的方式，会有专业的团队来帮我们管理数据，就好比将钱存入银行一样。②云计算体现了软件即服务（SaaS）的理念。云计算可以将软件作为一种通过浏览器把程序传给用户使用。用户不用购买服务器和软件，也不用安装，即可立即使用。用户只需要交纳固定的订阅费用。③云计算对用户端的设备要求低。用户不需要高性能的计算机来运行云计算的基于 Web 的应用。这是因为应用程序在云中而不是在自己的个人计算机上运行。④增强的计算能力。当用户连接到一个云计算系统时，就拥有了可自行支配的整个云的力量，而不再局限于单台计算机所能做的事情。⑤无限的存储容量，云提供了几乎无限的存储容量。

2. 普适计算

普适计算又称普存计算、普及计算（英文称为 Pervasive Computing 或者 Ubiquitous Computing），这一概念强调和环境融为一体的计算，而计算机本身则从人们的视线里消失。普适计算的核心是"以人为本"，而不是以计算机为本。强调把计算机嵌入到环境与日常工具中去，让计算机本身从人们的视线中"消失"，从而将人们的注意回到要完成的任务本身。普适计算有两大特征，即"无处不在"和"不可见"。"无处不在"是指随时随地访问信息的能力；"不可见"是指在物理环境中提供多个传感器、嵌入式设备、移动设备以及其他任何一种有计算能力的设备可以在用户不觉察的情况下进行计算、通信，提供各种服务，以最大限度地减少用户的介入。

有了普适计算，手机、平板等移动设备、谷歌文档或远程游戏技术等云计算应用程序以及 4G 网络或 Wi-Fi 等高速无线网络将整合在一起，取代"计算机"作为数字服务的中央媒介地位。当人们生活中的汽车、手表、电视、冰箱等都拥有无限的计算能力，计算机将"退居幕后"而让人们感觉不到它的存在。

3. 物联网

国际电信联盟（ITU）发布的 ITU 互联网报告，对物联网做了如下定义：通过二维码识读设备、射频识别（RFID）装置、红外感应器、全球定位系统和激光扫描器等信息传感设备，按约定的协议，把任何物品与互联网相连接，进行信息交换和通信，以实现智能化识别、定位、跟踪、监控和管理的一种网络。物联网对应于传统的传输网络，它将传统的计算机用户端延伸和扩展到了任何物品与物品之间，进行信息交换和通信。通过这一网络，物与物之间形成了普遍而高效的信息化整体。

4. 智能化

智能化是计算机在未来发展的一个重要趋势。目前我们已经实现了一些简单智能，如智能家电、智能语音识别等。计算机实现人工智能是指对人的意识、思维的信息过程的模拟。人工智能不是人的智能，但能像人那样思考，也可能超过人的智能。人工智能包括十分广泛的科学，如机器人、语言识别、图像识别、自然语言处理和专家系统等。实现人工智能可能会彻底改变人们现有的生活，代替人类进行生产和运输，大大地促进社会的发展。

1.11 总 结

那么本书的教育目的是什么呢？作为计算机专业的学生,也许我们不会去建造世界上最快的超级计算机,也许我们不会参与设计一台新型的计算机,但我们很可能会在计算机行业上遇到这些问题:"我的系统是什么结构,怎样才能编写高效的程序?""为什么 C 程序的结果跟我想象的不一样？而语法和思路都没有错呢?"那么我们需要了解计算机系统整体概念,理解计算机系统层次结构,了解计算机指令在计算机硬件上的执行过程以及高级语言程序、操作系统与底层硬件的关系。

本章介绍了计算机技术的发展历史,看到了计算机在不断向前进步。牛顿最为人熟知的一句名言是:"如果我看得更远的话,那是因为我站在巨人的肩膀上。"那么我们为了看得更远的话,就需要站在巨人的肩膀上——利用现有的计算机知识学习分析以后的计算机。

习 题

1. 解释以下术语:

(1) 集成电路;

(2) 摩尔定律;

(3) 中央处理器;

(4) 算术逻辑部件(ALU);

(5) 内存;

(6) 系统软件;

(7) 应用软件;

(8) 高级语言;

(9) 汇编语言;

(10) 机器语言;

(11) 指令集体系结构;

(12) 源程序;

(13) 目标程序;

(14) 编译程序;

(15) 解释程序;

(16) 汇编程序;

(17) 主频;

(18) MIPS;

(19) 基准程序;

(20) SPEC 基准程序集。

2. 简单回答以下问题:

(1) 什么是存储程序原理,各部分的功能是什么,采用什么工作方式?

（2）CPU 的时钟频率越高，机器的速度就越快，对吗？

（3）为什么说 MIPS 不能很好地反映计算机的性能？

（4）计算机系统只是硬件系统吗？

（5）简述计算机的层次结构。

（6）简述以下 HELLO.C 的 C 语言源程序代码的编译过程。

```
# include <stdio. h>
Int main()
{
Printf("hello world\n");
}
```

3. 假定你的朋友不太懂计算机，请用简单通俗的语言给你的朋友介绍计算机系统是如
何工作的。

4. 谈谈你对未来计算机发展的认识。

第 2 章　数字电路分析与设计基础

在第 1 章提到了计算机的层次结构。众所周知,计算机系统解决一个实际问题本质上是多个抽象层次转换的过程。其中数字逻辑电路层主要为实现微体系架构层服务,即微架构中的不同功能部件(如加法器等)就是用不同的数字逻辑电路来实现的。本章主要介绍数字逻辑电路分析与设计中相关基础知识,包括数字电路的基本概念、逻辑代数的基本公式、常用定理及其表示方式、触发器、组合逻辑电路和时序逻辑电路的特点等内容。通过本章内容的学习,帮助大家学会分析和设计出特定功能的数字逻辑电路。

2.1　逻辑代数与数字电路的关系

自然界中的物理量按其特点变化规律可以分为模拟量和数字量两大类。模拟量是指那些在时间和数值上都连续变化的物理量,比如车速变化、温度的变化、声音的起伏等。这些模拟量通过传感器转换成电信号是随时间连续变化的,也可以用专门的测量仪器测量出某个时刻的瞬时值或某段时间内的平均值。数字量是指那些在时间和数值上都不连续的物理量,如人口统计、球赛的记分等。这些信号的变化发生在一系列离散的瞬间,其值的大小和每次的增减变化都是某个最小数量单位的整数倍。

自然界中接触到的物理量多为模拟量,但很多模拟量可以用数字形式表示。如时间是个模拟量,一天内的时间变化虽然是连续的,但是可以用数字手表显示的不连接的时间点来表示一天内的时间变化,时间的读数是每次以一分钟或一秒的步长发生着变化的。如果对精度要求不太高,可以将更多的模拟量用数字的形式表示出来。如人的身高的变化是一个模拟量,但这一数据不可能每时每刻都测量,那么就会有采样时间、采样间隔的存在。这样就可以用数字的形式表示出身高变化的过程了。

而在电路中表示模拟量的电信号称为模拟信号。模拟信号一般是随时间连续变化的电压或电流,如图 2.1(a)所示的模拟信号。工作在模拟信号下的电子电路称为模拟电路。表示数字量的电信号称为数字信号。在电路中,数字信号往往表现为突变的电压或电流,如图 2.1(b)所示为一种典型的数字信号。工作在数字信号下的电子电路称为数字电路。模拟电路与数字电路的比较如表 2.1 所示。

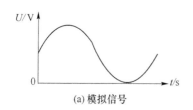
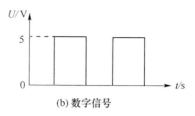

(a) 模拟信号　　　　　　　　　(b) 数字信号

图 2.1　模拟信号和数字信号

表 2.1　模拟电路与数字电路的比较

比较项目	模拟电路	数字电路
工作信号	模拟信号	数字信号
器件的工作状态	放大状态	开关状态
输出与输入的关系	线性关系	逻辑关系
基本操作	放大、调制、变频、稳压	与、或、非、寄存器等
优点	门槛低，入手快	抗干扰能力强

数字电路技术的优势有以下几个方面：

（1）数字系统一般容易设计与调试。数字系统所使用的电路多为开关电路，开关电路中电压或电流的精确值并不重要，重要的是其所处的状态究竟是高电平还是低电平。

（2）数字信息存储方便。信息存储由特定的器件和电路实现，这种电路能存储数字信息并根据需要长期保存。大规模存储技术能在相对较小的存储器上存储几十亿位信息。

（3）数字电路抗干扰能力强。在数字系统中，因为电压的准确值并不重要，只要噪声信号不至于影响区别高低电平，则噪声的影响就可以忽略不计。而在模拟系统中，电压和电流信号由于受到信号处理电路中元器件参数的改变、环境温度变化的影响等会产生失真。

（4）数字电路易于集成化。数字电路中涉及的主要器件是开关元件，如二极管、晶体管、场效应管等，它们便于集成在一个芯片上。事实上，模拟电路也受益于快速发展的集成电路工艺，但是模拟电路相对复杂一些，所有器件无法经济地集成在一起，它阻碍了模拟系统的集成化，使其无法达到与数字电路同样的集成度。

（5）数字集成电路的可编程性好。现代数字系统的设计，越来越多地采用可编程逻辑器件，硬件描述语言的发展，促进了数字系统硬件电路设计的软件化，为数字系统研发带来了极大的方便与灵活性。

2.2　布尔代数与数字电路的关系

在数字逻辑电路中，用二进制数码的 0 和 1 表示一个事物的两种逻辑状态。例如，可以用 1 和 0 分别表示一件事情的是和非、真和伪、有和无，或者表示电路的通和断、门电路的开和关等状态。这种只有两种对立逻辑状态的逻辑关系称为二值逻辑。虽然在二值逻辑中，每个变量的值只有 0 和 1 两种可能，只能表示两种不同的逻辑状态，但是可以用多变量的不同状态组合表示事物的多种逻辑状态，处理任何复杂的逻辑问题。

1849 年英国数学家乔治·布尔（George Boole）首先提出了进行逻辑运算的数学方法——布尔代数，也称为逻辑代数。在逻辑代数中也用字母表示变量，这种变量称为逻辑变量。逻辑运算表示的是逻辑变量以及常量之间逻辑状态的推理运算，而不是数量之间的运算。

数字电路要研究的是电路的输入与输出之间的逻辑关系，所以数字电路又称逻辑电路。相应的研究工具是逻辑代数，逻辑代数是分析和设计数字电路必不可少的数学工具。

2.2.1 基本逻辑运算

1. 与运算（AND）

只有当决定事件的条件全部具备之后,这件事情才会发生,一般把这种因果关系称为"与"逻辑。先来看一个简单的例子,来了解其因果关系。如果把开关闭合作为条件,把灯亮作为结果,那么图 2.2 的三个电路代表了三种不同的逻辑关系:图 2.2(a)的例子表明,只有决定事物结果的全部条件同时具备时,结果才发生。即只有当开关 A 和 B 全闭合时,灯 L 才会亮,只闭合 A、只闭合 B 或 A 和 B 都不闭合时,灯 L 都不会亮。这种因果关系称为逻辑与,或称逻辑相乘。用逻辑表达式 $L=A \cdot B$ 表示。式中"·"表示 A、B 的与运算,也称为逻辑乘。在不引起混淆的前提下,乘号"·"可以省略。与逻辑符号如图 2.3 (a)所示。

2. 或运算（OR）

在现实生活中还有这样一种因果关系:当决定一件事情的几个条件中,只要有一个或一个以上条件具备,这件事情就会发生,这种因果关系称为"或"逻辑。图 2.2(b)的逻辑电路图也表明,在决定事物结果的多个条件中只要有任何一个满足,结果就会发生。即只要开关 A 或 B 闭合或两者都闭合,则灯亮;而当 A 和 B 均不闭合时,则灯不亮。这种因果关系称为逻辑或,也称逻辑相加。用逻辑表达式 $L=A+B$ 表示,式中"+"表示 A、B 间的或运算。或逻辑符号如图 2.3(b)所示。

3. 非运算（NOT）

"非"逻辑是指这样一种因果关系:只要条件具备了,结果便不会发生;而条件不具备时,结果才发生。图 2.2(c)的逻辑电路图所显示的这种因果关系则称为逻辑非,也称逻辑求反。用逻辑表达式 $L=\overline{A}$ 表示,式中 A 上面的符号"‾"表示非运算。与逻辑符号如图 2.3(c)所示。

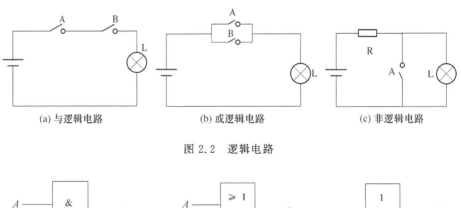

(a) 与逻辑电路 (b) 或逻辑电路 (c) 非逻辑电路

图 2.2 逻辑电路

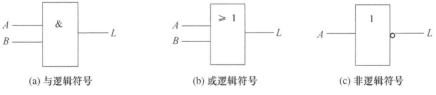

(a) 与逻辑符号 (b) 或逻辑符号 (c) 非逻辑符号

图 2.3 逻辑符号

若用变量 A、B 表示电路的开关状态,其中用 1 表示开关处于闭合状态,用 0 表示开关处于断开状态;用 L 表示指示灯的状态形式,并以 1 表示灯亮,以 0 表示灯灭,则可以列出以

0、1 所表示的与、或、非逻辑运算关系。如表 2.2、表 2.3 和表 2.4 所示,这种图表为逻辑真值表,简称真值表。

表 2.2 与逻辑运算的真值表

A	B	L
0	0	0
0	1	0
1	0	0
1	1	1

表 2.3 或逻辑运算的真值表

A	B	L
0	0	0
0	1	1
1	0	1
1	1	1

表 2.4 非逻辑运算的真值表

A	L
0	1
1	0

虽然基本的逻辑运算只有与、或、非三种,但通过这三种基本逻辑运算可以组合出各种复杂的逻辑函数运算。在实际应用中为减少逻辑门的数目,使数字电路的设计更为方便,设计逻辑电路中常会涉及如下几种常用逻辑运算。

(1) 与非

与非是由与运算和非运算组合而成的,其逻辑表达式为:$L = \overline{A \cdot B}$,逻辑真值如表 2.5 所示。

(2) 或非

或非是由或运算和非运算组合而成的,其逻辑表达式为:$L = \overline{A + B}$,逻辑真值表如表 2.6 所示。

表 2.5 与非逻辑运算的真值表

A	B	L
0	0	1
0	1	1
1	0	1
1	1	0

表 2.6 或非逻辑运算的真值表

A	B	L
0	0	1
0	1	0
1	0	0
1	1	0

(3) 与或非

与或非是由与、或、非三种运算组合而成的,其逻辑表达式为:$L = \overline{A \cdot B + C \cdot D}$,逻辑真值表如表 2.7 所示。

表 2.7 与或非逻辑运算的真值表

A	B	C	D	L
0	0	0	0	1
0	0	0	1	1
0	0	1	0	1

A	B	C	D	L
0	0	1	1	0
0	1	0	0	1
0	1	0	1	1
0	1	1	0	1
0	1	1	1	0
1	0	0	0	1
1	0	0	1	1
1	0	1	0	1
1	0	1	1	0
1	1	0	0	0
1	1	0	1	0
1	1	1	0	0
1	1	1	1	1

（4）异或

异或是一种二变量逻辑运算，当两个变量取值相同时，逻辑函数值为 0；当两个变量取值不同时，逻辑函数为 1。异或的逻辑表达式为 $L = \overline{A}B + A\overline{B} = A \oplus B$，其逻辑真值表如表 2.8 所示。

（5）同或

当两个变量取值相同时，逻辑函数值为 1；当两个变量取值不同时，逻辑函数为 0。同或 $L = AB + \overline{A}\,\overline{B} = A \otimes B$，其逻辑真值表如表 2.9 所示。

表 2.8　异或逻辑运算的真值表

A	B	L
0	0	0
0	1	1
1	0	1
1	1	0

表 2.9　同或逻辑运算的真值表

A	B	L
0	0	1
0	1	0
1	0	0
1	1	1

在实际的逻辑电路中还会牵涉多种逻辑运算方式，但以这些基本的逻辑运算形式为主。

2.2.2　逻辑函数的定义与基本公式

分析数字系统、设计逻辑电路、简化逻辑函数都需要借助于逻辑代数。应用逻辑代数的与、或、非三种基本运算法则，可推导出逻辑运算的基本定律，它是分析及简化逻辑电路的重要依据，用它们对逻辑函数式进行处理，可以完成对电路的化简、变换、分析和设计。

表 2.10 列出了逻辑代数中涉及的基本定律，这些定律也反映了变量之间的各种逻辑关系。

在逻辑运算或函数化简中所遵循的规则主要有三条:

(1) 代入规则。逻辑等式中的任何变量 A,如果用另一个任意的逻辑函数 X 替代,则等式仍然成立。

(2) 对偶规则。如果将函数表达式中的所有"·"和"+"符号互换,所有"1"和"0"互换,而原变量及反变量保持不变,并且原运算的顺序保持不变,则可以得到一个新的逻辑函数,这一逻辑函数称为原函数的对偶函数,若一个等式成立,则其对偶式也一定相等。

(3) 反演规则。由原函数求反函数,称为反演或求反。基本规则是,将原函数表达式中所有的"·"换成"+"、"+"换成"·",原变量换成反变量、反变量换成原变量,"0"换成"1"、"1"换成"0",即可得到原函数的反函数。在应用反演规则时,应该保持原函数运算的先后顺序不变,即应该合理地加上括号。另外,不属于单个变量上的非运算应保持不变,否则会出现错误。

表 2.10　逻辑代数基本定理

交换律	$A+B=B+A$	$AB=BA$
结合律	$A+(B+C)=(A+B)+C$	$ABC=(AB)C$
分配律	$A+BC=(A+B)(A+C)$	$A(B+C)=AB+AC$
0律	$0+A=A$	$0 \cdot A=0$
1律	$1+A=1$	$1 \cdot A=A$
互补律	$A+\overline{A}=1$	$A \cdot \overline{A}=0$
重叠律	$A+A=A$	$A \cdot A=A$
吸收律	$A+\overline{A}B=A+B$	$A(\overline{A}+B)=AB$
	$A+AB=A$	$A(A+B)=A$
反演律(摩根)	$\overline{A+B}=\overline{A} \cdot \overline{B}$	$\overline{AB}=\overline{A}+\overline{B}$
包含律	$AB+\overline{A}C+BC=AB+\overline{A}C$	$(A+B)(\overline{A}+C)+(B+C)=(A+B)(\overline{A}+C)$
否否律	$\overline{\overline{A}}=A$	

2.2.3　逻辑函数的表示方法

对于特定的逻辑函数,可以采用不同的方法表示其逻辑功能。逻辑函数的多种描述方法是数字电路讨论的主要内容之一,也是分析和设计数字电路的基础。一个逻辑问题可以用几种不同形式的方法表示,各种表示方法之间也可以互相转换。常用的逻辑函数表示方法有以下几种:逻辑真值表、逻辑函数表达式、逻辑电路图、波形图和卡诺图等。

1. 逻辑真值表

真值表是将输入逻辑变量的各种取值和相应的函数值排列在一起而组成的表格。真值表由两栏组成,左边一栏列出变量的所有取值组合,右边一栏列出对应的逻辑函数值。一个逻辑变量只有 0 和 1 两种可能的取值,所以 n 个逻辑变量一共有 2^n 种可能的取值组合。为避免遗漏,各变量的取值组合应按照二进制递增的次序排列。真值表用表格的方式列出组合逻辑系统中所有的输入变量的取值组合与输出函数值的对应关系。真值表的特点是直观明了。把一个实际的逻辑问题抽象成一个逻辑函数时,使用真值表是最方便的。真值表的缺点是当变量比较多时,表比较大,显得过于烦琐。

【例 2.1】 在交通信号灯控制系统中,每一组信号灯由红、黄、绿三盏灯组成。在正常情况下,任何时刻必有一盏灯亮,而且只能有一盏灯亮,否则故障检测系统应发出信号提醒维护人员前去维修。试列出描述监视交通信号灯工作状态的逻辑电路逻辑关系的真值表。

解: 设 A、B、C 为输入变量,分别代表红、黄、绿三种信号灯的状态,规定灯亮时为 1,不亮时为 0。L 为输出逻辑变量,表示故障指示灯的状态。其中:没有发生故障时为 0,有故障发生为 1。对于三个输入变量 A、B、C,每个变量又有 0 和 1 两种取值可能,共有 $000 \sim 111$ 八种取值组合,按照题目对故障指示灯状态的描述,可见当 A、B、C 全部为 0 或者 A、B、C 中有 2 个及 2 个以上取值为 1 时,输出 L 为 1。按照上述分析可列出真值表,如表 2.11 所示。

表 2.11　信号灯真值表

输入			输出
A	B	C	L
0	0	0	1
0	0	1	0
0	1	0	0
0	1	1	1
1	0	0	0
1	0	1	1
1	1	0	1
1	1	1	1

2. 逻辑函数表达式

函数表达式就是由逻辑变量按一定运算规律组成的数学表达式,又称为逻辑函数表达式,即用逻辑运算符号,如与、或、非等的组合表示逻辑函数输入变量与输出变量之间的逻辑关系。具体方法为:在真值表中依次找出函数值等于 1 的变量组合,变量值为 1 的写成原变量,变量值为 0 的写成反变量,再将组合中各个变量进行乘运算。这样,对应于函数值为 1 的每一个变量组合就可以写成一个乘积项。把这些乘积项相加,就得到相应的函数表达式了。

【例 2.2】 将例 2.1 的逻辑关系用逻辑函数表达式描述。

通过表 2.11 可以看到,真值表中第一行表示当输入变量 A、B、C 全部为 0 时,对应输出量 L 的值为 1,应表示为 $\overline{A}\,\overline{B}\overline{C}$;第四行表示当 $A=0$,$B=C=1$ 时,输出量 L 也为 1,应表示为 $\overline{A}BC$;类似分析可见能使输出量 L 为 1 的组合还有 $A\overline{B}C$、$AB\overline{C}$、ABC。对于上述 5 种组合,任意一种组合的出现都能使 $L=1$,即这 5 种组合满足逻辑或的关系,写出逻辑函数式为

$$L=\overline{A}\,\overline{B}\overline{C}+\overline{A}BC+A\overline{B}C+AB\overline{C}+ABC$$

3. 逻辑电路图

用逻辑运算符号连接起来以实现逻辑函数的电路图则称之为逻辑电路图,即将逻辑函数式中各变量之间的与、或、非等运算关系用相应的逻辑符号图表示出来,就可以得到表示输入与输出逻辑电路图。

【例 2.3】 根据例 2.2 的逻辑函数表达式画出相对应的逻辑门电路图。

解：单个变量的非用非门实现，3 个变量的与运算用 3 输入与门实现，各个与门的输出连接到 5 个输入或门的输入端即可，其相应的逻辑门电路图如图 2.4 所示。

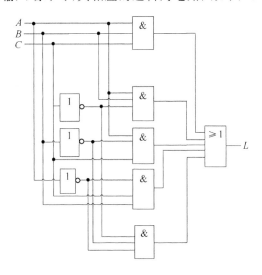

图 2.4 信号灯逻辑电路图

4. 波形图

波形图是以数字波形的形式表示逻辑电路中输入变量与输出变量的逻辑关系。它不仅可以反映输入变量和输出变量的波形变化，而且可以反映逻辑变量与逻辑函数之间的逻辑关系。可以看到通过波形图的形式更加形象直观的观察到输入、输出变量之间的变化特点及规律。

【例 2.4】 逻辑函数式的输入变量波形图图形如图 2.5 所示，根据例 2.3 的逻辑关系画出输出波形图。

解：根据题意知其逻辑函数为

$$L=\overline{A}\ \overline{B}\ \overline{C}+\overline{A}BC+A\ \overline{B}C+AB\ \overline{C}+ABC$$

根据输入和输出变量之间的逻辑关系可以画出输出波形，如图 2.6 所示。

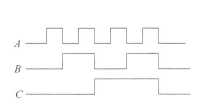

图 2.5 输入信号波形图

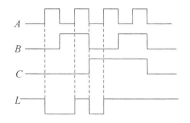

图 2.6 信号灯波形图

5. 卡诺图

卡诺图中的每一个小方格与真值表中第一组输入变量取值组合事实上存在一一对应的关系。从某种意义上说，卡诺图是真值表的图形表示。卡诺图不仅可以作为化简逻辑函数的工具，而且也是逻辑函数的一种方式。

将例 2.4 中的逻辑表达式以卡诺图的形式表示，如图 2.7 所示。

Ⓛ

A \ BC	00	01	11	10
0	1	0	1	0
1	0	1	1	1

图 2.7　卡诺图

2.2.4　逻辑函数的化简与实现

同一个逻辑函数，可以写成不同的表达式。表达式越简单，则实现该逻辑函数所需的元器件数目越少，其成本越低。逻辑电路越简单，电路的可靠性稳定性也会相应的越高。因此，在设计逻辑电路时，首先要对逻辑函数进行必要的化简。

由于逻辑函数表达式的形式不同，对函数表达式"最简"的理解也将有所不同。这里用最常用的与—或表达式为例来介绍最简的标准。

一般而言，与—或表达式需要满足下列两个条件，才能称为最简：

(1) 与项最少，即表达式中"+"号最少；

(2) 每个与项中的变量数最少，即表达式中"."号最少。

与项最少，可以使电路实现时所需的逻辑门的个数最少；每个与项中的变量数量最少，可以使电路实现时所需逻辑门的输入端个数最少，从而使逻辑电路相对简单、稳定。对于其他类型的电路，也可以得出类似的最简标准。例如，或—与表达式，最简的标准可以变更为：或项最少；每个或项中的变量数最少。

目前主要的逻辑函数化简方法主要有如下几种：

1. 代数化简法

代数化简法就是反复使用逻辑代数的基本定律和常用公式，消去函数式中多余的乘积项和多余的因子，以求得最简逻辑函数式。下面通过几组例子来了解常用的代数化简方法：

(1) 并项法

利用公式 $A+\overline{A}=1$，两项合并为一项，消去一个因子。

【例 2.5】 试用并项法化简下列逻辑函数。

$$L_1=A\,\overline{B}+ACD+\overline{A}\,\overline{B}+\overline{A}CD$$

$$L_2=\overline{A}B\,\overline{C}+A\,\overline{C}+\overline{B}\,\overline{C}$$

解：

$$\begin{aligned}L_1&=A\,\overline{B}+ACD+\overline{AB}+\overline{A}CD\\&=\overline{B}(A+\overline{A})+CD(A+\overline{A})\\&=\overline{B}+CD\end{aligned}$$

$$\begin{aligned}L_2&=\overline{A}B\,\overline{C}+A\,\overline{C}+\overline{B}\,\overline{C}\\&=\overline{A}B\,\overline{C}+\overline{C}(A+\overline{B})\\&=\overline{A}B\,\overline{C}+\overline{\overline{A}B}\cdot\overline{C}\\&=\overline{C}(\overline{A}B+\overline{\overline{A}B})\\&=\overline{C}\end{aligned}$$

在化简过程中应用了代入规则,即 $X=\overline{A}B$,$\overline{A}B+\overline{\overline{A}B}=X+\overline{X}=1$。

（2）吸收法

利用公式 $A+AB=A$,$A+\overline{A}B=A+B$,$AB+\overline{A}C+BC=AB+\overline{A}C$,消去多余的乘积项或多余的因子。

【例 2.6】 化简下面的逻辑表达式。

$L_1=AB+\overline{A}C+\overline{B}C$

$L_2=A+\overline{\overline{A}\ \overline{BC}}(\overline{A}+\overline{\overline{B}\ \overline{C}}+D)+BC$

解:

$$L_1=AB+\overline{A}C+\overline{B}C$$
$$=AB+(\overline{A}+\overline{B})C$$
$$=AB+\overline{AB}C$$
$$=AB+C$$

$$L_2=A+\overline{\overline{A}\ \overline{BC}}(\overline{A}+\overline{\overline{B}\ \overline{C}}+D)+BC$$
$$=A+BC+(A+BC)(\overline{A}+\overline{\overline{B}\ \overline{C}}+D)$$
$$=(A+BC)(1+(\overline{A}+\overline{\overline{B}\ \overline{C}}+D))$$
$$=A+BC$$

（3）添项法

利用公式 $A+A=A$,$A\cdot\overline{A}=0$,$AB+\overline{A}C=AB+\overline{A}C+BC$,在函数表达式中重复书写某一项,以便简化函数表达式。

【例 2.7】 试用添项法化简下列逻辑函数:

$L=AC+\overline{A}D+\overline{B}D+B\overline{C}$

解:

$$L=AC+\overline{A}D+\overline{B}D+B\overline{C}$$
$$=AC+B\overline{C}+(\overline{A}+\overline{B})D$$
$$=AC+B\overline{C}+AB+\overline{AB}D$$
$$=AC+B\overline{C}+AB+D$$
$$=AC+B\overline{C}+D$$

（4）配项法

利用公式 $A+\overline{A}=1$ 及 $A\cdot\overline{A}=0$,将某个与项乘以 $(A+\overline{A})$ 项或加上 $A\cdot\overline{A}=0$,进而将其拆成两项,以便与其他项配合化简。

【例 2.8】 试用配项法化简下列逻辑函数:

① $L=\overline{A}\cdot\overline{B}+\overline{B}\cdot\overline{C}+BC+AB$

② $L=A\cdot B+\overline{A}\cdot C+B\cdot C\cdot D$

③ $L=A\cdot B+\overline{A}\cdot C+B\cdot C\cdot D$

解:

①

$$L=\overline{A}\cdot\overline{B}+\overline{B}\cdot\overline{C}+BC+AB$$
$$=\overline{A}\cdot\overline{B}(C+\overline{C})+\overline{B}\cdot\overline{C}+BC(A+\overline{A})+AB$$
$$=\overline{A}\cdot\overline{B}\cdot C+\overline{A}\cdot\overline{B}\cdot\overline{C}+\overline{B}\cdot\overline{C}+\overline{A}BC+ABC+AB$$

$$=\overline{A}C(\overline{B}+B)+\overline{B}\cdot\overline{C}(\overline{A}+1)+AB(C+1)$$
$$=\overline{A}C+\overline{B}\cdot\overline{C}+AB$$

②

$$L=A\cdot B+\overline{A}\cdot C+B\cdot C\cdot D$$
$$=A\cdot B+\overline{A}\cdot C+BCD(A+\overline{A})$$
$$=A\cdot B+\overline{A}\cdot C+ABCD+\overline{A}BCD$$
$$=AB+\overline{A}C$$

③

$$L=A\cdot B\cdot\overline{C}+\overline{ABC}\cdot\overline{AB}$$
$$=AB\overline{C}+\overline{ABC}\cdot\overline{AB}+AB\cdot\overline{AB}$$
$$=AB(\overline{C}+\overline{AB})+\overline{ABC}\cdot\overline{AB}$$
$$=AB\cdot\overline{ABC}+\overline{ABC}\cdot\overline{AB}$$
$$=\overline{ABC}(AB+\overline{AB})$$
$$=\overline{ABC}$$

从以上例子可以看到,利用逻辑函数基本定律和常用公式化简逻辑函数,需要熟悉逻辑代数公式和定理,并且需要具有一定的化简经验和技巧。但这一化简方法的弊端是其化简的结果往往不易判定是否为最简逻辑表达式。

2. 卡诺图化简法

卡诺图是按一种相邻原则排列而成的最小项方格图,利用相邻可合并规则,使逻辑函数得到化简。卡诺图也可视为真值表的图形表示,因为卡诺图同样呈现了输入变量所有可能的组合及其对应的输出值(图2.8)。在化简过程中需要了解什么是最小项。对于一个 n 变量逻辑函数,若与项 m 包含 n 个变量,每个变量以原变量或反变量的形式出现且仅出现一次,则称与项 m 为此 n 变量逻辑函数的一个最小项。

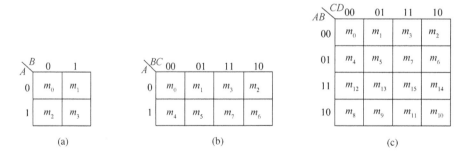

图 2.8   二变量、三变量、四变量逻辑函数的卡诺图

(1) 最小项相关概念

最小项的定义:在 n 个变量的逻辑函数中,包含全部变量的乘积项称为最小项。其中每个变量在该乘积项中可以以原变量或是反变量的形式出现,但只能出现一次。即 n 变量逻辑函数的全部最小项共有 2^n 个。任何一个逻辑函数表达式都可以转换为一组最小项之和,这样由最小项组成的"与—或"表达式称为最小项表达式。

以 2^n 个小方块分别代表 n 变量的所有最小项,并将它们排列成矩阵,而且使几何位置相邻的两个最小项在逻辑上也是相邻的(只有一个变量不同),就得到表示 n 变量全部最小项的卡诺图。

所谓几何相邻项，包含三种情况：一是相接，即紧挨着的最小项；二是相对，即任意一行或一列的两头；三是相重，即对折起来位置重合。所谓逻辑相邻，是指两个最小项中只有一个变量形式不同。

合并最小项的原则如下：

① 两个相邻最小项可合并为一项，消去一对因子；

② 四个排成矩形的相邻最小项可合并为一项，消去两对因子。

【例 2.9】 将逻辑函数 $L(A,B,C)=AB+\overline{A}C$ 转换成最小项表达式。

解：该函数为三变量函数，而表达式中每项只含有两个变量，不是最小项。要变为最小项，就应补齐缺少的变量，办法为将各项乘以 1，如 AB 项乘以$(C+\overline{C})$。

$$L(A,B,C)=AB+\overline{A}C=AB(C+\overline{C})+\overline{A}C(B+\overline{B})$$
$$=ABC+AB\overline{C}+\overline{A}BC+\overline{A}\overline{B}C=m_7+m_6+m_3+m_1$$

为了简化，也可用最小项下标编号来表示最小项，上式也可写为

$$L(A,B,C)=\sum m(1,3,6,7)$$

(2) 用卡诺图表示逻辑函数

用卡诺图表示给定的逻辑函数表达式，其一般步骤是，先求该逻辑函数的最小项表达式；作与其逻辑函数的变量个数相对应的卡诺图；然后在卡诺图上将这些最小项对应的小方块中填入 1，在其余的地方则填入 0，即可得到表示该逻辑函数表达式的卡诺图。也就是说，任何一个逻辑函数都等于它的卡诺图中填 1 的那些小方块所对应的最小项之和。

【例 2.10】 用卡诺图表示逻辑函数 $L(A,B,C,D)=A\overline{B}C\overline{D}+\overline{A}BC+\overline{C}D+\overline{A}BD$。

解：首先求该逻辑函数的最小项表达式，即

$$L(A,B,C,D)=A\overline{B}C\overline{D}+\overline{A}BC+\overline{C}D+\overline{A}BD$$
$$=A\overline{B}C\overline{D}+\overline{A}BC(D+\overline{D})+(A+\overline{A})(B+\overline{B})\overline{C}D+\overline{A}B(C+\overline{C})D$$
$$=A\overline{B}C\overline{D}+\overline{A}BCD+\overline{A}BC\overline{D}+AB\overline{C}D+A\overline{B}\overline{C}D+\overline{A}B\overline{C}D+\overline{A}\overline{B}\overline{C}D$$
$$=m_1+m_5+m_6+m_7+m_9+m_{10}+m_{13}$$

做出四变量卡诺图，并在对应函数表达式中最小项的小方块内填入 1，其余位置上填入 0，即得到所给逻辑函数的卡诺图，如图 2.9 所示。

【例 2.11】 已知逻辑函数的卡诺图，如图 2.10 所示，试写出该逻辑函数的最小项表达式。

AB \ CD	00	01	11	10
00	0	1	0	0
01	0	1	1	1
11	0	1	0	0
10	0	1	0	1

图 2.9 【例 2.10】卡诺图

A \ BC	00	01	11	10
0	0	0	0	0
1	1	1	0	1

图 2.10 【例 2.11】卡诺图

解：设所求逻辑函数用 L 表示，则 L 等于卡诺图中填入 1 的那些小方块所对应的最小项之和，即有：

$$L = A\overline{B}\,\overline{C} + A\overline{B}C + AB\overline{C} = A\overline{B} + A\overline{C}$$

【例 2.12】 化简逻辑函数 $Y(A,B,C) = A\overline{C} + \overline{A}C + \overline{B}C + B\overline{C}$。

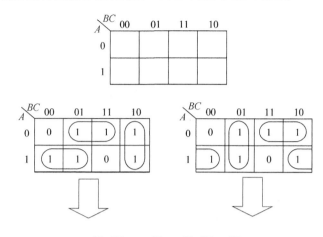

$$Y = A\overline{B} + \overline{A}C + B\overline{C}, \quad Y = A\overline{C} + \overline{A}B + \overline{B}C$$

图 2.11 【例 2.12】卡诺图分析

即经过化简可以看到本例有两种化简结果:

$$Y = A\overline{B} + \overline{A}C + B\overline{C}, Y = A\overline{C} + \overline{A}B + \overline{B}C$$

根据上面的例子可以看到,利用卡诺图化简逻辑函数表达式,方便直观。而且可以看到逻辑函数表达式的化简可能结果并不唯一,函数表达式经过化简后可能会有多种结果。

逻辑函数表达式繁简程度不同,所需的逻辑器件的数量及类别也不尽相同。因此,在实际设计逻辑电路中,不仅要考虑电路的逻辑功能,还要考虑电路中所使用的逻辑器件数量、种类等多方面因素,这样考虑的目的是既要降低电路成本,又要兼顾电路工作的可靠性。因此,在逻辑电路的分析和设计中,必然需要对逻辑函数表达式进行化简。例如,有两个逻辑函数:

$$L_1 = ABC + A\overline{C} + AB(D + \overline{E}F)$$

$$L_2 = AB + A\overline{C}$$

L_1、L_2 对应的逻辑电路图如图 2.12 所示。

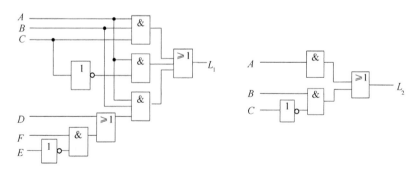

图 2.12 逻辑电路图

如果分别列出 L_1、L_2 对应的逻辑真值表,事实上两个表达式具有相同的逻辑电路功能。在实现同一逻辑功能的情况下,显然第二个逻辑电路图比第一个逻辑电路图简单得多。

对于同一个逻辑问题,逻辑函数表达式和逻辑电路可以有多种形式表示,但与其相对应的逻辑真值表却只能有一种,即对于任意逻辑函数,其真值表是唯一的。

【例2.13】　用卡诺图化简法化简 $F = AD + A\overline{B}\,\overline{D} + \overline{A}\,\overline{B}\,\overline{C}D + \overline{A}BC\overline{D}$。

解:① 根据所给函数表达式画出卡诺图,如图2.13所示。

② 画包围圈合并最小项(图2.14),得简化的与一或表达式:

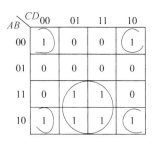

图2.13　【例2.13】卡诺图　　　　图2.14　【例2.13】卡诺图分析

$$F = AD + \overline{B}\,\overline{D}$$

【例2.14】　已知某逻辑函数的真值表(表2.12),用卡诺图化简该函数。

表2.12　真值表

A	B	C	L
0	0	0	0
0	0	1	1
0	1	0	1
0	1	1	1
1	0	0	1
1	0	1	1
1	1	0	1
1	1	1	0

解:① 用真值表画出卡诺图;

　　② 画包围圈合并最小项

有两种围圈方式,如图2.15所示。

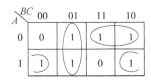 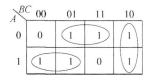

图2.15　【例2.14】卡诺图分析

分别写出表达式:

$$L = \overline{B}C + \overline{A}B + A\overline{C}, \quad L = A\overline{B} + B\overline{C} + \overline{A}C$$

由此可见:一个逻辑函数的真值表是唯一的,卡诺图也是唯一的,但化简结果有时并不唯一。

化简逻辑函数表达式常用的两种方法是代数法和卡诺图法。代数法没有任何条件限制,比较灵活,但其化简过程没有固定的规律可循,有时需要一定的技巧和经验。所以,有些逻辑函数式不容易化成最简式。卡诺图法简单、直观、有规律、易掌握,但不适用于逻辑变量个数超过五个以上的逻辑函数的化简。

2.3 组合逻辑电路分析与设计

组合逻辑电路作为数字电路研究的关键内容之一,在学习中应明确组合逻辑电路的有关概念,掌握组合逻辑电路的分析和设计方法,熟悉常用组合逻辑功能器件的基本应用及扩展应用。数字电路按其逻辑功能可分为两大类,即组合逻辑电路和时序逻辑电路。组合逻辑电路是指在任何时刻,逻辑电路的输出状态只取决于该时刻各输入状态的组合,而与电路原来的状态无关。组合逻辑电路的结构特点是:电路由各门电路构成,不存在反馈。

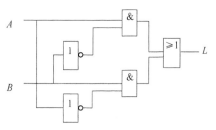

图 2.16 组合逻辑电路

如图 2.16 所示电路图是由反相器、与门、或门构成的组合逻辑电路,其电路中无反馈。其逻辑表达式为:$L=\overline{A}B+A\overline{B}$。在任何时刻,只要输入变量 A、B 取值确定,那么输出函数 L 的值也随之确定。

描述组合逻辑电路功能的主要方式有以下几种:

1. 逻辑函数表达式

逻辑函数表达式通常以与一或表达式表示,并且化简为最简与一或表达式。这种表达形式的优点是便于进行逻辑推导。

2. 逻辑电路图

逻辑电路图简称为逻辑图,组合逻辑电路图是由各种逻辑门电路的逻辑符号及其相互间的连线共同组成。

3. 真值表

以表格的形式描述输入变量的各种取值组合与输出函数值的对应关系。输入变量取值组合的顺序通常以对应二进制数的顺序表示。

4. 波形图

波形图是以数字波形的形式表示逻辑电路中输入量与输出量间的逻辑关系。

5. 卡诺图

卡诺图不仅可作为化简逻辑函数的工具方法,而且也是描述逻辑函数的一种重要方式。卡诺图中的每一个小方格与真值表中每一组输入变量取值组合事实上存在一一对应的关系。在某种意义上说,卡诺图是真值表的图形表示。

逻辑函数表达式、逻辑电路图、真值表、卡诺图、波形图是描述特定逻辑功能的不同表达形式,各种表达形式可以相互转换(图 2.17)。组合逻辑电路分析主要讨论在已知逻辑电路图的条件下,通过求解函数表达式、真值表来确定所给逻辑电路的逻辑功能。组合逻辑电路设计是在给定逻辑功能的条件下,通过列写真值表、逻辑函数表达式、做出实现所需逻辑功能的逻辑电路图。因此,组合逻辑电路的分析与设计事实上是在特定的已知条件下,分析和讨论逻辑函数不同表示形式的相互转换问题。

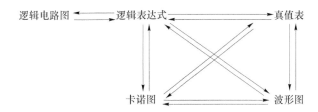

图 2.17　组合逻辑电路的方式

2.3.1　组合逻辑电路的分析

组合逻辑电路分析,就是根据已知的逻辑电路图,分析确定其逻辑功能的过程。分析过程一般按下列步骤进行:

(1)写出逻辑函数表达式。根据已知的逻辑电路图,从输入到输出逐级写出逻辑电路的逻辑函数表达式。

(2)化简逻辑函数表达式。一般情况下,由逻辑电路图写出的逻辑表达式不是最简与—或表达式,因此需要对逻辑函数表达式进行化简或者变换,以便用最简与—或表达式来表示逻辑函数。

(3)列写真值表。根据逻辑表达式列出反映输入/输出逻辑变量相互关系的真值表。

(4)分析并用文字概括出电路的逻辑功能。根据逻辑真值表,分析并确定逻辑电路所实现的逻辑功能。

【例 2.15】　已知逻辑电路如图 2.18 所示,分析该电路的逻辑功能。

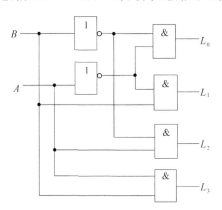

图 2.18　逻辑电路图

解:由逻辑电路图可知,此逻辑电路由反相器和与门两种门电路共同组成。电路有 2 个输入变量 A、B,4 个输出函数分别为 L_0、L_1、L_2、L_3。

① 根据逻辑电路图写出逻辑函数表达式:

$$L_0 = \overline{A} \cdot \overline{B}$$

$$L_1 = \overline{A} \cdot B$$

$$L_2 = A \cdot \overline{B}$$

$$L_3 = A \cdot B$$

② 由逻辑函数式列出真值表,如表 2.13 所示:

表 2.13　真值表

输入		输出			
A	B	L_0	L_1	L_2	L_3
0	0	1	0	0	0
0	1	0	1	0	0
1	0	0	0	1	0
1	1	0	0	0	1

③ 由表 2.13 可知:

当 $AB=00$ 时,$L_0=1$,其余的输出端均为 0;

当 $AB=01$ 时,$L_1=1$,其余的输出端均为 0;

当 $AB=10$ 时,$L_2=1$,其余的输出端均为 0;

当 $AB=11$ 时,$L_3=1$,其余的输出端均为 0。

④ 由此可以得知,此电路对应每组输入信号只有一个输出端为 1,因此,根据输出状态即可以知道输入的代码值,而具有这样特征的逻辑电路被称为译码器,故此逻辑电路具有译码功能,而且输出端是高电平有效。

⑤ 结论电路的逻辑功能为译码功能。

【例 2.16】　组合电路电路图如图 2.19 所示,试分析该电路的逻辑功能。

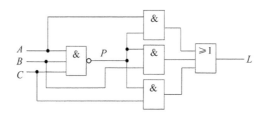

图 2.19　逻辑电路图

解:

① 由逻辑电路图写出逻辑表达式。为了便于书写表达式,借助中间变量 P,于是

$$P = \overline{ABC}$$

$$L = AP + BP + CP = A\overline{ABC} + B\overline{ABC} + C\overline{ABC}$$

② 化简与变换。

变换的目的是使表达式有利于列真值表,一般应变换成与—或式最小项表达式:

$$L = \overline{ABC}(A+B+C) = \overline{ABC + \overline{A+B+C}} = \overline{ABC + \overline{A}\,\overline{B}\,\overline{C}}$$

③ 由表达式列出真值表,如表 2.14 所示。

表 2.14 真值表

A	B	C	L
0	0	0	0
0	0	1	1
0	1	0	1
0	1	1	1
1	0	0	1
1	0	1	1
1	1	0	1
1	1	1	0

④ 分析逻辑功能。

由表 2.14 可知,当 A、B、C 三个变量不一致时,电路输出为 1,所以这个电路称为"不一致电路"。

对于比较简单的组合逻辑电路,也可通过其波形图进行分析。即根据输入信号的波形,逐级画出输出信号的波形,根据输入与输出波形的关系确定其电路的逻辑功能。

【例 2.17】 已知逻辑函数的逻辑关系如图 2.20 波形图所示,其中 A、B、C、D 为输入变量,L 为输出函数。试分析并列出函数真值表、逻辑函数表达式,并画出逻辑电路图。

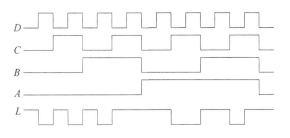

图 2.20 信号波形图

解: 分析图 2.20 波形图,可依据输入变量的不同波形组合,找出输入量与输出量的对应关系。

写出其真值表,如表 2.15 所示。

表 2.15 真值表

输入				输出	
A	B	C	D	L	
0	0	0	0	1	$\overline{A}\,\overline{B}\,\overline{C}\,\overline{D}$
0	0	0	1	0	
0	0	1	0	1	$\overline{A}\,\overline{B}\,C\,\overline{D}$
0	0	1	1	0	
0	1	0	0	1	$\overline{A}\,B\,\overline{C}\,\overline{D}$

续　表

输入				输出	
A	B	C	D	L	
0	1	0	1	0	
0	1	1	0	1	$\overline{A}BC\overline{D}$
0	1	1	1	1	$\overline{A}BCD$
1	0	0	0	1	$A\overline{B}\,\overline{C}\,\overline{D}$
1	0	0	1	1	$A\overline{B}\,\overline{C}D$
1	0	1	0	0	
1	0	1	1	0	
1	1	0	0	1	$AB\overline{C}\,\overline{D}$
1	1	0	1	1	$AB\overline{C}D$
1	1	1	0	0	$ABC\overline{D}$
1	1	1	1	1	$ABCD$

　　同一组变量取值组合使输出函数值为 1,则各个变量之间的关系是与的关系且每个变量聚合为 0 时用反变量表示,取值为 1 时用原变量表示。例如,变量聚合 $ABCD=0000$ 时,输出函数值为 1,则表明各个变量以反变量的形式相与,即 $\overline{A}\,\overline{B}\,\overline{C}\,\overline{D}$,其余组合类推。多种变量取值组合使输出函数值为 1,则它们之间的关系是或的关系。按照这一原则,结合表 2.15 中的分析可写出如下输出函数的表达式:

$$L=\overline{A}\,\overline{B}\,\overline{C}\overline{D}+\overline{A}\,\overline{B}C\overline{D}+\overline{A}B\,\overline{C}D+\overline{A}BC\,\overline{D}+\overline{A}BCD+A\,\overline{B}\,\overline{C}\,\overline{D}+A\,\overline{B}\,\overline{C}D+AB\,\overline{C}\,\overline{D}+AB\,\overline{C}D+ABCD$$

在求输出函数表达式时,也可以由真值表的输入/输出对应关系直接画出所对应的卡诺图(图 2.21),并在卡诺图上进行化简,进而画出输出函数表达式。

　　在卡诺图上进行化简,得到简化的逻辑函数表达式如下:

$$L=\overline{AC}+\overline{AD}+BCD$$

上面的逻辑电路表达式可以通过反相器、与门、或门实现。其逻辑电路图如图 2.22 所示。

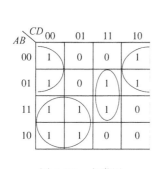

图 2.21　卡诺图

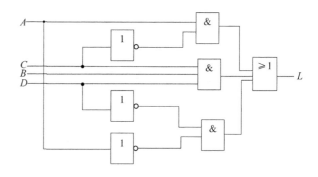

图 2.22　逻辑电路图

2.3.2　组合逻辑电路的设计

　　组合逻辑电路的设计是其电路分析的逆过程。设计问题的已知条件是给出了欲实现的逻辑功能,设计的目的是确定实现所给逻辑功能的具体组合逻辑电路。

组合逻辑电路设计的基本步骤如下：

（1）列出真值表。分析欲实现的逻辑功能的因果关系,把引起事件的原因作为输入逻辑变量,把事件的结果作为输出逻辑变量,并把输入/输出变量分别用字母表示,每个输入变量可以取值 1 或者 0,根据输入/输出的因果关系列出真值表。

（2）写出逻辑函数表达式。依据已经列出的真值表写出对应的逻辑函数表达式。

（3）简化或变换逻辑函数表达式。

（4）画出逻辑电路图。根据化简或变换后的逻辑函数表达式以及所选用的逻辑器件画出逻辑电路图。

对于一个特定的逻辑函数,实现其逻辑功能的电路不是唯一的。当实现途径有多种选择时,设计者应考虑在保证逻辑功能的前提下,在多种可能的实现途径中,选择较好的电路实现形式。比如说所选用的逻辑器件数量及种类最少,而且器件之间的连线最简单;以确保提高其电路的工作稳定性,功耗较低。

【例 2.18】 设计一个三人表决器,结果为少数服从多数。

解: ① 根据设计要求建立该逻辑函数的真值表。

设三人的意见为变量 A、B、C,表决结果为函数 L。对变量及函数进行如下状态赋值:对于变量 A、B、C,赞同意为逻辑 1,不同意为逻辑 0;对于函数 L,设事件通过表决则逻辑值为 1,没通过则设定逻辑值为 0。

列出真值表,如表 2.16 所示。

表 2.16　真值表

A	B	C	L
0	0	0	0
0	0	1	0
0	1	0	0
0	1	1	1
1	0	0	0
1	0	1	1
1	1	0	1
1	1	1	1

② 由真值表写出逻辑表达式并化简:

$$L = \overline{A}BC + A\overline{B}C + AB\overline{C} + ABC$$

但该表达式并不是最简逻辑表达式。

经过逻辑化简后得到:

$$L = AB + AC + BC$$

③ 画出逻辑电路图。

根据逻辑表达式 $L = AB + AC + BC$,绘制逻辑电路图,如图 2.23 所示。

至此,逻辑电路设计完成。

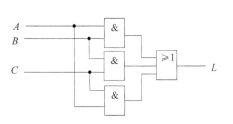

图 2.23　逻辑电路图

【例2.19】 设计一个交通信号灯工作状态检测电路。

分析:在正常工作状态下,任何时刻点亮的只能是红、黄、绿中的一种。当出现其他五种点亮状态时,电路发生故障,要求电路发出故障信号,以提醒维护人员前去修复。

解:① 根据设计要求,列出真值表,如表2.17所示。

表2.17 真值表

R	Y	G	L
0	0	0	1
0	0	1	0
0	1	0	0
0	1	1	1
1	0	0	0
1	0	1	1
1	1	0	1
1	1	1	1

② 写出逻辑函数表达式:

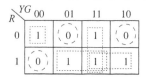

③ 化简逻辑函数表达式:

$$L = RG + YG + RY + \overline{RYG}$$

④ 画出逻辑电路图,如图2.24所示。

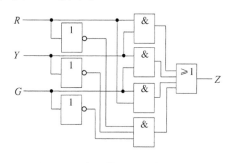

图2.24 交通信号灯逻辑电路图

【例2.20】 设计一个电话机信号控制电路。电路有 I_0(火警)、I_1(盗警)、I_2(日常业务)三种输入信号,通过排队电路分别从 L_0、L_1、L_2输出,在同一时间只有一个信号通过。如果同时有两个以上信号出现时,应首先接通火警信号,其次为盗警信号,最后是日常业务信号。试按照上述轻重缓急设计该信号控制电路(要求用与非门实现)。

解:① 列真值表。

对于输入,设有信号为逻辑"1";没信号为逻辑"0"。

对于输出,设允许通过为逻辑"1";不允许通过为逻辑"0"。

列出真值表,如表2.18所示。

表 2.18　真值表

输入			输出		
I_0	I_1	I_2	L_0	L_1	L_2
0	0	0	0	0	0
1	×	×	1	0	0
0	1	×	0	1	0
0	0	1	0	0	1

说明:在有些逻辑函数中,输入变量的某些取值组合不会出现,或者一旦出现,逻辑值可以是任意的。这样的取值组合所对应的最小项称为无关项、任意项或约束项。在化简时根据需要取值可以为 1 也可以为 0;在真值表中用 X 表示。

② 由真值表写出各输出的逻辑表达式:

$$L_0 = I_0$$
$$L_1 = \bar{I}_0 I_1$$
$$L_2 = \bar{I}_0\, \bar{I}_1 I_2$$

这三个表达式已是最简,无须化简。但需要用非门和与门实现,且 L_2 需用输入端与门才能实现,故不符合设计要求。

③ 根据要求,将上式转换为与非表达式:

$$L_0 = I_0$$
$$L_1 = \overline{\overline{\bar{I}_0 I_1}}$$
$$L_2 = \overline{\overline{\bar{I}_0\, \bar{I}_1 I_2}} = \overline{\overline{\overline{\bar{I}_0\, \bar{I}_1} \cdot I_2}}$$

④ 画出逻辑电路图,如图 2.25 所示。

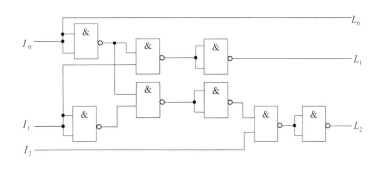

图 2.25　逻辑电路图

可见,在实际设计逻辑电路时,有时并不是逻辑表达式最简单就能满足设计要求,还应考虑所使用集成器件的种类,将表达式转换为能用所要求的集成器件实现的形式,并尽量使所用集成器件最少,就是设计步骤框架中所说的最合理表达式了。

【例 2.21】　设计一个半加器。所谓半加器,是指不考虑低位有无向本位的进位,只将两个本位数相加的运算。其中 A、B 表示两个加数,S 表示相加后的和,C 表示相加后高位产生的进位。半加器逻辑框图如图 2.26 所示。

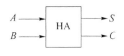

图 2.26　半加器逻辑框图

① 列真值表如表 2.19 所示。

表 2.19 真值表

输入		输出	
A	B	S	C
0	0	0	0
0	1	1	0
1	0	1	0
1	1	0	1

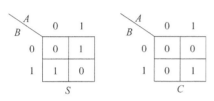

图 2.27 卡诺图

② 简函数。

根据真值表画 S 和 C 的卡诺图,如图 2.27 所示。

由卡诺图得:

$$S = \overline{A}B + A\overline{B}$$
$$C = AB$$

③ 根据给定的逻辑门写出表达式。

用异或门和与门:

$$S = \overline{A}B + A\overline{B} + A \oplus B$$
$$C = AB$$

④ 画逻辑电路图,如图 2.28 所示。

【例 2.22】 设计一个全加器。所谓全加器,就是能对两个一位二进制数相加,并加上低位来的进位,形成"和"及"进位"的逻辑电路。它的逻辑框图如图 2.29 所示。

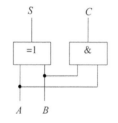

图 2.28 逻辑电路图

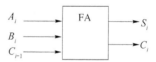

图 2.29 全加器的逻辑框图

① 列真值表,如表 2.20 所示。

表 2.20 真值表

输入			输出	
A_i	B_i	C_{i-1}	S_i	C_i
0	0	0	0	0
0	0	1	1	0
0	1	0	1	0
0	1	1	0	1
1	0	0	1	0

输入			输出	
A_i	B_i	C_{i-1}	S_i	C_i
1	0	1	0	1
1	1	0	0	1
1	1	1	1	1

② 化简函数。

根据真值表画 S_i 和 C_i 的卡诺图，如图 2.30 所示。

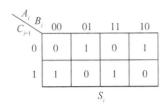 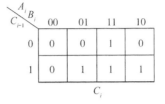

图 2.30　卡诺图

由卡诺图得：

$$S_i = \overline{A_i} \cdot \overline{B_i} C_{i-1} + \overline{A_i} B_i \overline{C_{i-1}} + A_i \overline{B_i} \cdot \overline{C_{i-1}} + A_i B_i C_{i-1}$$

$$C_i = A_i B_i + A_i C_{i-1} + B_i C_{i-1}$$

③ 根据给定的逻辑门写出表达式：用与非门实现全加器。将 S_i 和 C_i 由"与或"式变成"与非"式：

$$S_i = \overline{\overline{\overline{A_i} \cdot \overline{B_i} C_{i-1} + \overline{A_i} B_i \overline{C_{i-1}} + A_i \overline{B_i} \cdot \overline{C_{i-1}} + A_i B_i C_{i-1}}}$$

$$= \overline{\overline{A_i} \cdot \overline{B_i} C_{i-1} \cdot \overline{\overline{A_i} B_i \overline{C_{i-1}}} \cdot \overline{A_i \overline{B_i} \cdot \overline{C_{i-1}}} \cdot \overline{A_i B_i C_{i-1}}}$$

$$C_i = \overline{\overline{A_i B_i + A_i C_{i-1} + B_i C_{i-1}}} = \overline{\overline{A_i B_i} \cdot \overline{A_i C_{i-1}} \cdot \overline{B_i C_{i-1}}}$$

④ 逻辑电路图（与非门实现）如图 2.31 所示。

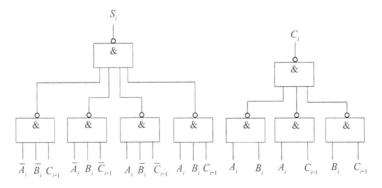

图 2.31　逻辑电路图

2.4　时序逻辑电路分析与设计

门电路是构成组合逻辑电路的基本单元电路，故组合逻辑电路在逻辑功能上的特点是电路任意时刻的输出状态,仅取决于当时输入信号的取值组合。而触发器是构成时序逻辑电路的基本单元电路,触发器具有记忆功能,因此,时序逻辑电路在逻辑功能上的特点是在任意时刻,电路的输出状态不仅取决于当时的输入信号状态,而且还与电路原来的状态有关。

依据电路中各个触发器状态的转换时间是否相同,可以把时序逻辑电路分为同步时序电路和异步时序电路。在同步时序电路中,所有触发器状态变化都发生在同一时刻,即各个触发器由一个共同的时钟脉冲在相同的时间触发。而在异步时序电路中,各个触发器状态的变化不是同时发生的。

时序逻辑电路的主要描述方法如下:

(1)逻辑方程式

时序逻辑电路的功能由逻辑电路的输出方程和状态方程确定。因此,输出方程和状态方程是描述时序逻辑电路的基本形式。逻辑方程式还可以描述时序电路的逻辑功能,但这种描述形式不够直观,并且在真正设计时序逻辑电路时,很难根据实际问题的要求直接写出逻辑方程式。

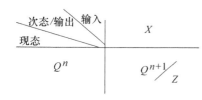

图 2.32 状态转换表的一般形式

(2)状态转换表

状态转换表是以表格的形式来描述时序逻辑电路的输入变量、输出函数、电路的现态和次态之间关系的逻辑关系,其一般形式如图 2.32 所示。

它表明了处于现态 Q^n、输出为 Z 的时序逻辑电路,当输入为 X 时,在时钟脉冲的作用下电路将进入次态 Q^{n+1}。

(3)状态转换图

状态转换图以圆圈表征电路现在所处的状态,以有向线段表示状态转换的方向,标注在有向线段一侧的数字表示状态转换前输入信号 X 的值和输出值 Z,以 X/Z 形式进行标识。时序逻辑电路的状态转换图如图 2.33 所示,状态转换图简称状态图。状态图的主要优点是可以直观地描述时序逻辑电路的各状态转换过程。

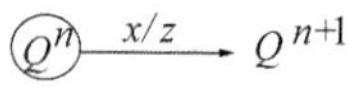

$$Q^n \xrightarrow{x/z} Q^{n+1}$$

图 2.33 状态转换图

(4)时序图

在时钟脉冲序列及输入信号的作用下,电路状态、输出状态随时间变化的波形被称为时序图。

上述几种时序逻辑电路的描述方法,尽管表现形式不同,但它们所描述的逻辑功能是相同的,并且各种描述形式可以相互转换(图 2.34)。另外,还可以用逻辑电路图等多种形式来表示时序逻辑电路。

图 2.34 多种逻辑状态描述方式

2.4.1　触发器

在数字电子系统中,不但需要对二进制信号进行算术运算和逻辑运算,很多时候还需要把所用到的信号及运算结果保存下来,所以设计逻辑电路时需要具有存储功能相关元器件来完成电路设计功能的诸多要求。

触发器是具有记忆功能的基本逻辑单元,是能存储一位二进制数码的基本单元电路。触发器的电路结构有多种形式,它们的触发方式和逻辑功能也各不相同。触发器具有两个稳定状态,分别表示 0 和 1 两种状态;在输入控制信号的作用下,可以在 0 与 1 两个状态之间进行转换。

触发器的基本逻辑电路是由门电路引入适当的反馈而构成的。根据电路结构形式不同,可以将触发器分为基本 RS 触发器、同步触发器、主从触发器、边沿触发器等多种类型。不同的电路结构在状态变化过程中也会有不同的动作特点,掌握其动作特点对于正确使用这些触发器是十分必要的。由于信号的输入方式以及触发器状态随输入信号变化的规律不同,触发器又可分为 RS 触发器、D 触发器、JK 触发器、T 触发器等几种类型。描述触发器逻辑功能的方式有特性表、特性方程、状态转换图等。熟悉各类触发器的描述方法是分析和设计时序逻辑电路的基础。

1. 基本 RS 触发器

最简单的触发器是基本 RS 触发器。组合逻辑电路的基本特点是电路中没有反馈,如果在此电路中引入反馈,如图 2.35(a)所示,电路的性质就发生了变化,即它已不属于组合逻辑电路,通常称其为基本 RS 触发器。基本 RS 触发器是各种改进型触发器的基本单元电路。

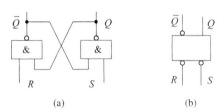

(a)　　　　　　　　　(b)

图 2.35　基本 RS 触发器逻辑电路及基本符号

从电路图得到逻辑表达式:

$$Q=\overline{S\overline{Q}},\overline{Q}=\overline{RQ}$$

基本 RS 触发器可以由两个与非门构成。基本 RS 触发器由电平触发,并且有一个重要的约束条件,R 和 S 不能同时为零,即约束条件为:$S+R=1$。

分析得到状态表,如表 2.21 所示。

表 2.21　状态表

R	S	Q	$\overline{Q}$	说明
0	0	1	1	禁止输入状态 输入信号同时消失后状态不确定
0	1	0	1	两种稳定状态
1	0	1	0	
1	1	不变		记忆功能

当触发器正常工作时,Q 和 $\overline{Q}$ 端的状态总是互补的。

2. 同步 RS 触发器

在数字系统中,很多时候,希望触发器只有在时钟来临时,输出状态改变,其他时候,触发器维持原状态。这样就可以让多个触发器在同一时刻动作。所以,在触发器的基础上又引入了同步控制时钟脉冲信号 CP,则称这种触发器为同步触发器。

将基本 RS 触发器的输入端分别经过一个与非门作为时钟控制信号,就成为同步 RS 触发器,如图 2.36 所示。

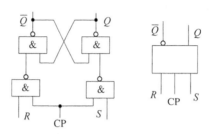

图 2.36　同步 RS 触发器逻辑电路图及基本符号

当 CP=0 时控制门封锁,Q 不变。

当 CP=1 时,R、S 的信号可被接受,进而影响 Q 的状态。

状态表如表 2.22 所示。

表 2.22　状态表

CP	S	R	Q^n	Q^{n+1}	说明
0	X	X	0	0	保持原状态不变
0	X	X	1	1	
1	0	0	0	0	保持原状态不变
1	0	0	1	1	
1	0	1	0	0	置 0
1	0	1	1	0	
1	1	0	0	1	置 1
1	1	0	1	1	
1	1	1	0	1	约束状态
1	1	1	1	1	

时间反映在状态表,用现态和次态区别。

特性方程:$Q^{n+1}=S+\overline{R}Q^n$

约束方程:$RS=0$

同步 RS 触发器与基本 RS 触发器的不同之处在于,只有在时钟 CP=1 的时候,输出状态才能被改变。但是发现同步 RS 触发器还有一个不足之处:当 CP=1 时,R 和 S 若多次改变,每次改变都会影响输出。这种现象,称为空翻现象。

空翻的危害性:降低了电路的抗干扰能力,并意味着失去了 Q 端的状态变化与 CP 脉冲同步的特点。

3. 主从 RS 触发器

为解决空翻问题,将两个同步 RS 触发器串联,电路如图 2.37 所示,构成了主从 RS 触发器。主从触发器由主触发器和从触发器组成,时钟信号 CP 经由非门,变成 CP′控制从触发器。

主从触发器的触发翻转分为两个节拍:

(1) 当 CP=1 时,CP′=0,从触发器被封锁,保持原状态不变;主触发器工作,接收 R 和 S 端的输入信号;当 CP=0 时,CP′=1,主触发器被封锁,从触发器动作。

(2) 当 CP 由于跳变到 0 时,主从触发器有效触发,从而克服了同步 RS 触发器多次翻转和空翻问题。

当 CP=1 时,主触发器接收输入信号。

特性方程:
$$Q^{n+1} = S + \overline{R}Q^n$$
$$RS = 0(约束条件)$$

特点:在 CP=1 期间,Q' 可随着 R、S 的状态多次变化,但 Q 的状态仅由 CP 由 1 变 0 前的 Q' 决定。

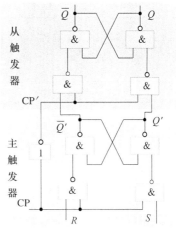

图 2.37 主从 RS 触发器逻辑电路

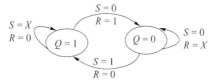

主从触发器的输出改变仅取决于时钟信号的下降沿时刻,有效地解决了空翻问题。但是,主从 RS 触发器仍然存在约束条件:R、S 不能同时为 1。

4. 主从 JK 触发器

如图 2.38 所示,在时钟脉冲 CP 的作用下,可以看到在 CP=1 时,从触发器被封锁,输出状态不变化。

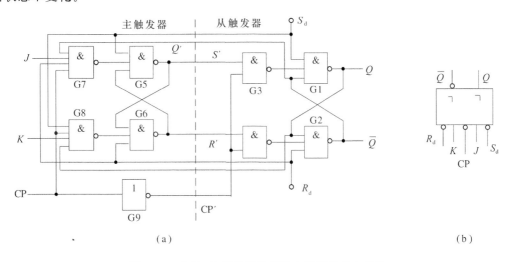

图 2.38 主从 JK 触发器的逻辑电路图及基本符号

此时主触发器输入门打开,接收 J、K 输入信号;当 CP=0 时,主触发器被封锁,禁止接收 J、K 信号,主触发器维持原态;从触发器输入门被打开,从触发器按照主触发器的状态翻转。

JK 触发器逻辑功能状态表如表 2.23 所示。

表 2.23　JK 触发器逻辑功能状态表

J	K	Q^n	Q^{n+1}	说明
0	0	0	0	$Q^{n+1}=Q^n$
0	0	1	1	
0	1	0	0	输出状态同 J 状态
0	1	1	0	
1	0	0	1	输出状态同 J 状态
1	0	1	1	
1	1	0	1	$Q^{n+1}=\overline{Q^n}$
1	1	1	0	

特性方程: $Q^{n+1}=J\,\overline{Q^n}+\overline{K}Q^n$

状态转换图如图 2.39 所示。

5. D 触发器

无论是 RS 触发器还是 JK 触发器,都具有两个输入控制端,而 D 触发器(图 2.40)只有一个输入控制端,可以满足某些应用场合的需要。

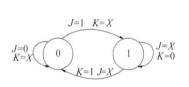

图 2.39　状态转换图

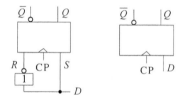

图 2.40　D 触发器基本符号

特性方程: $Q^{n+1}=D$

特性表如表 2.24 所示。

状态转换图,如图 2.41 所示。

表 2.24　特性表

D	Q^{n+1}
0	0
1	1

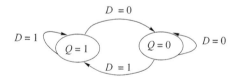

图 2.41　D 触发器状态转换图

时序图如图 2.42 所示。

6. T 触发器

D 触发器虽然满足了仅有 1 个输入端的要求,但输出状态由 D 决定,在时钟的作用下,还想保持输出状态不变还是不易实现。如果把 JK 触发器的 J、K 输入端连接在一起并标记为 T,则构成 T 触发器,如图 2.43 所示。

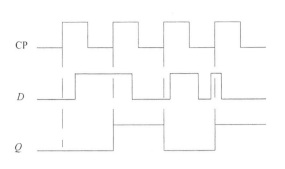

图 2.42　D 触发器时序图

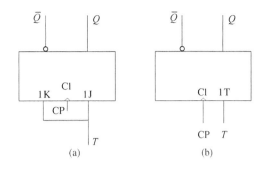

图 2.43　电路图及逻辑符号

把 $J=K=T$ 代入式中可得 T 触发器的特性方程：

$$Q^{n+1}=T\overline{Q}^n+\overline{T}Q^n$$

T 触发器的特性表如表 2.25 所示。

表 2.25　T 触发器的特性表

T	Q^n	Q^{n+1}	说明
0	0	0	$Q^{n+1}=Q^n$
0	1	1	
1	0	1	$Q^{n+1}=\overline{Q}^n$
1	1	0	

T 触发器的状态转换图如图 2.44 所示。

2.4.2　同步时序逻辑电路的分析

同步时序逻辑电路的主要特点：在同步时序
逻辑电路中，由于所有触发器都由同一个时钟脉
冲信号 CP 来触发，它只控制触发器的翻转时刻，

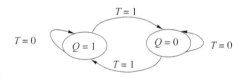

图 2.44　T 触发器的状态转换图

而对触发器翻转到何种状态并无影响，所以，在分析同步时序逻辑电路时，可不考虑时钟
条件。

时序逻辑电路分析的目的，是找出电路状态和输出状态在输入信号和时钟脉冲信号作
用下的变化规律，确定该电路的逻辑功能。

时序逻辑电路分析的一般步骤如下：

（1）依据所分析的时序电路逻辑图，写出下列各方程式：

① 输出方程：时序逻辑电路的输出逻辑表达式，它通常为现态和输入信号的函数。

② 驱动方程：各触发器输入端的逻辑表达式；

③ 状态方程：将驱动方程代入相应触发器的特性方程中，便得到该触发器的状态方程。

（2）列出状态转换表。

将逻辑电路现态的各种取值情况代入方程和输出方程中进行计算，求出相应的次态和
输出，从而列出状态转换真值表。如现态的起始值已给定，则从给定值开始计算；如没有给
定，则可设定一个现态起始值依次进行计算。

（3）逻辑功能的说明。

根据状态转换真值表来说明电路的逻辑功能。

（4）画状态转换图和时序图。

状态转换图：是指电路由现态转换到次态的示意图。

时序图：是在时钟脉冲 CP 作用下，各触发器状态变化的波形图。

（5）检验电路能否自启动。

【例 2.23】 试分析图 2.45 所示的时序逻辑电路，写出状态方程并分析功能。

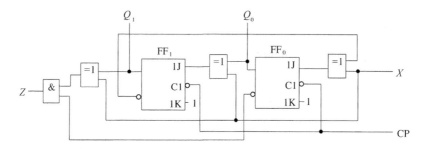

图 2.45　时序逻辑电路图

解： 该电路为同步时序逻辑电路，时钟方程可以不写。

① 写出输出方程：

$$Z = (X \oplus Q_1^n) \cdot \overline{Q_0^n}$$

② 驱动方程：

$$J_0 = X \oplus \overline{Q_1^n}, \qquad K_0 = 1$$
$$J_1 = X \oplus Q_0^n, \qquad K_1 = 1$$

③ JK 触发器的特性方程，然后将各驱动方程代入 JK 触发器的特性方程，得各触发器的次态方程：

$$Q_0^{n+1} = J_0 \overline{Q_0^n} + \overline{K_0} Q_0^n = (X \oplus \overline{Q_1^n}) \cdot \overline{Q_0^n}$$
$$Q_1^{n+1} = J_1 \overline{Q_1^n} + \overline{K_1} Q_1^n = (X \oplus Q_0^n) \cdot \overline{Q_1^n}$$

④ 状态转换表及状态图。

当 $X=0$ 时，触发器的次态方程简化为：$Q_0^{n+1} = \overline{Q_1^n} \overline{Q_0^n}$

输出方程简化为：$Z = Q_1^n \overline{Q_0^n}, \qquad Q_1^{n+1} = Q_0^n \overline{Q_1^n}$

做出 $X=0$ 的状态表（表 2.26）：$Z = (X \oplus Q_1^n) \overline{Q_0^n}$

表 2.26　状态表

现态		次态		输出
Q_1^n	Q_0^n	Q_1^{n+1}	Q_0^{n+1}	Z
0	0	0	1	0
0	1	1	0	0
1	0	0	0	1

$X=0$ 时的状态图如图 2.46 所示。

在图 2.46 中：初态次态用圆圈圈住，中间用箭头表示方向，斜线上方显示的为输入值，斜线下方显示的为输出值。

各触发器的次态方程如下：

$$Q_0^{n+1} = J_0 \overline{Q_0^n} + \overline{K_0} Q_0^n = (X \oplus \overline{Q_1^n}) \overline{Q_0^n}$$

$$Q_1^{n+1} = J_1 \overline{Q_1^{\,n}} + \overline{K_1} Q_1^n = (X \oplus Q_0^n) \overline{Q_1^n}$$

当 $X=1$ 时，触发器的次态方程简化为

$$Q_0^{n+1} = Q_1^n \overline{Q_0^n}, Q_1^{n+1} = \overline{Q_0^n Q_1^n}$$

输出方程简化为 $Z = \overline{Q_1^n Q_0^n}$

做出 $X=1$ 的状态表（表 2.27）：$Z = (X \oplus Q_1^n) \overline{Q_0^n}$

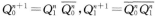

图 2.46　$X=0$ 时的状态转换图

表 2.27　状态表

现态		次态		输出
Q_1^n	Q_0^n	Q_1^{n+1}	Q_0^{n+1}	Z
0	0	1	0	1
1	0	0	1	0
0	1	0	0	0

$X=1$ 时的状态图如图 2.47 所示。

将 $X=0$ 与 $X=1$ 的状态图合并起来得完整的状态图，如图 2.48 所示。

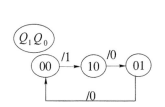

图 2.47　$X=1$ 时的状态转换图

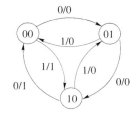

图 2.48　状态转换图

根据状态表或状态图可画出在 CP 脉冲作用下电路的时序图，如图 2.49 所示。

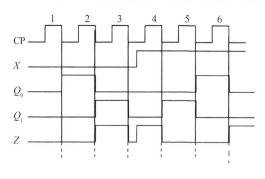

图 2.49　波形图

逻辑功能分析：

该电路一共有 00、01、10 3 个状态。

当 $X=0$ 时，按照加 1 规律从 00→01→10→00 循环变化，并每当转换为 10 状态（最大数）时，输出 $Z=1$。

当 $X=1$ 时，按照减 1 规律从 10→01→00→10 循环变化，并每当转换为 00 状态（最小数）时，输出 $Z=1$。

所以该电路是一个可控的三进制计数器。

2.4.3 同步时序逻辑电路的设计

在设计时序逻辑电路时，要求设计者根据给出的具体逻辑问题，求出实现这一逻辑功能的逻辑电路，所得到的设计力求简单。在这一小节里首先讨论简单时序电路的设计。这里所说的简单时序电路，是指一组状态方程、驱动方程和输出方程就能完全描述其逻辑功能的时序电路。

当选用小规模集成电路做设计时，最简的电路所用的触发器和门电路的数目最少，而且触发器和门电路的输入端数目也最少。而当使用中、大规模集成电路时，最简的电路是使用的集成电路数目最少，种类最少，而且互相间的连线也最少。

同步时序逻辑电路的设计步骤：

（1）根据设计要求设定状态，导出对应状态图或状态表。这种直接由设计要求导出的状态图（表）称为原始图（表）。

（2）状态化简，原始状态图通常不是最简的，往往可以消去一些多余状态，称这一过程为状态化简。化简后的状态图称为简化状态图。

（3）状态分配，又称状态编码，即把一组适当的二进制代码分配给简化状态图中各个状态。由于二进制的每一位都将用一个触发器的状态来表示，因此，状态分配就是用触发器的状态编码表示状态图中的状态，得到编码状态表。在完成状态的同时也就确定了触发器的个数。触发器的个数 n 与电路状态的个数 M 满足的关系：

$$2^n \geqslant M > 2^{n-1}$$

（4）选择触发器的类型。触发器的类型选得合适，可以简化电路结构。

（5）根据编码状态表以及所采用的触发器的逻辑功能，导出待设计电路的输出方程和驱动方程。

（6）根据输出方程和驱动方程画出逻辑电路图。

（7）检查电路能否自启动。当电路的有效状态不是 2^n 时，应检查电路能否自启动。如果电路不能自启动，则需重新设计电路或采取适当的措施解决问题。

【例 2.24】 时序电路如图 2.50 所示，试分析其逻辑功能。

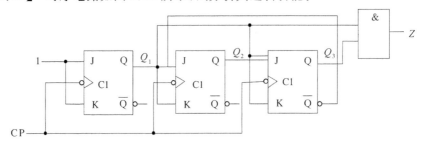

图 2.50 时序电路图

解: ① 写出各逻辑方程式。

这是一个由 JK 触发器组成的同步时序电路,每个触发器都是在 CP 下降沿作用下进行状态转换,可以省略时钟方程。

② 驱动方程: $J_1=1$, $\qquad J_2=Q_1\overline{Q_3}$, $\qquad J_3=Q_1Q_2$

$\qquad\qquad\quad K_1=1$, $\qquad K_2=Q_1$, $\qquad K_3=Q_1$

③ 输出方程:

$$Z=Q_1Q_3$$

④ 将驱动方程代入 JK 触发器特性方程中,求得状态方程:

$$Q_1^{n+1}=\overline{Q_1^n}$$
$$Q_2^{n+1}=Q_1^n\overline{Q_3^n}\overline{Q_2^n}+\overline{Q_1^n}Q_2^n$$
$$Q_3^{n+1}=Q_1^nQ_2^n\overline{Q_3^n}+\overline{Q_1^n}Q_3^n$$

⑤ 列状态表并画状态图和时序图。

设电路初态 $Q_1^nQ_2^nQ_3^n=000$,代入状态方程和输出方程,可求出 $Q_1^{n+1}Q_2^{n+1}Q_3^{n+1}=001$, $Z=0$。照此方法,求出所有 $Q_1^nQ_2^nQ_3^n$ 取值对应下的 $Q_1^{n+1}Q_2^{n+1}Q_3^{n+1}$ 和 Z,列成状态表,如表 2.28 所示。

表 2.28 状态表

$Q_1^nQ_2^nQ_3^n$	$Q_1^{n+1}Q_2^{n+1}Q_3^{n+1}$	Z
000	001	0
001	010	0
010	011	0
011	100	0
100	101	0
101	000	1
110	111	0
111	000	1

根据状态转换表可画出状态转换图,如图 2.51 所示。

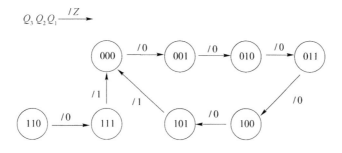

图 2.51 状态转换图

由于此电路没有输入信号,所以状态图中斜线上方空着。另外,完整的状态转换图一定要画上图标 $J_3=Q_1Q_2Q_3$ 和 $/Z$。

根据状态表和状态图,可画出该电路的波形图,如图2.52所示。

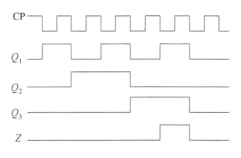

图2.52 波形图

⑥ 逻辑功能说明。

在CP脉冲的作用下,$Q_1Q_2Q_3$的状态从000到101,以递增的形式每输入六个CP脉冲信号循环一次。可见,该电路对时钟脉冲信号有计数功能。所以,这个电路是一个同步六进制加计数器,Z为进位位。000～101这六个状态为有效状态,有效状态构成的循环为有效循环。110和111状态为无效状态。无效状态在CP脉冲作用下能够进入有效循环,说明该电路能够自启动。若无效状态在CP作用下不能进入有效循环,则表明电路不能自启动。

另外,由此可以看出,Z和Q_3的变化频率是CP输入脉冲频率的1/6,所以,又可将计数器称为分频器。

【例2.25】 设计一个同步五进制加法计数器。

解: 设计步骤:

① 根据设计要求,设定状态,画出状态转换图。五进制计数器有5个不同的状态,分别用$S_0,S_1,\cdots,S_4$表示。在计数脉冲CP作用下,5个状态循环翻转,在状态为S_4时,进位输出$Y=1$。状态转换图如图2.53所示。

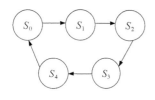

图2.53 状态转换图

② 状态化简。五进制计数器应有5个状态,不需化简。

③ 状态分配,列状态转换编码表。由$2^n \geqslant M > 2^{n-1}$可知,应采用3位二进制代码。该计数器可选用3位自然二进制加法计数编码,其状态转换表如表2.29所示。

表2.29 状态转换表

状态转换顺序	现态			次态			进位输出
	Q_2^n	Q_1^n	Q_0^n	Q_2^{n+1}	Q_1^{n+1}	Q_0^{n+1}	Y
S_0	0	0	0	0	0	1	0
S_1	0	0	1	0	1	0	0
S_2	0	1	0	0	1	1	0
S_3	0	1	1	1	0	0	0
S_4	1	0	0	0	0	0	1

④ 选择触发器。本例选用功能比较灵活的JK触发器。

⑤ 求各触发器的驱动议程和进位输出方程。

列出 JK 触发器的驱动表,如表 2.30 所示。

表 2.30　JK 触发器的驱动表

Q^n	Q^{n+1}	J	K
0	0	0	X
0	1	1	X
1	0	X	1
1	1	X	0

画出该计数器的次态卡诺图,如图 2.54 所示。

Q_2^n \ $Q_1^n Q_0^n$	00	01	11	10
0	001	010	100	011
1	000	X	X	X

图 2.54　卡诺图

3 个无效状态 101、110、111 做无关项处理。根据次态卡诺图和 JK 触发器驱动表可得各触发器的驱动卡诺图,如图 2.55 所示。

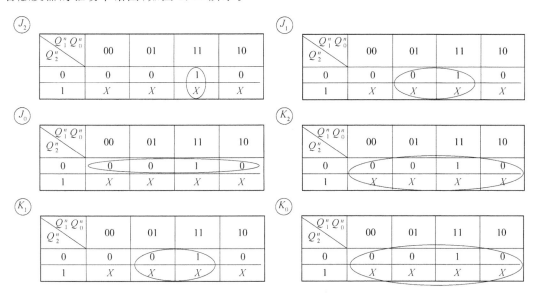

图 2.55　卡诺图

通过驱动卡诺图写出驱动方程:以 J_0、K_0 为例,对现态 $Q_2^n Q_1^n Q_0^n = 000$,其次态为 $Q_2^{n+1} Q_1^{n+1} Q_0^{n+1} = 001$,即 Q_0 由 0 变 1,根据 JK 触发器的驱动表,$J_0 = 1$,$K_0 = X$,所以在 J_0、K_0 卡诺图 000 的位置分别填入 1、X。依此类推,将 5 个有效状态对应的格填完。在 3 个无效状态对应的格中填入 X,整个卡诺图就填完了。经画圈化简,得最简表达式 $J_0 = \overline{Q_2^n}$,$K_0 = 1$。同理,可得到其他触发器的驱动方程。

再画出输出卡诺图,如图 2.56 所示。

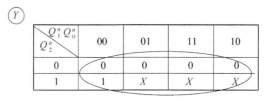

图 2.56 卡诺图

可得电路的输出方程

$$Y = Q_2^n$$

将各驱动方程与输出方程归纳如下：

$$J_0 = \overline{Q_2^n}, K_0 = 1$$

$$J_1 = Q_0^n, K_1 = Q_0^n$$

$$J_2 = Q_0^n Q_1^n, K_2 = 1$$

$$Y = Q_2^n$$

⑥ 画逻辑电路图。根据驱动方程和输出方程，画出五进制计数器的逻辑图，如图 2.57 所示。

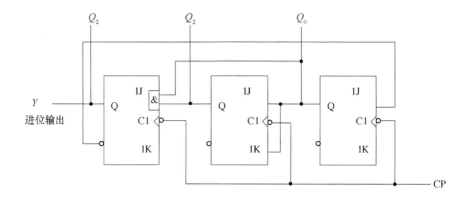

图 2.57 逻辑电路图

⑦ 检查能否自启动。利用逻辑分析的方法画出电路完整的状态图，如图 2.58 所示，可见，如果电路进入无效状态 101、110、111 时，在 CP 脉冲作用下，分别进入有效状态 010、010、000，所以电路能够自启动。

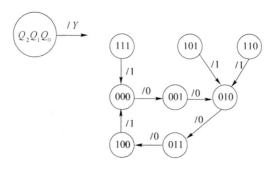

图 2.58 状态转换图

习 题

1. 利用逻辑代数的基本定理和基本公式对下列逻辑函数化简。

(1) $L = A\overline{B} + \overline{A}B + A$

(2) $L = A\overline{B}C + \overline{A} + B$

(3) $L = \overline{A}\,\overline{\overline{B}}(ABC + \overline{A}B)$

(4) $L = A\overline{B}(\overline{A}CD + \overline{\overline{A}D + B\overline{C}})$

2. 已知某逻辑函数的真值表如表 2.31 所示,用卡诺图化简该函数。

表 2.31 真值表

A	B	C	L
0	0	0	1
0	0	1	0
0	1	0	0
0	1	1	0
1	0	0	0
1	0	1	1
1	1	0	0
1	1	1	0

3. $L(ACBD)$ 的真值表如表 2.32 所示,试求其化简后的表达式。

表 2.32 真值表

A	B	C	D	L
0	0	0	0	1
0	0	0	1	0
0	0	1	0	0
0	0	1	1	0
0	1	0	0	1
0	1	0	1	1
0	1	1	0	0
0	1	1	1	0
1	0	0	0	1
1	0	0	1	0
1	0	1	0	1
1	0	1	1	0
1	1	0	0	1
1	1	0	1	0
1	1	1	0	0
1	1	1	1	1

4. 试分析图 2.59 中的组合逻辑电路图,写出逻辑函数表达式,列出真值表,说明电路完成的逻辑功能。

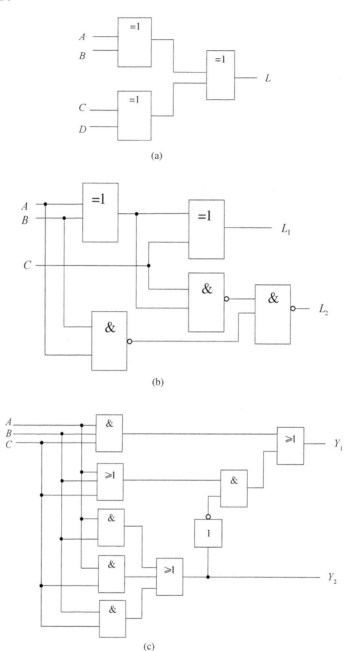

图 2.59　组合逻辑电路

5. 填空题:

(1) 数字电路分为_____逻辑电路和_____逻辑电路两大逻辑电路。

(2) 组合逻辑电路当前的输出取决于当前时刻的_____,与_____无关。

6. 选择题:

(1) 在下列逻辑电路中,不是组合逻辑电路的有_____。

A. 译码器　　　　　B. 编码器　　　　　C. 全加器　　　　　D. 寄存器

(2) 触发器的时钟目的是_____。

A. 复位　　　　　　　　　　　　　　　B. 置位

C. 总是使得输出改变状态　　　　　　　D. 使得输出呈现的状态取决于控制输入

(3) 对于边沿触发器的 D 触发器_____。

A. 触发器状态的改变只发生在时钟脉冲的触发边沿

B. 触发器要进入的 D 输入状态

C. 输出跟随每一个时钟输入

D. 上述所有答案

(4) 区分 JK 触发器和 RS 触发器特征的是_____。

A. 自动翻转情况　　B. 预置位输入　　C. 时钟类型　　　　D. 清零输入

(5) JK 触发器处于自动翻转情况的条件是_____。

A. $J=1,K=0$　　B. $J=1,K=1$　　C. $J=0,K=0$　　D. $J=0,K=1$

(6) 有一个 T 触发器,在不考虑控制输入下,欲使其输出为翻转现象,则 T 的输入为_____。

A. $T=0$　　　　　B. $T=1$　　　　　C. 都可以　　　　　D. 都不是

7. 简答题:

(1) 常用逻辑函数的表示方法有哪些? 各自的优缺点有哪些?

(2) 组合逻辑电路和时序逻辑电路在逻辑功能及电路方面有何区别?

8. 根据下面的时序逻辑电路图(图 2.60),试分析其逻辑功能。

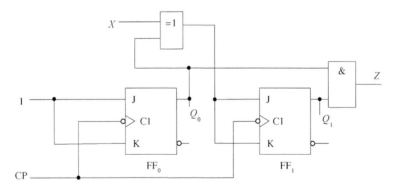

图 2.60　时序逻辑电路

第3章 计算机容易存储与处理的数据形式

在高级语言程序中,必须定义所处理数据的类型和其数据结构。C语言程序设计中的数据类型有无符号整数类型(Unsigned Int)和带符号整数类型(Int)等。在C语言程序设计中,数据结构可以表示为数组(Array)或结构(Struct)。数组是由相同数据类型构成的,结构是由不同数据类型构成的。在高级程序设计语言中定义的数据并不能被计算机识别,那么,这些数据在计算机内是怎样被表示的? 计算机又是如何存储和运算这些数据的呢?

本章重点介绍在计算机内部数据的机器级表示与处理,主要内容有:数制和编码、整数的表示、浮点数的表示、西文和汉字的表示、BCD码、C语言中数据的表示和数据结构、基本运算电路。

3.1 数制和编码

3.1.1 进位计数制

进位计数制是利用固定的数字符号和统一的规则来计数的方法。其中,最为人们熟知的便是十进制计数制。十进制计数制每位可以用 0,1,2,3,…,9 共计 10 个符号来表示,要想表示不一样的数值时,需要改变每个位置的符号即可。例如,1385.24 代表的真实值是:

$$(1385.24)_{10} = 1 \times 10^3 + 3 \times 10^2 + 8 \times 10^1 + 5 \times 10^0 + 2 \times 10^{-1} + 4 \times 10^{-2}$$

由此可见,对于任意一个十进制数

$$D = d_n d_{n-1} \cdots d_1 d_0 . d_{-1} d_{-2} \cdots d_{-m} (m, n \text{ 为正整数})$$

它的真实值可以表示为

$$V(D) = d_n \times 10^n + d_{n-1} \times 10^{n-1} + \cdots + d_1 \times 10^1 + d_0 \times 10^0 +$$
$$d_{-1} \times 10^{-1} + d_{-2} \times 10^{-2} + \cdots + d_{-m} \times 10^{-m}$$

式中,$d_i (i = n, n-1, \cdots, 1, 0, -1, -2, \cdots, -m)$ 可以取 0、1、2、3、4、5、6、7、8、9 这 10 个数字符号。这就是十进制数的表示方式。其中,"10"称为基数,它是指每个数位上可以取值的个数。10^i 称为 i 位上的权。十进制数的计数规则是"逢十进一"。

推广开来,二进制数的计数规则是"逢二进一",它每一位的数可以用 0 和 1 两个符号来表示。因此,它的基数为 2,第 i 位上的权是 2^i。例如,二进制数 $(110011.101)_2$ 的真实值是:

$$(110011.101)_2 = 1 \times 2^5 + 1 \times 2^4 + 0 \times 2^3 + 0 \times 2^2 + 1 \times 2^1 + 1 \times 2^0 + 1 \times 2^{-1} + 0 \times 2^{-2} + 1 \times 2^{-3}$$

由此可见,对于任意一个二进制数

$$B = b_n b_{n-1} \cdots b_1 b_0 . b_{-1} b_{-2} \cdots b_{-m} (m, n \text{ 为正整数})$$

它的真实值可以表示为

$$V(B) = b_n \times 2^n + b_{n-1} \times 2^{n-1} + \cdots + b_1 \times 2^1 + b_0 \times 2^0 + b_{-1} \times 2^{-1} + b_{-2} \times 2^{-2} + \cdots + b_{-m} \times 2^{-m}$$

式中，$b_i(i = n, n-1, \cdots, 1, 0, -1, -2, \cdots, -m)$只能用两个数字符号来代替，分别是 0 和 1。

由于二进制数只有两个数字符号 0 和 1，因而可以用具有两种稳定状态的元器件来表示，比如晶体管的饱和状态和截止状态，如果饱和状态用 1 来表示，则截止状态用 0 来表示。正是具有这种特性，计算机系统中广泛采用二进制数。

但是，当二进制数表示一个数位很长的数时，位数较长，书写、记忆不方便，因此，为了便于理解，计算机中又常使用八进制数和十六进制数来标记二进制数。八进制数和十六进制数只是为了使人们更好的理解、记忆二进制数，它们不能被计算机识别。

在八进制数中，有 0、1、2、3、4、5、6、7 共 8 个数字符号，计数基数为 8，计数规则是"逢八进一"。例如，$(37.56)_8 = 3 \times 8^1 + 7 \times 8^0 + 5 \times 8^{-1} + 6 \times 8^{-2}$。

在十六进制数中，有 0、1、2、3、4、5、6、7、8、9、A、B、C、D、E、F 共 16 个符号，计数基数为 16，计数规则是"逢十六进一"。例如，$(39DA)_{16} = 3 \times 16^3 + 9 \times 16^2 + D \times 16^1 + A \times 16^0$。

由上可知，在计算机系统中常用的进位计数制有下面几种：

二进制，基数为 2，基本符号为 0 和 1。

八进制，基数为 8，基本符号为 0、1、2、3、4、5、6、7。

十进制，基数为 10，基本符号为 0、1、2、3、4、5、6、7、8、9。

十六进制，基数为 16，基本符号为 0、1、2、3、4、5、6、7、8、9、A、B、C、D、E、F（其中 A、B、C、D、E、F 的十进制的值为 10、11、12、13、14、15）。

在书面表达时，后缀除了使用基数表示进位计数制外还可以用字母表示，二进制可以用 B 表示，八进制可以用 O 表示，十进制可以用 D 表示，十六进制可以用 H 表示。其中，十六进制数也有用前缀 0x 来表示的，例如 0xc000007b 就是十六进制数 c000007b。

使用计算机的用户为了理解和书写方便，大都采用十进制数进行表示，但是计算机只能识别二进制数。因此，用户理解的数据被输入计算机后计算机都要实现计数制的转换。下面介绍进位计数制之间的转换。

1. 非十进制数转换为十进制数

将非十进制数转换为等值的十进制数，只需要将非十进制数的每一位按权展开相加即可。

【例 3.1】　将下列二进制数转换为十进制数：

$$(10011.1)_2 = 1 \times 2^4 + 0 \times 2^3 + 0 \times 2^2 + 1 \times 2^1 + 1 \times 2^0 + 1 \times 2^{-1} = (19.5)_{10}$$

【例 3.2】　将下列八进制数转换为十进制数：

$$(247)_8 = 2 \times 8^2 + 4 \times 8^1 + 7 \times 8^0 = (167)_{10}$$

2. 十进制数转换为非十进制数

将十进制数转换为非十进制数时，十进制数的整数部分用连除取余法，转换为几进制数就除以几；十进制的小数部分用连乘取整法，转换为几进制数就乘以几。

（1）整数部分转换

【例 3.3】　$(748)_{10} = (?)_8$

解：这是一道十进制数转换为八进制数的题目，其中十进制数只有整数位，因此转换时应用除 8 取余法进行。

因此，最终的结果为$(748)_{10} = (1354)_8$。

$$8\underline{|748} \quad 余数4$$
$$8\underline{|93} \quad 余数5$$
$$8\underline{|11} \quad 余数3$$
$$8\underline{|1} \quad 余数1$$
$$0$$

【例 3.4】 $(748)_{10} = (?)_{16}$

解:这是一道十进制数转换为十六进制数的题目,其中十进制数只有整数位,因此转换时应用除 16 取余法进行。

$$16\underline{|748} \quad 余数12$$
$$16\underline{|46} \quad 余数14$$
$$16\underline{|2} \quad 余数2$$
$$0$$

因此,最终的结果为 $(748)_{10} = (2EC)_{16}$。

（2）小数部分转换

【例 3.5】 $(0.6875)_{10} = (?)_2$

解:这是一道十进制数转换为二进制数的题目,其中十进制数只有小数位,因此转换时应用乘 2 取整法进行。

$$
\begin{array}{r}
0.6875 \\
\times \quad 2 \\
\hline
1.3750 \quad 整数1 \\
0.3750 \\
\times \quad 2 \\
\hline
0.7500 \quad 整数0 \\
0.7500 \\
\times \quad 2 \\
\hline
1.5000 \quad 整数1 \\
0.5000 \\
\times \quad 2 \\
\hline
1.0000 \quad 整数1
\end{array}
$$

因此,最终的结果为 $(0.6875)_{10} = (0.1011)_2$。

【例 3.6】 $(0.45)_{10} = (?)_8$

解:这是一道十进制数转换为八进制数的题目,其中十进制数只有小数位,因此转换时应用乘 8 取整法进行。

$$
\begin{array}{r}
0.45 \\
\times \quad 8 \\
\hline
3.60 \quad 整数3 \\
0.60 \\
\times \quad 8 \\
\hline
4.80 \quad 整数4 \\
0.80 \\
\times \quad 8 \\
\hline
6.4 \quad 整数6 \\
\cdots\cdots
\end{array}
$$

因此,最终的结果为$(0.45)_{10} \approx (0.346)_8$。

【例3.7】 $(748.45)_{10} = (?)_8$

解:综合上面例题的结果,得$(748.45)_{10} \approx (1354.346)_8$。

3. 二进制、八进制、十六进制数的相互转换

二进制数转换为八进制或十六进制数时,将二进制数的整数部分由小数点向左,每3位或4位分成一组,不足3位或4位的,后面补零。小数部分由小数点向右,每3位或4位分为一组,不足3位或4位的,后面补零。然后,把每3位或4位二进制用等值的一位八进制数或十六进制数代替。

【例3.8】 $(101\,010.\,111110)_2 = (?)_8$

解:

$$(\underset{5}{101} \quad \underset{2}{010}. \quad \underset{7}{111} \quad \underset{6}{110})_2 = (52.76)_8$$

【例3.9】 $(7AC)_{16} = (?)_2$

解:

$$(7AC)_{16} = (0111\,1010\,1100)_2$$

由以上各例题可以看出,二进制数与八进制、十六进制之间有很简单的一一对应关系。如果一个很大的二进制数,记忆、理解不方便,那么就可以把它转换为八进制或者十六进制数来理解。虽然计算机系统只能识别二进制数,但是为了使用、书写更加方便,人们常常使用八进制或者十六进制数表示二进制数。

3.1.2 数据格式

在计算机处理对象中,数据是一种很重要的类型。数据有不同的表示形式。从使用计算机的用户角度看,计算机处理的数据有文字、数字、图表、声音、视频等类型,一般称这些数据为媒体数据。从计算机算法的角度看,数据有图、表、树、栈、队列等类型。从计算机高级语言程序设计者的角度看,数据有数组、结构、整数、实数、字符、字符串等类型。这些不同种类的数据在计算机内部都是以一种相同的数据类型被处理的,这就是机器指令。那么,从这个角度看,数据就只有整数、浮点数、位串这几种基本类型。

现实生活中的媒体数据经过计算机输入设备转化为二进制编码后才能被计算机处理,这个过程称为数字化编码。数字化编码是指对媒体数据进行采集后,将媒体数据转换为计算机能够识别的编码信息,这种编码是用0和1来表示的。上文中提到的"编码"一词,编码是指用一些简单的特定的符号,对大量复杂的信息进行一定程度的规律的组合。比如,电报中用4位十进制数字来表示常用的汉字,这就是一个典型的编码的例子。因此,计算机中的信息也需要进行编码。由于计算机内部以数字电路为构造基础,计算机内部的信息都是经过二进制编码的。这样设计的好处在于如下两个方面:

(1) 数字电路中的元器件只需"开"和"关"两种状态即可。这种元器件工作比较稳定,抗干扰能力强,生产成本也很低廉。而"开"和"关"恰恰就可以用0和1来表示。

(2) 二进制运算规则简单,0和1正好与逻辑中的"真"和"假"相对应。

在计算机内部,计算机指令处理的数据类型分为数值数据和非数值数据。数值数据包括整数和实数,整数又包括无符号整数和带符号整数。整数就是高级编程语言中的定点数,实数就是浮点数。非数值数据是指位串,比如字符串等。

计算机发展到今天,计算机内部的数值数据有两种表示方式:第一种是直接把数据转化为二进制数表示;第二种是用 BCD 码来表示。BCD 码即二进制编码的十进制数。数值数据表示除了要有编码规则外,还需要有进位计数制和定/浮点表示。

在数学中,我们使用的数据分为整数和实数。整数是没有小数点的,所以整数的小数点相当于是固定的,它的位置在此整数的最右边,因此忽略不写。实数则不同,实数有小数点并且其小数点位置不固定。在计算机系统中,只有 0 和 1 两个数据能被计算机识别,其中并没有小数点这个符号。因此,在计算机系统中准确地表示实数是一个必须要解决的问题。通常,计算机通过约定小数点的位置来解决这个问题。小数点在计算机中通常有两种表示方法,一种是约定所有数值数据的小数点隐含在某一个固定位置上,称为定点表示法,简称定点数;另一种是小数点位置可以浮动,称为浮点表示法,简称浮点数。

1. 定点数表示法(Fixed-Point Number)

所谓定点格式,即约定机器中所有数据的小数点位置是固定不变的。在计算机中通常采用两种简单的约定:将小数点的位置固定在数据的最高位之前,或者是固定在最低位之后。一般常称前者为定点小数,后者为定点整数。

定点小数是纯小数,约定的小数点位置在符号位之后、有效数值部分最高位之前。若数据 x 的形式为 $x = x_0 x_1 x_2 \cdots x_n$(其中 x_0 为符号位,$x_1 x_2 \cdots x_n$ 是数值的有效部分,也称为尾数,x_1 为最高有效位),则在计算机中的表示形式如图 3.1 所示。

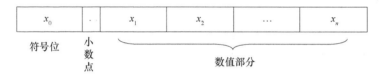

图 3.1　定点小数在计算机中的表示

一般来说,如果最末位 $x_n = 1$,前面各位都为 0,则数的绝对值最小,即 $|x|_{min} = 2^{-n}$。如果各位均为 1,则数的绝对值最大,即 $|x|_{max} = 1 - 2^{-n}$。所以定点小数的表示范围是:

$$2^{-n} \leqslant |x| \leqslant 1 - 2^{-n}$$

定点整数是纯整数,约定的小数点位置在有效数值部分最低位之后。若数据 x 的形式为 $x = x_0 x_1 x_2 \cdots x_n$(其中 x_0 为符号位,$x_1 x_2 \cdots x_n$ 是尾数,x_n 为最低有效位),则在计算机中的表示形式如图 3.2 所示。

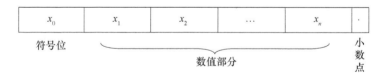

图 3.2　定点整数在计算机中的表示

定点整数的表示范围是:

$$1 \leqslant |x| \leqslant 2^n - 1$$

当数据小于定点数能表示的最小值时,计算机将它们作 0 处理,称为下溢;当数据大于定点数能表示的最大值时,计算机将无法表示,称为上溢。上溢和下溢统称为溢出。

当计算机采用定点数表示时,对于既有整数又有小数的原始数据,需要设定一个比例因子,数据按其缩小成定点小数或扩大成定点整数再参加运算,运算结果根据比例因子,还原成实际数值。若比例因子选择不当,往往会使运算结果产生溢出或降低数据的有效精度。

2. 浮点数表示法(Floating-Point Number)

在学习科学记数法的时候,我们把数据表示成如下形式:

$$N=(-1)^S \times M \times J^E(J \text{ 表示进制})$$

类似地,浮点数可以表示成如下形式:

$$N=(-1)^S \times M \times J^E$$

S 取值为 0 或 1,它表示 N 的符号。M 是二进制定点小数,这里称为尾数。E 是二进制定点整数,这里称为阶。J 表示数的进制,也就是基数。这种表示方法相当于数的小数点位置随比例因子的不同而在一定范围内可以自由浮动,所以称为浮点表示法。

由此可见,浮点数的取值范围是:

$$2^{-(2^m-1)} \times 2^{-n} \leqslant |N| \leqslant (1-2^{-n}) \times 2^{(2^m-1)}$$

式中,m 和 n 分别表示阶和尾数的位数。

由此可见,浮点数的表示范围比定点数要大很多。

3.1.3　数的机器码表示

在计算机系统中,只能用二进制数来进行运算,但是人们在日常生活中更容易理解的是十进制数,还有字符、汉字、声音、图片等。那么,对于不是二进制数据的这些信息如何被计算机识别呢? 这就要用到编码的知识了。这些非二进制信息经过二进制编码后才能被计算机识别。本节介绍十进制数的二进制编码和字符的二进制编码。

1. 二—十进制编码

对于人们熟悉的 0～9 这 10 个数字符号,要想表示成计算机能识别的二进制数码,就需要用二进制数码对十进制数字符号进行编码,现在普遍使用的是二—十进制编码(BCD 码)。

由于十进制数共有 0、1、2、3、4、5、6、7、8、9 十个数码,因此,至少需要 4 位二进制码来表示 1 位十进制数。4 位二进制码共有 $2^4=16$ 种码组,在这 16 种代码中,可以任选 10 种来表示 10 个十进制数码,共有 8 008 种方案。

表 3.1 列出了几种常见的 BCD 码。

表 3.1　几种常见的 BCD 码

	8421 码	2421 码	余 3 码
0	0000	0000	0011
1	0001	0001	0100
2	0010	0010	0101
3	0011	0011	0110
4	0100	0100	0111
5	0101	1011	1000
6	0110	1100	1001
7	0111	1101	1010
8	1000	1110	1011
9	1001	1111	1100
权	8421	2421	

8421 码也称 BCD 码,它是一种有权码,它由 4 位二进制数码构成,这 4 位二进制数码的权重分别是 8421。它是用 0000～1001 分别表示 10 位十进制数 0～9。2421 码和 8421 码极其类似,两者唯一的区别是权不同,2421 码顾名思义,权为 2421。因此,2421 码是用 0000～1111 来表示 10 位十进制数 0～9。余 3 码是在 8421 码的基础上,把每个代码加 0011 码而形成。

2. ASCII 码

ASCII 码是美国标准信息交换代码的简称(American Standard Code for Information Interchange)。它是一组 7 位二进制数码,用来表示十进制数、英文字母和常用符号。

美国标准信息交换代码是由美国国家标准学会(American National Standard Institute,ANSI)制定的,标准的单字节字符编码方案,用于基于文本的数据。起始于 20 世纪 50 年代后期,在 1967 年定案。它最初是美国国家标准,供不同计算机在相互通信时用作共同遵守的西文字符编码标准,它已被国际标准化组织(International Organization for Standardization,ISO)定为国际标准,称为 ISO 646 标准。它适用于所有拉丁文字字母。

我们知道,在计算机系统中,数据在存储和运算时都要使用二进制数表示(因为计算机用高电平和低电平分别表示 1 和 0),例如,像 a、b、c、d 这样的 52 个字母(包括大写)、以及 0、1 等数字还有一些常用的符号(例如 *、♯、@等)在计算机中存储时也要使用二进制数来表示,而具体用哪些二进制数字表示哪个符号,当然每个人都可以约定自己的一套规则(这就称为编码),而大家如果要想互相通信而不造成混乱,那么大家就必须使用相同的编码规则,于是美国国家标准学会就出台了 ASCII 编码,统一规定了上述常用符号用哪些二进制数来表示。

3.2 整数的表示

整数即定点数,它的小数点在数的最右边,一般可以省略。由于计算机系统中的数均为二进制表示,因此,可以把这些数分为无符号整数和有符号整数。

3.2.1 定点数的编码表示

在计算机系统中只能表示 0 和 1,但是现实世界中,数字还有正负之分。因此,在计算机系统中,正负也要用 0 和 1 来表示。用 0 和 1 来表示数字的正负的方法称为符号数字化,也称为编码。

目前使用最多的定点数的编码表示方法有原码、反码、补码和移码。这种计算机内部能识别的数通常被称为机器码。其真正的值称为真值。由于计算机的特性,机器码必须是二进制的一串数字。例如-6 用 8 位补码表示为 11111010,其中 11111010 称为真值为-6 的数的机器码。由于机器码一定只有 0 和 1 组成,在数位较多时表示不方便,因此一般情况下用十六进制来表示。

1. 原码表示法

整数的符号位为 0,负数的符号位为 1,其他位保持不变,用这样的表示方法来表示的数称为原码。

【例 3.10】 当机器码二进制数长为 8 位时

$$X=+1011011 \quad [X]_{原码}=01011011$$
$$Y=-1011011 \quad [Y]_{原码}=11011011$$

原码表示的整数范围是 $-(2^{n-1}-1) \sim +(2^{n-1}-1)$，其中 n 为机器码的位数。因此，8 位二进制整数原码的表示范围为 $-127 \sim +127$。16 位二进制整数原码的表示范围为 $-32767 \sim +32767$。

由上例可以看出，原码表示法的优点是直观、简单，真值与原码之间的转换非常简单，运算过程也十分简便。但是原码表示法的缺点也很明显，0 的表示会产生歧义，为了解决这一问题，人们又提出了反码和补码。

2. 反码表示法

对于一个带符号的数来说，正数的反码与其原码相同，负数的反码为其原码除符号位以外的各位按位取反。

【例 3.11】　当机器码二进制数长为 8 位时
$$X = +1011011 \quad [X]_{原码} = 01011011 \quad [X]_{反码} = 01011011$$
$$Y = -1011011 \quad [Y]_{原码} = 11011011 \quad [Y]_{反码} = 10100100$$

可见，负数的反码与原码之间区别很大。反码是常用于求补码的中间形式。反码的表示范围与原码相同。

3. 补码表示法

正数的补码与其原码相同，负数的补码为其反码在最低位加 1。

引入补码以后，计算机中的加减运算都可以统一化为补码的加法运算，其符号位也参与运算，并且 0 的表示也唯一。对于 8 位二进制来说，$+0$ 的补码为 00000000，-0 的补码为 100000000，由于溢出，最高位舍去，因此 -0 的补码还是 00000000。可见，补码解决了 0 的表示歧义问题。

【例 3.12】　当机器码二进制数长为 8 位时
$$X = +1011011 \quad [X]_{原码} = 01011011 \quad [X]_{反码} = 01011011 \quad [X]_{补码} = 01011011$$
$$Y = -1011011 \quad [Y]_{原码} = 11011011 \quad [Y]_{反码} = 10100100 \quad [Y]_{补码} = 10100101$$

补码表示的整数范围是 $-2^{n-1} \sim +(2^{n-1}-1)$，其中 n 为机器码的位数。因此，8 位二进制整数补码的表示范围为 $-128 \sim +127$。16 位二进制整数补码的表示范围为 $-32768 \sim +32767$。当运算结果超过这个范围就称为溢出。

补码可以用加法来实现减法运算。在介绍其原理之前，先介绍一下模运算的概念。模运算是一个运算系统，模是指这个运算系统中可以取得的所有值的个数。比如，一年有 365 天，这个系统的模就为 365；一个星期有 7 天，这个系统的模为 7。

钟表是一个简单的模运算系统，以时针来看，它的模为 12。假如时针现在的指向是 10 点，要将它拨到 5 点，则可以有下面两种方法：

(1) 逆时针拨 5 格：$10-5=5$。

(2) 顺时针拨 7 格：$10+7=17$，$17 \bmod 12 = 5$（模为 12）。

因此，在模为 12 的运算系统中，$10-5$ 和 $10+7$ 的效果的一样的，我们称 -5 和 7 互为补数，也称补码。

由此钟表的例子可见，对于一个模确定的运算系统，数 N 减去一个小于模的数 A，相当于 N 加上 $-A$ 的补码。这就是补码用加法实现减法的原理。

因此，在计算机系统中，n 位二进制数的运算，其模就是 2^n。

【例 3.13】　二进制的位数是 8，求 $N = -1100011$ 的补码。

解：$N = -1100011 \quad [N]_{原码} = 11100011 \quad [N]_{反码} = 10011100 \quad [N]_{补码} = 10011101$。

4. 移码表示法

移码常用来比较大小,一般会把浮点数的阶码用移码表示,如果把数值用移码表示出来,我们可以一眼看出它们的大小。这样很容易判断阶码的大小,移码可用于简化浮点数的乘除法运算,只要将其补码的符号位取反即可得到移码。

3.2.2 无符号整数和带符号整数的表示

如果一个编码的所有二进制位都只用来表示数值而没有符号位时,这个编码表示的数就是无符号整数。在这种情况下,我们默认其符号为正。带符号整数也称有符号整数,它必须用最高位表示符号。可以表示带符号数的编码有前面介绍的原码、反码、补码、移码。但是由于补码的优点比较突出,因此,现在计算机系统中带符号整数都用补码来表示。

由于带符号整数需要最高位表示符号,因此,在位数相同的情况下,带符号整数表示的最大数比无符号整数小。例如,8 位无符号整数表示范围为 $0 \sim (2^8 - 1)$,而 8 位带符号整数表示的范围为 $-128 \sim +127$。

3.2.3 C 语言中的整数

C 语言作为一种很常用的高级编程语言,它支持的整数类型有很多种。无符号整数在 C 语言中有 unsigned short、unsigned int 和 unsigned long 等几种类型。带符号整数在 C 语言中有 short、int、long 等几种类型。区分无符号还是带符号整数的规则是在数的最后加 u 或者 U,加此标识的数代表的是无符号整数,反之就为带符号整数。

每种数据类型还要其可能取值的范围。int 类型至少为 16 位二进制数,因此,它的取值范围为 $-32\,768 \sim +32\,767$。short 类型为 16 位,int 类型为 32 位,long 类型在 32 位系统中表示 32 位数据,在 64 位系统中表示 64 位数据。此外,C 语言中还有 long long 类型数据,它必须是 64 位的。

3.3 浮点数的表示

在上一节介绍的定点数的表示方法中,对于 n 位带符号整数,其表示范围为 $-2^{n-1} \sim +(2^{n-1} - 1)$,范围有限,运算结果常常溢出。并且,定点整数也无法表示带有小数点的数据。因此,人们发明了浮点数用来解决这一问题。

3.3.1 浮点数的表示范围

浮点数由于有小数点,因此它可以用两个定点数来表示,一个定点小数表示其尾数,另一个定点整数表示其阶。这里的阶常常使用移码来表示。浮点数的表示范围也是有限的,因为定点数表示范围有限。浮点数的表示公式为

$$N = (-1)^s \times M \times J^E$$

S 取值为 0 或 1,它表示 N 的符号。M 是二进制定点小数,这里称为尾数。E 是二进制定点整数,这里称为阶。J 表示数的进制,也就是基数。

因此,由上式得,正数范围内浮点数能表示的最大数为:$(1 - 2^{-24}) \times 2^{127}$;浮点数能表示

的最小数为：$\left(\dfrac{1}{2}\right)\times 2^{-128}=2^{-129}$。我们知道，原码的表示范围是对称的，因此，浮点数表示范围也应该是对称的。因此，浮点数的表示范围为$-\left(\dfrac{1}{2}\right)\times 2^{-128}=-2^{-129}\sim(1-2^{-24})\times 2^{127}$。

3.3.2　浮点数的规格化

由上一节的内容得知，浮点数的尾数 M 是一个二进制定点小数，它的位数是有限的，但是位数越多，数据的精度也就越高。因此，尾数的位数占满数位时，浮点数的精度才会最高。这就需要对浮点数进行规格化操作。规格化之后的浮点数还能使数据的表示唯一。

由于有效位数和小数点的位置关系不同，因此规格化有两种，分别为右规格化和左规格化。当有效数位进到小数点前面时，需要进行右规格化，在右规格化时，尾数每右移一位，阶码加 1，直到尾数变成规格化形式为止；当尾数出现 $\pm0.0\cdots0bb\cdots b$ 时，需要进行左规格化，左规格化时，尾数每左移一位，阶码减 1，直至尾数变成规格化形式为止。

1985 年，IEEE 组织成立委员会着手制定浮点数的规格化标准，形成了浮点数标准 IEEE754。这个项目的组织者是加州大学伯克利分校数学系教授 William Kahan，他的主要成就是在 Intel 公司设计了 8087 浮点处理器（FPU），并以此形成了 IEEE754 标准。凭借这一成就，Kahan 教授也获得了 1987 年的图灵奖。IEEE754 标准是目前计算机系统中表示浮点数的标准。其表示浮点数的格式如图 3.3 所示。

图 3.3　浮点数的格式

32 位单精度格式中包括 1 位符号、8 位阶码、23 位尾数；64 位双精度格式中包括 1 位符号、11 位阶码、52 位尾数。

3.3.3　C 语言中的浮点数类型

C 语言中的浮点数类型有 float、double 和 long double 三种，其中 float 对应 IEEE754 标准中的单精度浮点数格式；double 对应 IEEE754 标准中的双精度浮点数格式；long double 类型是一种扩展的双精度浮点数类型。long double 类型的长度和格式随编译器和处理器类型的不同而不同，它在 Microsoft Visual C++ 6.0 版本的编译器中和 double 类型一样，都是 64 位的双精度数据，但是在 IA-32 上编译时，其为 80 位双精度格式数据。

在 C 语言中要特别注意数据类型转换时出现的一些问题。比如把 int 类型数据转换成 float 类型时，由于 int 类型为 32 位数据，因此转换时不会发生溢出，但是有效数字可能会被舍去；把 int 类型数据转换为 double 类型数据时，可以使数据保留其值；把 double 类型数据转换为 float 类型数据时，可能会发生溢出；把 float 类型数据转换为 int 类型数据时，由于 int 类型数据是整数型，因此，小数部分可能就会被舍去。

1996 年 6 月，阿丽亚娜 5 型运载火箭在发射 37 秒后爆炸，损失超过数十亿美元。其中，发射失败的原因之一就是导航系统的计算机向控制引擎的计算机发送了一个无效数据。事后的分析报告指出这个数据是将一个 64 位的浮点数转换为 16 位整数数据时产生了溢出，使数据出现严重偏差，最终导致严重事故。可见，在编程时一定要重视数据的类型以及其转换时可能出现的问题。

3.4 十进制数的表示

在日常生活中，人们熟悉的是十进制数据，但是在计算机系统中，参与运算的数据都是二进制数据。由于二进制数据表示信息不方便，因此，在人与计算机交流时需要有一个十进制与二进制转换的规则。也就是说需要有一些规则，这些规则可以实现二进制数据和十进制数据的对应。这些规则常用的有 ASCII 码和 BCD 码。也就是说，十进制数要想表示为二进制数，那么就需要 ASCII 编码或 BCD 编码。

3.4.1 用 ASCII 码字符表示

在 3.1.3 节中，我们简单介绍过 ASCII 码。这种编码是把十进制数据看成字符串，用 ASCII 码对照表里的二进制数据表示十进制数据，一位十进制数对应 8 位二进制数，因此，在存储一个十进制数时，必须说明在内存中的起始地址和字节个数。这种编码方式可以很方便地表示十进制数据，并且可以很方便地进行输入/输出，但是其运算时很不方便，因为带有非数值信息。因此，要想更加方便地运算，必须先转换为二进制数或者用 BCD 码来表示。

3.4.2 用 BCD 码表示

BCD 编码可以分为有权 BCD 码和无权 BCD 码。

有权 BCD 码是指表示每位十进制数的 4 位二进制数都有一个确定的权。最常用的是 8421，此外还有 2421 等。以 8421 为例，每位的权从左到右依次为 8、4、2、1，因此也称 8421 码。而权为 2421 的 BCD 码就称为 2421 码。

无权 BCD 码是指表示每位十进制数的 4 位二进制数没有确定的权。这其中比较常用的是余 3 码和格雷码。余 3 码是由 8421 码加 3 后形成的（即余 3 码是在 8421 码基础上每位十进制数 BCD 码再加上二进制数 0011 得到的）。格雷码是指在一组数的编码中，任意两个相邻的代码只有一位二进制数不同。

3.5 非数值数据的编码表示

前面章节介绍的是数字的编码表示，数字都是有真实值的，那么非数值数据在计算机中如何编码表示呢？在计算机内部，把它们用一个二进制的位串来表示。

3.5.1　逻辑值

在计算机系统中,计算机把每个字节看成一个整体数据单元。然而,有时我们还要将 n 位数据看成 n 个数据,每个数据取值为 0 或 1。n 位二进制数可以表示 n 个逻辑值。这种数据称为逻辑数据。用二进制数据表示的值称为逻辑值。在运算时要通过操作码类来识别它们。

3.5.2　西文字符

在计算机系统中,西文字符是指拉丁字母、数字、标点符号、特殊符号等。西文字符也称为字符。所有的字符集合称为字符集。字符不是二进制数,它也不能直接在计算机内部进行处理,因此它必须进行数字化编码。字符和代码直接的转换表称为码表。它们之间的转换是唯一的。计算机系统中所表示的二进制代码和计算机外部的输入字符之间具有唯一的对应的关系。

目前,在计算机系统中使用最广泛的西文字符集是 ASCII 码。ASCII 码表如表 3.2 所示。

表 3.2　ASCII 码

	000	001	010	011	100	101	110	111
0000	NUL	DLE	SP	0	@	P	\	p
0001	SOH	DC1	!	1	A	Q	a	q
0010	STX	DC2	"	2	B	R	b	r
0011	ETX	DC3	#	3	C	S	c	s
0100	EOT	DC4	$	4	D	T	d	t
0101	ENQ	NAK	%	5	E	U	e	u
0110	ACK	SYN	&	6	F	V	f	v
0111	BEL	ETB	'	7	G	W	g	w
1000	BS	CAN	(	8	H	X	h	x
1001	HT	EM	)	9	I	Y	i	y
1010	LF	SUB	*	:	J	Z	j	z
1011	VT	ESC	+	:	K	[	k	{
1100	FF	FS	,	<	L	\	l	!
1101	CR	GS	—	=	M	]	m	}
1110	SO	RS	.	>	N	↑	n	~
1111	SI	US	/	?	O	↓	o	DEL

3.5.3　汉字字符

汉字是中文信息的基本组成单位,其本质也是字符。汉字虽然是一种象形文字,但是计算机系统对汉字的处理也需要对其进行编码。西文字符的个数少,容易进行编码。然而,汉字的总数超过 6 万个,数量非常庞大,这给编码造成了很大的困难。为了适应汉字系统的不同要求,计算机必须解决输入码、内码和字模点阵码等问题。

输入码是指对每个汉字用相应的按键进行的编码,也即汉字的输入码是计算机键盘中的按键。键盘是以西文字符为基础设计的,一个按键对应一两个西文字符,因此用键盘来输入西文字符非常方便。但是汉字字符集非常庞大,无法采用专用的输入键盘。因此,使用目前的西文字符键盘是比较好的解决方法。一个输入码对应某几个按键就可以解决。

内码是指汉字字符输入到计算机中后以编码的形式在计算机中进行存储、查找和传送等处理。西文字符的内码就是 ASCII 码。1981 年我国颁布了《信息交换用汉字编码字符集》。也即 GB2312—80,这个标准也称国际码。该标准选了 6763 个常用的汉字,为每个汉字规定了其代码,也就是对这 6763 个汉字进行了编码。GB2312 由三部分构成,第一部分为字母、数字和各种符号;第二部分为一级常用汉字,有 3755 个;第三部分为二级常用汉字,有 3008 个。对于同一个汉字来说,其内码是一样的,但是输入码的编码方法可以不一样。

字模点阵码是指把汉字用二进制点阵数据来表示。经过输入码和内码的处理,汉字还需要在屏幕上显示出来,这就必须把汉字转换成方块字的形式供人们阅读。要想在屏幕上显示出方块字的字形,就要求计算机内部事先有每一个汉字的字形。这种所有字符的形状的描述信息集合在一起称为字库。例如,宋体和楷体对应不同的字库。在计算机输出汉字时,计算机先要到指定的字库中找到它的字形,再把它显示在屏幕上。字模点阵码就是描述字形的方法。字模点阵码是用 0 和 1 来表示汉字,在每个汉字的黑点处用 1 表示,空白处用 0 表示。

3.6　数据的宽度和存储

3.6.1　计算机中数据的单位

计算机中所有信息都被表示成二进制形式。信息的最小单位为二进制的每一位的单位,也就是 0 和 1 的单位,即"比特",或称为"位"。因此,比特是计算机中存储、运算的最小单位。由于二进制数据用比特表示时长度很长,因此人们规定计算机中的二进制信息的计量单位是"字节"。1 个字节等于 8 个比特。西文字符需要用 1 个字节表示,汉字需要用 2 个字节表示。此外,计算机中二进制信息的单位还经常使用"字"。字的长度由不同的计算机来决定,有的由 2 个字节组成,有的由 4 个字节组成。

"字长"是指 CPU 内用于整数运算的数据通路的宽度,它是评价计算机性能的很重要的指标。字长等于 CPU 内运算器的位数和通用寄存器的宽度。需要注意的是"字"和"字长"是完全不同的概念。例如,Intel 80386 的机器的字长是 32 位长度,而其字为 16 位长度。

在日常生活中表示二进制信息的容量单位要比字节大得多,例如:

KB:1 KB $=2^{10}$ 字节 $=1024$ 字节

MB:1 MB $=2^{20}$ 字节 $=1024$ KB

GB:1 GB $=2^{30}$ 字节 $=1024$ MB

TB:1 TB $=2^{40}$ 字节 $=1024$ GB

此外,更大的容量还有 PB、EB、ZB、YB 等。

3.6.2　计算机中数据存储和排列

上一节介绍了二进制数据的单位。那么,二进制数据在计算机中是如何排列的呢? 1个字节由 8 位组成,在计算机中排列时可能是从左向右也可能是从右向左。一般用最低位和最高位来表示其两端的位。对于带符号数据来说,最高位就是其符号位。只需确定最高位和最低位即可确定二进制数据的数值和符号。例如,十进制数"7"在 32 位机器上表示的序列为"0000 0000 0000 0000 0000 0000 0000 0111",最高位为最左位,最低位为最右位。

现代计算机设计的数据存储方式为字节编址方式,即对存储单元进行编号时,每个地址编号中存放一个字节。例如,int 型数据 i 的存储地址为 0800H,i 的机器数为 01 23 45 67H,那么这 4 个字节是如何存储的呢? 在计算机中有两种排列方式:大端排列和小端排列。大端排列是地址 0800H 对应 01H,0801H 对应 23H,0802H 对应 45H,0803H 对应 67H。而小端排列是地址 0800H 对应 67H,0801H 对应 45H,0802H 对应 23H,0803H 对应 01H。如表 3.3 所示。

表 3.3　大端方式和小端方式

大端方式	0800H	0801H	0802H	0803H
	01H	23H	45H	67H
小端方式	0800H	0801H	0802H	0803H
	67H	45H	23H	01H

不同的信息文件所采用的排列方式不同,GIF、RTF 等格式信息采用小端方式存储,JPEG、MacPaint 等格式信息采用大端方式存储。

3.7　数据的基本运算

前面章节介绍在计算机中运算部件的位数是一定的,在计算十进制数的时候经常会出现超出位数的结果,比如会出现"$x>y$"和"$x-y>0$"结果不一样的情况。这些问题出现的原因是计算机底层运算机制,但是作为程序编写人员,应该了解这方面的基本原理。

3.7.1　按位运算

按位运算在 C 语言中的运用有下列几种:

按位"OR"运算用符号"|"表示;

按位"AND"运算用符号"&"表示;

按位"NOT"运算用符号"～"表示;

按位"XOR"运算用符号"^"表示。

掩码是指一串二进制代码对目标字段进行位与运算,屏蔽当前的输入位,其用途是将源码与掩码经过按位运算或逻辑运算得出新的操作数。其中要用到按位运算如 OR 运算和 AND 运算。用于如将 ASCII 码中大写字母改作小写字母。例如 A 的 ASCII 码值为

$65＝(01000001)_2$，a 的 ASCII 码值为 $97＝(01100001)_2$，要想把大写字母 A 转化为小写字母只需要将 A 的 ASCII 码与 $(00100000)_2$ 进行或运算就可以得到小写字母 a。按位运算就可以实现掩码操作。

3.7.2 逻辑运算

逻辑运算在 C 语言中的运用有下列几种：

"OR"运算用符号"||"表示；

"AND"运算用符号"&&"表示；

"NOT"运算用符号"!"表示。

逻辑运算与按位运算不同，逻辑运算是面向非数值运算的，它的返回值只有两个："true"和"false"。在计算机中用非 0 数表示逻辑 true，用全 0 数表示逻辑 false。按位运算是面向数值运算的，运算时将两个操作数各位按逻辑运算进行计算。例如，$x＝FAH$，$y＝7BH$，则 $x\hat{}y＝81H$。

3.7.3 移位运算

C 语言中的移位运算有逻辑移位和算术移位两种。对于无符号数来说，逻辑移位比较方便，因为逻辑移位无须考虑符号位的问题。左移时，高位移出，低位补 0；右移时，低位移出，高位补 0。而对于带符号数来说，算术移位比较合适。左移时，高位移出，低位补 0；右移时，低位移出，高位补符号。

可见，对于无符号数移位操作为逻辑移位，对于带符号数移位操作为算术移位。这样的好处是编译器只要根据数的类型就可以选择移位操作方式。例如，式子"$x<<a$"表示对 x 左移 a 位；式子"$x>>a$"表示对 x 右移 a 位。每左移一位，相当于数值扩大一倍，即相当于数值乘以 2^k；每右移一位相当于数值缩小一半，即相当于数值除以 2^k。

3.7.4 整数加减运算

无符号数和带符号数的加减运算电路是一样的，它们的运算如图 3.4 所示。

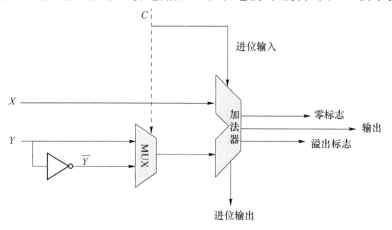

图 3.4 整数加减运算器

在图 3.4 中 MUX 是一个二路选择器。X 和 Y 是两个二进制数,带符号整数和无符号整数是有区别的。对于带符号整数 x 和 y,X 和 Y 表示 x 和 y 的补码;而对于无符号整数 x 和 y,X 和 Y 表示 x 和 y 本身。减法运算都是用加法的补码来实现。y 的补码为 $\overline{Y}+1$,因此要先对各位取反,即用图中的反相器来实现,然后经过 2 选 1 多路选择器 MUX,上方的控制端 C 用来选择将原变量还是反变量输送到加法器中。当 C 为 0 时做加法,即 $x+y=X+Y$,当 C 为 1 时做减法,即 $x-y=X+\overline{Y}+1$。

【例 3.14】 C 语言程序,计算一个数组 a 中每个元素的和。当参数 len 为 0 时,返回值应该是 0,但是计算机执行时,结果为访问异常。这是什么原因造成的?

```
1  float sum_array(int a[],unsigned len)
2  {
3  inti,sum=0;
4
5      for(i=0; i<=len-1; i++)
6          sum+=a[i];

8          return sum;
9  }
```

解:当 len 为 0 时,在图 3.4 的电路中计算 len-1,此时 X 为 00000000H,Y 为 00000001H,$C=1$,因此结果为 32 个 1。由于 len 是 unsigned 类型,任何无符号数都比 32 个 1 小,因此循环体一直在执行,最终导致了访问异常。改进方法是将 len 声明为 int 型。

总结一下无符号数和带符号数的加减运算公式。

$$\text{无符号数加法公式}:\text{result}=\begin{cases}x+y, & (x+y<2^n)\\ x+y-2^n, & (2^n\leqslant x+y<2^{n+1})\end{cases}$$

$$\text{无符号数减法公式}:\text{result}=\begin{cases}x-y, & (x-y>0)\\ x-y+2^n, & (x-y<0)\end{cases}$$

$$\text{带符号数加法公式}:\text{result}=\begin{cases}x+y-2^n, & (2^{n-1}\leqslant x+y) & \text{正溢出}\\ x+y, & (-2^{n-1}\leqslant x+y<2^{n-1}) & \text{正常}\\ x+y+2^n, & (x+y<-2^{n-1}) & \text{负溢出}\end{cases}$$

$$\text{带符号数减法公式}:\text{result}=\begin{cases}x-y-2^n & (2^{n-1}\leqslant x-y) & \text{正溢出}\\ x-y & (-2^{n-1}\leqslant x-y<2^{n-1}) & \text{正常}\\ x-y+2^n & (x-y<-2^{n-1}) & \text{负溢出}\end{cases}$$

3.7.5　整数乘法运算

无符号数的乘法,两个尾数为 n 位的数相乘,乘积的尾数为 $2n$ 位。手算乘法的过程如下:对应于乘数的位,将被乘数逐次左移一位加在左下方。最后将 n 个位积相加,得到乘积。需要 n 个寄存器保存位积,需要 $2n$ 位的加法器。

带符号数乘法可以采用无符号数乘法器实现,只需要取 $2n$ 位乘积中的低 n 位即可。对于 n 位无符号数 x 和 y 的乘法运算,结果只取低 n 位,模为 2^n。因此,可见若丢弃的高 n 位是非 0 数,则发生溢出。公式如下:

$$P = \begin{cases} x \times y & (x \times y < 2^n) \quad \text{正常} \\ x \times y & (x \times y \geqslant 2^n) \quad \text{溢出} \end{cases}$$

如果无符号数乘法指令能够将高 n 位保存到寄存器中,则编译器可以根据该寄存器的内容对溢出进行判断。

对应 n 位带符号数乘法,得到的结果可能会溢出。带符号数乘法运算和无符号数乘法运算一样,也可以根据两个乘数与结果的关系来判断。判断规则为:若满足 $x \neq 0$ 且 $p/x = y$,则说明没有发生溢出;否则说明发生溢出。

此外,有的机器使用补码来进行乘法运算。一位补码乘法称为布斯乘法,两位补码乘法称为基 4 布斯乘法。例如 $x = 6, y = -6$,补码乘法时,得到的结果为 11011100,而非 00111100。计算机乘法指令本身不能判断溢出与否,因此程序员或者编码器要有相应的判断功能。如果都没有此功能将造成一些问题。例如,在 C 语言中,若 x 为 int 类型数据,$x = 65535$,则 $x \times x = -131071$,可见会出现错误。

3.7.6 浮点运算

1. 浮点数加减运算

浮点数由于具有小数点,并且小数点的位置不固定,因此不能直接做加减运算。例如 $0.254 \times 10^4 + 0.571 \times 10^3$。对于这个浮点数的加法运算来说,两个浮点数的阶不同,因此并不能直接把尾数相加,而是先要把阶调整一致后才能相加。手动计算过程如下:

$$0.254 \times 10^4 + 0.571 \times 10^3 = 0.254 \times 10^4 + 0.0571 \times 10^4$$
$$= (0.254 + 0.0571) \times 10^4$$
$$= 0.3111 \times 10^4$$

由这个例子我们可以得到一般方法。设两个浮点数 $a = M_a \times 2^{E_a}$ 和 $b = M_b \times 2^{E_b}$,M 为尾数,E 为阶。则

$$a + b = (M_a \times 2^{E_a - E_b} + M_b) \times 2^{E_b}$$
$$a - b = (M_a \times 2^{E_a - E_b} - M_b) \times 2^{E_b}$$

计算机中计算浮点数的方式与其类似,要经过对阶、尾数运算、规格化、舍入等操作。

对阶,顾名思义就是指使两个浮点数的阶一致。对阶完成后才能做尾数运算。具体对阶方法为阶小的数的尾数右移,右移时符号位不变,数值位中的隐含的 1 同样要右移,前面空位补 0。

对阶完成后就可以进行尾数运算了。在尾数运算时,隐藏位还原到尾数位,对阶时保留的附加位也要参加运算。

规格化是把浮点数运算的结果进行移位操作。规格化分为右规和左规两种。右规是指尾数右移,阶数相应增加。最后右移的位要舍入。左规是指数值位左移,阶数相应减少。

舍入是指尾数右移时,将低位移出的位保留下来,参加运算,然后将运算结果舍入。

2. 浮点数乘除运算

前面说到浮点数的加减运算需要进行对阶操作,浮点数的乘除运算不需要进行对阶操作,但是需进行规格化、舍入等操作。浮点数的乘除运算的一般方法为

设两个浮点数 $a = M_a \times 2^{E_a}$ 和 $b = M_b \times 2^{E_b} E$。乘除运算结果为

$$a \times b = M_a \times 2^{E_a} \times M_b \times 2^{E_b} = (M_a \times M_b) \times 2^{E_a + E_b}$$

$$a \div b = (M_a \times 2^{E_a}) \div (M_b \times 2^{E_b}) = (M_a \div M_b) \times 2^{E_a - E_b}$$

此外,在进行浮点数的加减乘除运算时要注意在计算机运算时有时不会满足四则运算的结合律等。例如,$x = -1.7 \times 10^{20}$,$y = 1.7 \times 10^{20}$,$z = 2.0$,则

$$(x + y) + z = (-1.7 \times 10^{20} + 1.7 \times 10^{20}) + 2.0 = 2.0$$

$$x + (y + z) = -1.7 \times 10^{20} + (1.7 \times 10^{20} + 2.0) = 0.0$$

可以看到,在进行结合律时,运算出现了错误。这个错误出现的原因是对阶运算时 2.0 的尾数右移 20 位后被丢弃,相当于计算机把 2.0 当成了 0.0。

3.8 定点运算器的组成

运算器是数据的加工处理部件,是计算机中 CPU 的重要组成部分,它是执行各种算术和逻辑运算操作的部件。运算器最基本的结构包含:算术/逻辑运算单元、数据缓存寄存器、通用寄存器、多路转换器和数据总线等逻辑构件。

计算机中除了进行加、减、乘、除等基本算术运算外,还可对两个或一个逻辑数进行逻辑运算。所谓逻辑数,是指不带符号的二进制数。利用逻辑运算可以进行两个数的比较,或者从某个数中选取某几位等操作。逻辑运算主要有逻辑非(反)、逻辑加(或)、逻辑乘(与)、逻辑异或四种基本运算。逻辑运算是按位进行的,位与位之间没有进位或借位的关系并且它可用与门、或门、异或门、非门等实现。

3.8.1 寄存器组

运算器中参加运算的操作数一般存放在寄存器中。因此运算器中必须有若干个寄存器,一般有以下几类寄存器。

(1)暂存寄存器:暂存寄存器是用来存放参加运算的某个操作数的。若某个操作数在存储器中,那么必须将它从存储器中取出到暂存寄存器中,才能与其他的操作数运算。

(2)累加寄存器:在进行双操作数运算时,必须有一个数放在累加寄存器中,最后的结果也存放在这里。

(3)通用寄存器:通常用来存放操作数和运算的中间结果。

(4)标志寄存器:用来存放运算结果的特征。

3.8.2 内部总线

总线(BUS)即信息传送公共通路。根据总线所在的位置不同,总线分为内部总线和外部总线两类。内部总线是指 CPU 内各部件的连线,而外部总线是指系统总线,即 CPU 与存储器、I/O 系统之间的连线。本节只讨论内部总线。

下面介绍几种内部总线。

1. I2C 总线

I2C(Inter-IC)总线由 Philips 公司推出,也可以写成 I^2C。它是近年来在微电子通信控制领域广泛采用的一种新型总线标准。它是同步通信的一种特殊形式,具有接口线少、控制方式简化、器件封装形式小、通信速率较高等优点。在主从通信中,可以有多个 I2C 总线器件同时接到 I2C 总线上,通过地址来识别通信对象。

2. SPI 总线

串行外围设备接口 SPI(Serial Peripheral Interface)总线技术是 Motorola 公司推出的一种同步串行接口。Motorola 公司生产的绝大多数 MCU(微控制器)都配有 SPI 硬件接口,如 68 系列 MCU。SPI 总线是一种三线同步总线,因其硬件功能很强,所以,与 SPI 有关的软件就相当简单,使 CPU 有更多的时间处理其他事务。

3. ISA 总线

ISA(Industry Standard Architecture)总线是为 PC/AT 计算机而制定的总线标准,为 16 位体系结构,只能支持 16 位的 I/O 设备,数据传输率大约是 16 MB/s,也称为 AT 标准。

4. PCI 总线

PCI(Peripheral Component Interconnect)总线是目前个人计算机中使用最为广泛的接口,几乎所有的主板产品上都带有这种插槽。PCI 插槽也是主板带有最多数量的插槽类型,在目前流行的台式机主板上,ATX 结构的主板一般带有 5～6 个 PCI 插槽,而小一点的 MATX 主板也都带有 2～3 个 PCI 插槽,可见其应用的广泛性。

按总线的逻辑结构来说,总线可分为单向传送总线和双向传送总线。所谓单向总线,就是信息只能向一个方向传送。所谓双向总线,就是信息可以分两个方向传送,既可以发送数据,也可以接收数据。

3.8.3 算术逻辑运算单元(ALU)

计算机中运算的功能是由运算器完成的,而运算器的核心部件是加法器和寄存器。算术运算就是数值直接做运算,而逻辑运算需要用到逻辑电路。既能完成逻辑运算又能完成算术运算的电路称为 ALU 电路。图 3.5 为 ALU 电路原理图。

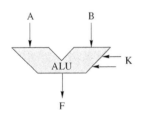

在图 3.5 中,A 和 B 为输入变量;F 是输出结果;K 为控制端,它输入的信号不同决定电路是算术运算还是逻辑运算。

图 3.5　ALU 电路原理图

加法器可以实现补码数的加法运算和减法运算。但是这种加法/减法器存在两个问题:一是由于串行进位,它的运算时间很长。假如加法器由 n 位全加器构成,每一位的进位延迟时间为 20 ns,那么在最坏情况下,进位信号从最低位传递到最高位而最后输出稳定,至少需要 $n \times 20$ ns,这在高速计算中显然是不利的。二是就加法器本身来说,它只能完成加法和减法两种操作而不能完成逻辑操作。本节我们介绍的多功能算术/逻辑运算单元(ALU)不仅具有多种算术运算和逻辑运算的功能,而且具有先行进位逻辑,从而能实现高速运算。

全加器的逻辑表达式为:

$$F_i = A_i \oplus B_i \oplus C_i$$
$$C_{i+1} = A_i B_i + B_i C_i + C_i A_i$$

我们将 A_i 和 B_i 先组合成由控制参数 $S_0 S_1 S_2 S_3$ 控制的组合函数 X_i 和 Y_i,然后再将 X_i、Y_i 和下一位进位数通过全加器进行全加。这样,不同的控制参数可以得到不同的组合函数,因而能够实现多种算术运算和逻辑运算。图 3.6 为 ALU 的逻辑图。

一位算术/逻辑运算单元的逻辑表达式为

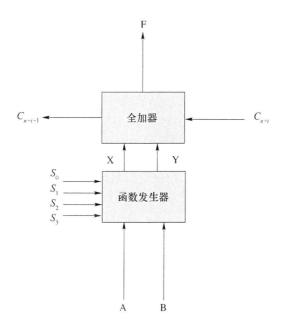

图 3.6　ALU 逻辑图

$$F_i = X_i \oplus Y_i \oplus X_{n+i}$$
$$C_{n+i+1} = X_i Y_i + Y_i C_{n+i} + C_{n+i} X_i$$

控制参数 $S_0 S_1 S_2 S_3$ 分别控制输入 A_i 和 B_i，产生 X_i 和 Y_i。其中 Y_i 是受 $S_0 S_1$ 控制的 A_i 和 B_i 的组合函数，而 X_i 是受 $S_2 S_3$ 控制的 A_i 和 B_i 组合函数。因此，可得 X_i 和 Y_i 的逻辑表达式：

$$X_i = S_2 S_3 + S_2 S_3 (A_i + B_i) + S_2 S_3 (A_i + B_i) + S_2 S_3 A_i$$
$$Y_i = S_0 S_1 A_i + S_0 S A_i B_i + S_0 S A_i B_i$$

化简可得 ALU 的逻辑表达式为：

$$X_i = \overline{S_3 A_i B_i + S_2 A_i B_i}$$
$$Y_i = \overline{A_i + S_0 B_i + S_1 \overline{B_i}}$$
$$F_i = Y_i \oplus X_i \oplus C_{n+i}$$
$$C_{n+i+1} = Y_i + X_i C_{n+i}$$

图 3.7 显示了工作于负逻辑操作数方式的 74181ALU 方框图。这个器件执行的正逻辑输入/输出方式的一组算术运算和逻辑操作与负逻辑输入/输出方式的一组算术运算和逻辑操作是等效的。

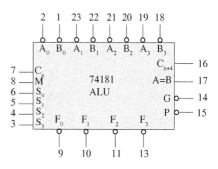

图 3.7　负逻辑操作数方式
的 74181ALU 方框图

习　　题

1. 名词解释。

真值机器数原码补码　　　BCD 码　　　ASCII 码

2. 数制转换。

(1) $(25.81)_{10} = (?)_2 = (?)_8$

(2) $(1011.1101)_2 = (?)_{10}$

3. 假设机器数为8位,写出下列二进制数的原码表示。

$+0.1001, -1.0, +0, -0$

4. 已知 $x = 11100111$,求其补码。

5. 在32位计算机中运行一个C语言程序,在该程序中出现了以下变量的初值,请写出它们对应的机器数。

(1) int $x = -32768$

(2) unsigned $x = 65530$

(3) float $a = 522$

6. 以下给出的是一些字符串变量的初值,请写出对应的机器码。

(1) char * mystring1 = "./myfile"

(2) char * mystring2 = "OK,GOOD"

7. 对于一个 n 位变量 x,写出满足下列要求的C语言表达式。

(1) x 的最高有效字节不变,其余各位全变为0。

(2) x 的最低有效字节不变,其余各位全变为0。

8. 以 IEEE 754 单精度浮点数格式表示下列十进制数

$+1.75, +19, -1/8, 258$

9. 下列几种情况所能表示的数的范围是什么?

(1) 16位无符号整数

(2) 16位原码定点小数

(3) 16位移码定点整数

10. 设一个变量的值为2049,要求分别用32位补码整数和IEEE 754单精度浮点格式表示该变量,并说明哪段二进制位序列在两种表示中完全相同,为什么?

11. 已知下列字符编码:A 为 1001000,a 为 1100001,0 为 0110000,求 e 的 ASCII 码。

12. 在某32位计算机上,有一个函数其原型声明为"int ch_mul_overflow(int x,int y);",该函数用于对两个 int 型变量 x 和 y 的乘积判断是否溢出,若溢出则返回1,否则返回0,请使用64位精度的整数类型 long long 来编写函数。

13. 已知一次整数加法、一次整数减法和一次移位操作都只需一个时钟周期,一次整数乘法操作需10个时钟周期。若 x 为一个整型变量,现计算 $55 * x$,请给出一个计算表达式,使得所用时钟周期数最少。

14. 在浮点运算中,当结果的尾数出现什么形式时需要进行左规,什么形式时需要进行右规?如何操作?

15. 采用单精度浮点数格式计算下列表达式的值。

(1) $0.75 + (-65.25)$

(2) $0.75 - (-65.25)$

第 4 章　计算机能够理解与执行的程序形式

我们经常在编写 C 语言中遇到这样的困惑,明明程序语法正确,逻辑也正确,但运行结果不正确。那么这个时候就需要我们将 C 语言这样的高级语言转换为底层的语言,看看程序在计算机上到底是如何表示的,然后分析程序在计算机上是如何执行的。

本章主要介绍 C 语言程序与机器级指令之间的关系,包括程序转换的概述、指令系统、典型的 C 语言程序结构(过程调用语句、选择语句、循环语句)的机器级表示。希望通过本章的学习,大家能看懂、理解 C 语言程序转换的机器级语言,帮助大家对 C 语言程序的分析。

4.1　程序转换概述

计算机硬件只能够识别和理解机器语言程序,用各种高级语言或汇编语言编写的源程序都要翻译(汇编、解释或编译)成以二进制机器指令形式表示的机器语言才能在计算机上执行。通常对于编译执行的程序来说,都是先将高级语言源程序通过编译器转换为汇编语言目标程序,然后,将汇编语言源程序通过汇编程序转换为机器语言目标程序。

4.1.1　机器指令与汇编指令

机器指令的集合是机器语言,每个可执行的目标文件实际上是由一条条机器指令构成的机器代码段。它是用 0 和 1 表示的一串 0/1 序列,用来指示 CPU 完成一个特定的操作,例如,传送指令"1011100001110110000000000"将 76H 存储在寄存器 AX 中,加法指令"0000010 10001001000000000"将寄存器 AX 中的数值加上 12H,减法指令"00101101100000000000000000"将寄存器 AX 中的数值减去 80H,如此等等。

例如,完成运算 S=76H+12H−80H 的机器指令代码段如下:

```
1011100001110110000000000          ;AX=76H("；"后面的文字为注解)
0000010100010010000000000          ;AX=AX+12H
00101101100000000000000000         ;AX=AX−80H
```

上述三行指令代码执行后,AX 寄存器中保存的结果就是要求的 S 值。看到这样的程序代码大家有什么样的感想呢? 如果程序里有一个"0"被误写为"1",或者相反,又如何去查找错误呢? 上面仅是一个非常简单的小程序,就已经暴露出了机器语言的晦涩难懂和不易查错,如此小的程序尚且容易出错,何况几十行、上百行甚至上千行、上万行的程序呢? 所以,用机器语言书写和阅读程序代码段不是一件简单轻松的工作,需要记住所有抽象的二进制代码。

程序员很快就发现了使用机器语言带来的种种麻烦,它是如此难于记忆和辨别,以至于阻碍了整个产业的发展。为了便于记忆和书写指令,引入了一种与机器语言一一对应的符号化表示语言,称为汇编语言。即通常用容易记忆或简短的英文单词助记符和二进制代码建立对应关系,以方便程序员编写和阅读机器语言程序。

例如,把寄存器 BX 中的内容送到 AX 中的机器指令和汇编指令操作分别如下:

机器指令:1000100111011000

汇编指令:MOVAX,BX

可以看出,上述汇编指令的可读性好,因为人类明白汇编指令的含义比弄懂机器指令中的一串二进制数字要容易得多。无论用机器指令表示的机器语言程序,还是用汇编指令表示的汇编语言程序都统称为机器级程序,它是对应高级语言程序的机器级表示。任何一个高级语言程序一定存在一个与之对应的机器级程序,而且不是唯一的。因此,如何将高级语言程序生成对应的机器级程序并在时间和空间上达到最优,是编译优化要解决的问题。

4.1.2　指令集体系结构

一个完整的计算机系统是由硬件系统和软件系统构成的多个抽象层次结构系统,希望计算机完成或解决的任何一个应用问题最开始是用自然语言描述的,但是,计算机硬件只能理解机器语言,而要将一个自然语言描述的应用问题转换为机器语言程序,需要经过多个抽象层的转换。其实,计算机解决应用问题的过程就是不同抽象层进行转换的过程。图 4.1 是计算机系统抽象层次转换示意图,描述了从最终用户希望计算机完成的应用(问题)到电子工程师使用器件完成基本电路设计的整个转换过程。

软件	应用(问题)	最终用户
	算法	程序员
	编程(语言)	
	操作系统/虚拟机	
	指令集体系结构	
硬件	微体系结构	架构师
	功能部件	
	电路	电子工程师
	器件	

图 4.1　计算机系统抽象层及其转换

在计算机系统的抽象层中,每个抽象层的引入都是为了对它的上层屏蔽或隐藏其下层的实现细节,从而为其上层提供简单地使用接口,其中,最重要的抽象层就是指令集体系结构(Instruction Set Architecture,ISA),它是计算机硬件和软件之间的一个“桥梁”,作为计算机硬件之上的抽象层,对使用硬件的软件屏蔽了底层硬件的实现细节,将物理上的计算机硬件抽象成一个逻辑上的虚拟计算机,称为机器语言级虚拟机。

ISA 定义了一台计算机可以执行的所有指令的集合,每条指令规定了计算机执行什么操作,以及所处理的操作数存放的地址空间和操作数类型,主要包括如下信息:

（1）可执行的指令的集合，包括指令格式、操作种类以及每种操作对应的操作数的相应规定。

（2）指令可以接受的操作数的类型。

（3）操作数所能存放的寄存器组的结构，包括每个寄存器的名称、编号、长度和用途。

（4）操作数所能存放的存储空间的大小和编址方式。

（5）操作数在存储空间存放时按照大端还是小端方式存放。

（6）指令获取操作数的方式，即寻址方式。

（7）指令执行过程的控制方式，包括程序计数器、条件码定义等。

ISA 规定了机器级程序的格式和行为，用机器指令或汇编指令编写机器级程序的程序员必须对运行该程序机器的 ISA 非常熟悉。不过在工作中大多数程序员用抽象层更高的高级语言（如 C/C++、Java）编写程序，再由编译器将其转换为机器级程序，并在转换过程中进行语法检查、数据类型检查等工作，似乎程序员不再需要了解 ISA 和底层硬件的执行机理。但是，由于高级语言抽象层太高，隐藏了许多机器级程序的行为细节，使得高级语言程序员不能很好地利用与机器结构相关的一些优化方法来提升程序的性能，也不能很好地预见和防止潜在的安全漏洞或发现他人程序中的安全漏洞。如果程序员对 ISA 和底层硬件实现细节有充分的了解，则可以更好地编制高性能程序并避免程序的安全漏洞。

4.1.3　生成机器代码的过程

将一个高级语言（如 C 语言）编写的源程序转换为可执行目标代码的过程分为以下 4 个步骤：①预处理。例如，在 C 语言源程序中有一些以"♯"开头的语句，可以在预处理阶段对这些语句进行处理，在源程序中插入所有用"♯include"命令指定的文件和用"♯define"声明指定的宏；②编译。将预处理后的源程序文件编译生成相应的汇编语言程序；③汇编。由汇编程序将汇编语言源程序文件转换为可重定位的机器语言目标代码文件；④链接。由链接器将多个可重定位的机器语言目标文件以及库函数[如 printf() 函数]链接起来，生成最终的可执行文件。

下面以 C 编译器 gcc 为例来说明一个 C 语言程序被转换为可执行代码的过程。

以下是 hello.c 的 C 语言源程序代码：

```
♯include<stdio.h>
int main()
{
printf("hello,world\n");
}
```

将上述 hello.c 源程序文件转换为可执行文件为 hello，则可用以下命令一步到位生成最终的可执行文件：

```
gcc－o1 hello.c－o hello
```

该命令中的选项-o 指出输出文件名。编译选项-o1 表示采用最基本的第一级优化。通常，提高优化级别会得到更好的性能，但会使编译时间增长，而且使目标代码与源程序对应关系变得复杂，从程序执行的性能来说，通常认为对应选项-o2 的第二级优化是最好的选择，也可以采用默认的优化选项-oo，即无任何编译优化。

也可以将上述完整的预处理、汇编、编译和链接过程，通过以下多个不同的编译选项命令分步骤进行：①使用命令"gcc-E hello.c-o hello.i"对 hello.c 进行预处理，生成预处理结果文件 hello.i；②使用命令"gcc-S hello.i -o hello.s"或"gcc-S hello.c-o hello.s"对 hello.i 或 hello.c 进行编译，生成汇编代码文件 hello.s；③使用命令"gcc-c hello.s-o hello.o"对 hello.s 进行汇编，生成可重定位目标文件 hello.o；④使用命令"gcc hello.o-o hello"将可重定位目标文件 hello.o 进行链接，生成可执行文件 hello。

其中汇编代码文件 hello.s 是可显示文本文件，其输出的部分结果如下：

```
pushl    %ebp
movl     %esp,%ebp
andl     $ -16,%esp
subl     $ 16,%esp
call     ____ main
movl     $ LC0,(%esp)
call     __ puts
movl     $ 0,%eax
leave
ret
```

对于不可显示的可重定位目标文件 hello.o，可使用带-d 选项的 objdump 命令来对目标代码进行反汇编。使用命令"objdump-d hello.o"可以得到以下结果：

```
0：   55                   push    %ebp
1：   89 e5                mov     %esp,%ebp
3：   83 e4 f0             and     $ 0xfffffff0,%esp
6：   83 ec 10             sub     $ 0x10,%esp
9：   e8 00 00 00 00       call    e <_main+0xe>
e：   c7 04 24 00 00 00 00 movl    $ 0x0,(%esp)
15：  e8 00 00 00 00       call    1a <_main+0x1a>
1a：  b8 00 00 00 00       mov     $ 0x0,%eax
1f：  c9                   leave
20：  c3                   ret
```

将上述用 objdump 反汇编出来的汇编代码与直接由 gcc 汇编得到的汇编代码（hello.s 输出结果）进行比较后可以发现，它们几乎完全相同，只是在数值形式和指令助记符的后缀等方面稍有不同。gcc 生成的汇编指令中用十进制形式表示数值，而 objdump 反汇编出来的汇编指令中则用十六进制形式表示数值。两者都以"$"开头表示一个立即数。gcc 生成的很多汇编指令助记符结尾中带有"L"或"W"等长度后缀，它是操作数长度指示符，这里"L"表示指令中处理的操作数为双字，即 32 位，"W"表示指令中处理的操作数为单字，即 16 位，上述这种汇编格式称为 AT&T 格式，它是 objdump 和 gcc 使用的默认格式。本书均采用 AT&T 格式。

AT&T 格式与 Intel 格式

GCC 采用的是 AT&T 的汇编格式，也称 GAS 格式（Gnu ASembler，GNU 汇编器），而在一些汇编语言的书籍上会采用 Intel 的汇编格式，两者主要在语法上有以下几个方面的异同。

1. 操作码的后缀

在 AT&T 的操作码后面有一个后缀,其含义就是指出操作码的大小。"l"表示长整数(32 位),"w"表示字(16 位),"b"表示字节(8 位),如表 4.1 所示。

表 4.1 后缀

Intel 语法	AT&T 语法
Mov al,bl	movb %bl,%al
Mov ax,bx	movw %bx,%ax
Mov eax,ebx	movl %ebx,%eax

2. 前缀

在 AT&T 中,寄存器前冠以"%",而立即数前冠以"$"。在 Intel 的语法中,十六进制和二进制立即数后缀分别冠以"h"和"b",而在 AT&T 中,十六进制立即数前冠以"0x",如表 4.2 所示 。

表 4.2 前缀

Intel 语法	AT&T 语法
mov eax,8	movl $8,%eax
mov ebx,offffh	movl $0xffff,%ebx
int 80h	int $0x80

3. 操作数的方向

Intel 与 AT&T 操作数的方向正好相反,AT&T 中,第一个数是源操作数,第二个数是目的操作数。

在 Intel 中:

mov eax,[ecx]

在 AT&T 中:

movl (%ecx),%eax

4. 内存单元操作数

在 Intel 的语法中,基寄存器用"[]"括起来,而在 AT&T 中,用"()"括起来。

在 Intel 中:

mov eax,[ebx+5]

在 AT&T 中:

movl 5(%ebx),%eax

5. 间接寻址方式

间接寻址方式如表 4.3 所示。

表 4.3 间接寻址方式

Intel 语法	AT&T 语法
mov eax,[ebx+20h]	Movl Ox20(%ebx),%eax
add eax,[ebx+ecx*2h]	Addl (%ebx,%ecx,0x2),%eax
lea eax,[ebx+ecx]	Leal (%ebx,%ecx),%eax

4.2　80x86 指令系统概述

我们在第 1 章介绍过,80x86 微处理器是美国 Intel 公司生产的系列微处理器,包括 Intel 8086、80286、80386 和 80486 等,因此其架构被称为"x86"。由于数字并不能作为注册商标,因此,后来使用了可注册的名称,如 Pentium、PentiumPro、Core 2、Core i7 等。现在 Intel 把 32 位 x86 架构的名称 x86-32 改称为 IA-32,包括 80386、80486、Pentium 系列。后来,AMD 首先提出了一个兼容 IA-32 指令集的 64 位版本,命名为 X86-64,在原先的 32 位指令系统上扩充了指令及寄存器长度和个数,更新了参数传送方式等。其后 AMD 称其为 AMD64,Intel 称其为 Intel64。本书将从最简单的 8086 的 CPU 结构与指令系统进行介绍,然后介绍 IA-32 的 CPU 结构与指令系统,可以看到 IA-32 的 CPU 结构与指令系统是在 8086 基础上进行扩展的。

4.2.1　指令格式

计算机中的指令由操作码和操作数两部分组成。操作码指示计算机所要执行的操作,即"做什么",如加、减、乘、除运算;操作数指示指令执行过程中所需要的操作数,即"对什么进行操作",它既可以是操作数本身,也可以是操作数地址或地址的一部分,还可以是指向操作数地址的指针或其他有关操作数的信息。

操作数可以有一个、二个或三个,通常称为一地址指令、二地址指令或三地址指令。

指令的一般格式如下:

操作码	操作数	...	操作数

例如,单操作数指令就是一地址指令,它只需要指定一个操作数,如移位指令、加 1、减 1 指令等。大多运算指令是双操作数指令,如算术运算和逻辑运算指令等。对于这种指令,有的机器使用三地址指令,除给出参加运算的两个操作数外,还指出运算结果的存放地址。近代多数计算机使用二地址指令,此时分别称两个操作数为源操作数(SOURCE)和目的操作数(DESTINATION)。尽管在指令执行前这两个操作数都是输入操作数,但指令执行后将把运算结果存放到目的操作数的地址之中,当然目的操作数的原始数据将会丢失。

4.2.2　CPU 寄存器组织

4.2.1 节已经提到,计算机中的指令由操作码和操作数两部分组成。那么这些操作数既可以存放在 CPU 内部的寄存器中,也可以存放在内存中,还可以存放在指令中。我们分别称之为寄存器操作数、存储器操作数和立即数。其中 CPU 内部的寄存器在指令中使用的频度最大,因此掌握 CPU 中各寄存器的用途是非常重要的。

因为 IA-32 由最初的 8086/8088 向后兼容扩展而来,因此,寄存器的结构也体现了逐步扩展的特点。本书先介绍 8086 的寄存器结构,逐步过渡到 IA-32 的寄存器结构。本书主要以 IA-32 为基础。

8086CPU 有 8 个 16 位通用寄存器,其中有 4 个数据寄存器、2 个指针寄存器和 2 个变址寄存器,均可存放操作数,并可以参加算术运算和逻辑运算。另外,还有 4 个段寄存器和

1个指令指针寄存器。寄存器在计算机中的存取速度比存储器快得多,可以相当于存储单元,用来存放运算过程中所需要的操作数地址、操作数及中间结果。另外,8086CPU内部还有一个标志寄存器FLAG。8086CPU寄存器组如图4.2所示。

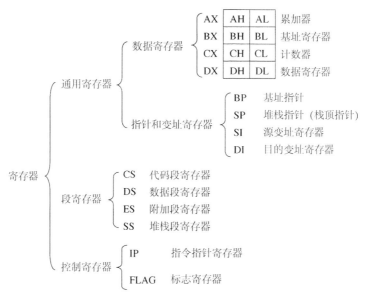

图 4.2　8086CPU 寄存器组

1. 通用寄存器

在8086CPU中设置了一些通用寄存器,它是一种面向寄存器的体系结构。在这种结构中,操作数可以直接存放在这些寄存器中,因而可以减少访问存储器的次数,又可缩短程序的长度,既提高了数据处理速度,又可少占内存空间。通用寄存器包括数据寄存器、指针寄存器和变址寄存器。

数据寄存器包括 AX(Accumulator,累加器)、BX(Base Register,基址寄存器)、CX(Count Register,计数寄存器)、DX(Data Register,数据寄存器)。这四个数据寄存器,每一个可单独作为16位寄存器 AX、BX、CX、DX 使用,也可作为 8 位寄存器使用。作为 8 位寄存器使用时,每一个又可作为两个寄存器。

以 AX 寄存器为例,如果将一个字 0000000000001010 存入一个 16 位寄存器寄 AX 中,那么这个字的高位字节和低位字节会分别存放在这个寄存器的高 8 位(8 位~15 位)寄存器和低 8 位(0 位~7 位)寄存器中。AH 中存储了它的高 8 位 00000000,AL 中存储了它的低 8 位 00001010,如图 4.3 所示。AX 的高 8 位称为 AH 寄存器,低 8 位称为 AL 寄存器。同样 BX 作为两个 8 位寄存器使用时有 BH、BL,而 CX 有 CH、CL,DX 有 DH、DL。

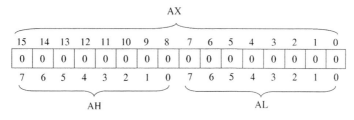

图 4.3　16 位寄存器 AX 分为两个 8 位寄存器

指针和变址寄存器也都是 16 位寄存器,且只能作为 16 位寄存器使用。其中指针寄存器有两个:BP(Base Pointer Register,基址指针寄存器)和 SP(Stack Pointer Register,堆栈指针寄存器)。变址寄存器有两个:SI(Source Index Register,源变址寄存器)和 DI(Destination Index Register,目标变址寄存器)。

指针寄存器 SP 和 BP 用来存取位于当前堆栈段中的数据,但 SP 和 BP 在使用上有区别。入栈(PUSH)和出栈(POP)指令是由 SP 给出栈顶的偏移地址,故称为堆栈指针寄存器;BP 则用来存放位于堆栈段中的一个数据区基址的偏移地址,故称作基址指针寄存器。

变址寄存器 SI 和 DI 是用来存放当前数据段的偏移地址。源操作数地址的偏移地址存放于 SI 中,所以 SI 被称为"源变址寄存器";目的操作数地址的偏移地址存放于 DI 中,所以被 DI 称为"目的变址寄存器"。

2. 段寄存器

8086CPU 把 1M 字节的存储空间划分为若干个逻辑段。每个逻辑段的长度为 64K 字节,并规定每个逻辑段 20 位起始地址的最低 4 位为 0000B。这样,在 20 位段起始地址中只有高 16 位为有效数字,我们称这高 16 位有效数字为段的基地址(简称段基址),并存放于段寄存器中。8086CPU 共有 4 个 16 位段寄存器,指令能直接访问这 4 个段寄存器,它们分别是:CS(Code Segment Register,代码段寄存器),用来给出当前代码段的起始地址,存放 CPU 可以执行的指令,CPU 执行的指令将从代码段取得;DS(Data Segment Register,数据段寄存器),指向程序当前使用的数据段,用来存放数据,包括参加运算的操作数和中间结果;SS(Stack Segment Register,堆栈段寄存器),给出当前程序所使用的堆栈段,即在存储器中开辟的堆栈区,堆栈操作的执行地址就在该段;ES(Extra Segment Register,附加段寄存器),附加段是一个附加的数据段,通常也用来存放数据,典型用法是存放处理之后的数据。

20 位物理地址形成,是由段寄存器中的 16 位段基址,在最低位后面补 4 个 0,加上 16 位段内偏移地址,在地址加法器内形成 20 位物理地址。

【例 4.1】 假定 (DS)=2000H,数据段中变量名 VAL 的偏移地址为 0050H,其物理地址值是多少?

解:DS×16+0050H=20050H。

3. 控制寄存器

控制寄存器有两个:一个是 IP(IP Register,指令指针寄存器);另一个是 FLAG(FLAG Register,状态标志寄存器)。

指令指针寄存器 IP 相当于程序计数器 PC,存放要执行的下一条指令的偏移地址,用以控制程序中指令的执行顺序,通常与段寄存器 CS 配合使用,用作指令寻址,由 CS 和 IP 共同决定当前要取指令的地址,而且每执行一条指令,CS 和 IP 会自动指向下一条指令。

例如,代码段寄存器 CS 存放当前代码段地址,IP 指令指针寄存器存放了下一条要执行指令的段内偏移地址,假设 CS=1200H,IP=0061H。通过组合,形成 20 位存储单元的物理地址为 12061H。

FLAG 寄存器在 CPU 内部的寄存器中是一种特殊的寄存器,有时也称为 PSW(Program Status Word,程序状态字),它用来存储相关指令执行结果的状态,为 CPU 执行相关指令提供行为依据及控制 CPU 的相关工作方式。

FLAG 和其他寄存器不一样,其他寄存器是用来存放数据的,整个寄存器具有一个含义,而 FLAG 寄存器是按位起作用的,也就是说,它的每一位都有专门的含义,并记录特定的状态标志信息,如图 4.4 所示。

				F	DF	IF	TF	SF	ZF		AF		PF		CF
15	14	13	12	11	10	9	8	7	6	5	4	3	2	1	0

图 4.4 标志寄存器各位示意

标志寄存器的每一位可以理解为 CPU 内部的一盏灯,而这些灯的亮与灭由运算结果决定,正确使用这些标志可使程序按人们预定的逻辑实现转移,使计算机能够准确地完成预定的任务。因此,正确理解各标志位的含义,确切了解每条指令对各标志位的影响,是汇编语言程序设计中最基本也是最重要的一个环节。

例如,算术运算指令和逻辑运算指令的运行结果都将定性地反映在不同的标志位上,以便后续的条件判断指令根据这些标志实现判断转移,转移的实质是修改 CS 和 IP。这也正是计算机能够实现判断转移的底层原理。

8086CPU 的标志寄存器共有 9 个标志,其中 6 个为状态标志,3 个为控制标志。

6 个状态标志位如下:

CF(Carry Flag)进位/借位标志,指令执行结果的最高位是否有向更高位进位或借位,若有则 CF 置 1,否则置 0。

PF(Parity check Flag)奇偶校验标志,指令执行结果中 1 的个数是奇数个还是偶数个,若为奇数个则 PF 置 0,否则置 1。

AF(Auxiliary carry Flag)辅助进位/借位标志,当进行字节运算有低 4 位向高 4 位进位或借位时置 1,否则置 0。该标志位一般用在 BCD 码运算中,判断是否需要十进制调整。

ZF(Zero Flag)零标志,指令执行结果是不是为 0,若为 0 则 ZF 置 1,否则置 0。

SF(Sign Flag)符号标志,该标志位的状态总是与运算结果最高有效位的状态相同,因而它用来反应带符号数运算结果的正负情况。即 SF 为 0,表明结果为正,SF 为 1,表明结果为负数。

OF(Overflow Flag)有符号数的溢出标志,带符号数加减运算的结果产生溢出时 OF 为 1,否则 OF 为 0。对带符号数,字节运算结果的范围为 $-128\sim+127$,字运算结果的范围为 $-32\ 768\sim+32\ 767$,超过此范围为溢出。

【例 4.2】 将 5796H 与 $-757BH$ 两数相加,并说明其标志位状态。

```
    0101  0111  1001  0110      ;5796H 的补码
  + 1000  1010  1000  0101      ;-757B 的补码
    ─────────────────────────
    1110  0010  0001  1011      ;结果为补码
```

运算结果的原码为 $-1DE5H$,并置标志位为 CF=0、PF=1、AF=0、ZF=0、SF=1、OF=0。

3 个控制标志位各具有一定的控制功能:

TF(Trag Flag)陷阱标志(单步中断标志),TF=1,程序执行当前指令后暂停,TF=0 程序执行当前指令后不会暂停。

IF(Interrupt enable Flag)中断允许标志,用于控制 CPU 能否响应可屏蔽中断请求,若 IF=1,开中断,能够响应中断,IF=0,关中断,不能响应中断。

DF(Direction Flag)方向标志,用于指示串操作时源串的源变址和目的串的目的变址的变化方向,DF=1引起串操作指令的变址寄存器自动减值,DF=0引起串操作指令的变址寄存器自动增值。

4.2.3 IA-32 CPU 寄存器组织

IA-32 指令中用到的寄存器主要分为定点寄存器组、浮点寄存器栈和多媒体扩展寄存器组,下面仅对定点寄存器组做简要介绍。

图 4.5 给出了定点寄存器组的结构。

IA-32 中的定点寄存器中共有 8 个通用寄存器(General-Purpose Register,GPR)、2 个专用寄存器和 6 个段寄存器。定点通用寄存器是指没有专门用途的可以存放各类定点操作数的寄存器。

8 个通用寄存器的功能与 8086CPU 中的通用寄存器功能一致。它们可以作为 32 位通用寄存器(EAX、EBX、ECX、EDX、ESI、EDI、ESP、EBP)使用,也可以作为 16 位通用寄存器(AX、BX、CX、DX、SI、DI、SP、BP)使用,或者作为一个 8 位通用寄存器(AX、BX、CX、DX、SI、DI、SP、BP)使用。

两个专用寄存器分别是指令指针寄存器 EIP 和标志寄存器 EFLAGES。EIP 从 16 位的 IP 扩展而来,是用来存放即将执行指令的地址的寄存器。EFLAGS 从 16 位的 FLAGS 扩展而来。

	31　　　　16	15　　　　0	
EAX		AH(AX)AL	累加器
EBX		BH(BX)BL	基址寄存器
ECX		CH(CX)CL	计数寄存器
EDX		DH(DX)DL	数据寄存器
ESP		SP	栈指针寄存器
EBP		BP	基址指针寄存器
ESI		SI	源变址寄存器
EDI		DI	目的变址寄存器
EIP		IP	指令指针寄存器
EFLAGS		FLAGS	标志寄存器
		CS	代码段
		SS	堆栈段
		DS	数据段
		ES	附加段
		FS	附加段
		GS	附加段

图 4.5　IA-32 的定点寄存器组

EFLAGS 寄存器主要用于记录机器的状态和控制信息,如图 4.6 所示。

31~22	21	20	19	18	17	16	15	14	13 12	11	10	9	8	7	6	5	4	3	2	1	0
保留	ID	VIP	VIF	AC	VM	RF	0	NT	IOPL	O	D	I	T	S	Z	O	A	O	P	1	C

图 4.6　状态标志寄存器 EFLAGS

EFLAGS 寄存器的第 0~11 位中的 9 个标志位是从最早的 8086CPU 延续下来的,分为 6 个条件标志和 3 个控制标志。第 12~31 位中的其他状态或控制信息是从 80286 以后逐步添加的,包括用于表示当前程序的 I/O 特权级(IOPL)、当前任务是否是嵌套任务(NT)、当前处理器是处于虚拟 8086 方式(VM)等一些状态或控制信息。

IA-32 的段寄存器在 8086 上增加了 2 个,共有 6 个段寄存器,都为 16 位。与 8086 生成操作数的物理地址不同,CPU 根据段寄存器的内容与寻址方式确定有效地址后,再结合用户不可见的内部寄存器,共同生成操作数所在的存储地址,具体见 4.2.5 节中 IA-32 的寻址方式。

4.2.4　8086 寻址方式

在 4.2.2 节中提到,对于一条指令而言,操作数可能存放在不同的地方,或许在寄存器中,或许在内存中,那么指令要通过某种方法表示操作数是哪一种,操作数具体在哪里,指令中提供操作数或操作数地址的方法就称为寻址方式。

1. 立即数寻址

立即数寻址方式是指操作数直接存放在指令中,紧跟在操作码之后,操作对象就是这个操作数,通常用于给寄存器赋值。汇编指令所涉及的立即数有:各种进制常数、字符常数、符号常量、地址(段名、段地址、偏移地址)以及常数表达式等。例如,movw $0x1234,%ax;将十六进制数 1234H 送入 AX,指令指行后,(AX)=1234H,这里(AX)表示寄存器 AX 中的内容,下同,如图 4.7 所示。

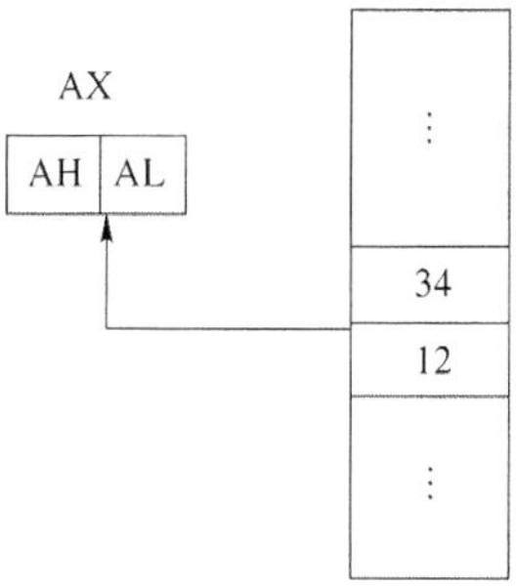

以下例子中第一操作数为立即数寻址方式,MOV 指令的功能是将第一操作数送给第二操作数。

```
movb$ 5,%al;5 为十进制字节常数
movw $ 5,%ax;5 为十进制字常数
movw $ 0x300,%ax;300H 为十六进制字常数
```

图 4.7　立即数寻址

立即数只能作为源操作数,不能作为目的操作数,它的类型可以是字节,也可以是字,由指令本身决定。如上例中第一条指令"movb $5,%al"中的 5 为字节,第二条指令中"movw $5,%ax"中的 5 则为字。在进行数据传送或运算时,要注意指令的两个操作对象的位数应当保持一致。

2. 寄存器寻址

指令中出现的寄存器名作为操作数的寻址方式称为寄存器寻址方式,操作对象实质上是寄存器中的内容,用以存放操作数、操作数的地址或中间结果。而且对寄存器存取数据比对存储器存取数据快得多,所以这种寻址方式可以缩短指令长度,节省存储空间,提高指令的执行速度,因而在计算机中得到广泛应用。

图 4.8 寄存器寻址

movw %bx,%ax

movb %cl,%dh

movw %ax,%ds

注意:源寄存器和目的寄存器的位数必须一致。

3. 存储器寻址

如果操作码所需操作数存放在存储单元中,则指令中需给出操作数的存储单元地址信息。指令中给出操作数所在存储单元的有效地址,这种寻址方式称为直接寻址,默认的段为数据段。

例如:movb4(,1),%al

该指令的功能是将数据段位移为 4 的那个存储单元存放的一个字节送至 AL 寄存器。

例如:假设(DS)=3000H,而直接位移量为 2100H,AX 内容为 3047H。

执行指令:movw %ax,0x2100(,1)

直接寻址的过程如图 4.9 所示。

指令中操作对象实质上是将寄存器 AX 中的内容送到存储器单元中,存储器单元的地址是由段地址及段内偏移地址确定的,段地址的确定实质上是确定哪个段寄存器,段寄存器除非在指令中特别指定,其他情况下均为默认,直接寻址方式隐含使用的段寄存器如表 4.4 所示。8086 允许段超越,在这种情况下汇编

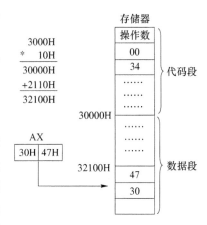

图 4.9 直接寻址

指令中需在有效地址前根据需要写上表 4.4 所示中允许选择的段寄存器的名字,然后用冒号分隔,此时则在形成物理地址时将使用相应的段寄存器作为段基址以代替隐含的段寄存器。

例如:movw %bx,%ax,如图 4.8 所示。

若指令执行前(AX)=3024H,(BX)=3324H;则指令执行后(AX)=3324H,(BX)=3324H。

以下例子中第一操作数和第二操作数均为寄存器寻址方式:

表 4.4　内存地址对应的 SR 及 EA

情况	段寄存器 SR	有效地址 EA
指令	CS	IP
栈顶	SS	SP
目的串	ES	DI
源串	DS	SI
涉及 BP	SS(DS、ES、CS)	计算 EA
其他	DS(ES、SS、CS)	计算 EA

例如:movw es:5(,1),%ax

这里的"ES:"称段前缀操作,"es:5(,1)"中如果没有 ES 段前缀指定,是相对 DS 的寻址,而这里用"ES:"作为段前缀指定,于是就改成了相对 ES 寻址。所以存储器单元的物理地址计算变为

$$物理地址＝(ES)×10H＋5$$

4. 寄存器间接寻址

寄存器间接寻址方式是指在指令中给出寄存器名,寄存器中的内容为操作数的有效地址。如果指令中指定的寄存器是 BX、SI 和 DI,在没有加段超越前缀的情况下,操作数必定在数据段,以 DS 段寄存器中的内容作为段地址,操作数的物理地址为

$$物理地址＝(DS)×10H＋(BX)或(SI)或(DI)$$

如果指令中指定的寄存器是 BP,在没有加段超越前缀的情况下,则操作数必定在堆栈中,以 SS 段寄存器中的内容作为段地址,操作数的物理地址为

$$物理地址＝(SS)×10H＋(BP)$$

若在指令中加上段超越前缀,则以指定的段寄存器中的内容作为段地址。寄存器间接寻址的地址形成如表 4.5 所示。

表 4.5　寄存器间接寻址的地址形成

变址器	书写形式	有效地址 EA	段寄存器	物理地址
SI	[SI]	(SI)	DS	(DS)＊10H＋(SI)
DI	[DI]	(DI)	DS	(DS)＊10H＋(DI)
BX	[BX]	(BX)	DS	(DS)＊10H＋(BX)
BP	[BP]	(BP)	SS	(SS)＊10H＋(BP)

例如:movw(%bp),%ax

表示 SS 内容乘以 10H,加上 BP 的内容构成了物理地址,取该地址的内容送入 AX 寄存器。

例如:mov(%bx),%ax

若(DS)＝2000H,(BX)＝1000H,物理地址＝20000H＋1000H＝21000H。

在指令执行前,假设(AX)＝2030H,(21000H)＝0A0H,(21001H)＝50H,则指令执行后,(AX)＝50A0H。指令执行示意如图 4.10 所示。

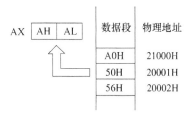

图 4.10　寄存器间接寻址

5. 寄存器相对寻址方式

这种寻址方式通过基址寄存器 BX、BP 或变址寄存器 SI、DI 与一个 8 位或 16 位偏移量相加形成有效地址,其物理地址的计算方法如下:

$$物理地址＝(DS)×10H＋(SI)＋8 位或 16 位偏移量$$
$$或\ 物理地址＝(DS)×10H＋(DI)＋8 位或 16 位偏移量$$

或 物理地址＝(DS)×10H＋(BX)＋8 位或 16 位偏移量

或 物理地址＝(SS)×10H＋(BP)＋8 位或 16 位偏移量

例如:movw disp(%si),%bx ;disp 为 16 位偏移量

假设(DS)＝1000H,(SI)＝3000H,disp＝4000H,(17000H)＝1234H,则源操作数的物理地址＝(DS)×10H＋(SI)＋disp＝10000H＋3000H＋4000H＝17000H。指令执行后,(BX)＝1234H,即将物理地址为 17000H 字单元中的内容送入 BX 寄存器。

4.2.5 IA-32 的寻址方式

在 8086 到 80286CPU 中,与数据有关的寻址方式主要有:立即寻址、寄存器寻址、直接寻址、寄存间接寻址以及寄存器相对寻址等几种。在 IA-32 中,还包括图 4.11 中给出的 IA-32 中的各种寻址方式。存储器操作数的寻址方式与 CPU 的工作模式有关。IA-32CPU 主要有两种工作模式,即实地址模式和保护模式。

实地址模式是为与 8086/8088 兼容而设置的,在加电或复位时处于这一模式。此模式下的存储管理、中断控制以及应用程序运行环境等都与 8086/8088 相同。

保护模式的引入是为了实现在多任务方式下对不同任务使用的虚拟存储空间进行完全的隔离,以保证不同任务之间不会相互破坏各自的代码和数据。保护模式是 80286 以上高档 CPU 最常用的工作模式。系统启动后总是先进入实地址模式,对系统进行初始化,然后转入保护模式进行操作。在保护模式下,处理器采用虚拟存储器管理方式。

寻址方式	说明
立即寻址	指令的直接给出操作数
寄存器寻址	指定的寄存器中的内容为操作数
位移	LA＝(SR)＋A
基址寻址	LA＝(SR)＋(B)
基址加位移	LA＝(SR)＋(B)＋A
比例变址加位移	LA＝(SR)＋(I)×S＋A
基址加变址加位移	LA＝(SR)＋(B)＋(I)＋A
基址加比例变址加位移	LA＝(SR)＋(B)＋(I)×S＋A
相对寻址	LA＝(PC)＋A

注:LA:线性地址;(X):X 的内容;SR:段寄存器;PC:程序计数器;A:指令中给定地址段的位移量;B:基址寄存器;I:变址寄存器;S:比例系数

图 4.11 IA-32 寻址方式

IA-32 在保护模式下提供了多种寻址方式,其中存储器寻址方式采用的是段页式虚拟存储管理方式,CPU 首先通过分段方式得到线性地址 LA,再通过分页方式实现从线性地址到存储器物理地址的转换。

具体来说,应用程序中使用的是逻辑地址,格式为:

16 位段描述符索引:32 位偏移地址

16 位段描述符索引由段寄存器提供。在全局描述符表寄存器 GDTP 或局部描述符表寄存器 LDTR 协助下,可以根据段描述符索引确定段基址。

确定段基址后,可以将逻辑地址转换为线性地址:

$$线性地址＝32\ 位段基址＋32\ 位偏移地址$$

然后在处理器页表机制下,再将线性地址转变为物理地址:

$$物理地址＝页表转换(线性地址)$$

图 4.11 中除了最后一行(相对地址)计算的是转移目标指令的线性地址以外,其他的都是指操作数的线性地址。相对寻址的线性地址 PC(即 EIP 或 IP)有关,而操作数的线性地址与 PC 无关,它取决于某个段寄存器的内容和有效地址。根据段寄存器的内容能够确定操作数所在的段在某个存储空间的起始地址,而有效地址则给出了操作数所在段的偏移地址。

从图 4.11 中也可以看出,在存储器操作数的情况下,指令必须显式或隐式地给出以下信息。

① 段寄存器 SR(可用段前缀显式给出,也可默认使用默认段寄存器)。

② 8/16/32 位位移量 A(由位移量字段显示给出)。

③ 基址寄存器 B(由相应字段显式给出,可指定为任一通用寄存器)。

④ 变址寄存器 I(由相应字段显式给出,可指定除 ESP 外的任一通用寄存器)。

4.3 IA-32 常用指令类型及其操作

IA-32 指令共有 10 个部分:一般用途指令、x87 浮点运算处理单元指令、x87 浮点运算处理单元和 SIMD 状态管理指令、MMX 指令、SSE 指令、SSE2 指令、SSE3 指令、系统指令、64 位模式指令、虚拟机扩展。表 4.6 显示了各 IA-32 架构 CPU 支持各部分指令的情况。下面仅对一般用途指令进行介绍。一般用途指令执行基本的数据移动、算术运算、逻辑运算、程序流程控制和字符串等操作。

表 4.6 IA-32 架构 CPU 支持指令情况

指令	支持的 CPU
一般用途指令	All IA-32 processors
x87 浮点运算处理单元指令	Intel486,Pentium,Pentium with MMX Technology,Celeron,Pentium Pro,Pentium Ⅱ,Pentium Ⅱ Xeon,Pentium Ⅲ,Pentium Ⅲ Xeon,Pentium 4. Intel Xeon processors
x87 浮点运算处理单元和 SIMD 状态管理指令	Pentium Ⅱ,Pentium Ⅱ Xeon,Pentium Ⅲ,Pentium Ⅲ Xeon,Pentium 4. Intel Xeon processors
MMX 指令	Pentium with MMX Technology,Celeron,Pentium Ⅱ,Pentium Ⅱ Xeon,Pentium Ⅲ,Pentium Ⅲ Xeon. Pentium 4,Intel Xeon processors
SSE 指令	Pentium Ⅲ,Pentium Ⅲ Xeon,Pentium 4,Intel Xeon processors
SSE2 指令	Pentium 4,Intel Xeon processors
SSE3 指令	Pentium 4 supporting HT Technology(built on 90nm process technology)
IA-32e:64 位指令	Pentium 4,Intel Xeon processors
系统指令	AII IA-32 processors

4.3.1 传送指令

传送类指令的功能是把数据、地址传送到寄存器或存储单元中。传送指令可分为一般数据传送、交换传送、堆栈传送、地址传送和标志传送。

传送类指令总体分类情况如图 4.12 所示。

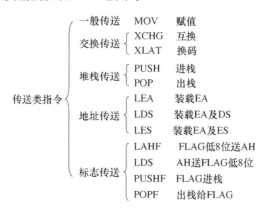

图 4.12 传送类指令分类

1. 一般传送指令

MOV：本指令将源操作数（字节或字）传送到目的操作数中，源操作数内容不变，目的操作数内容与源操作数内容相同。

源操作数可以是累加器、寄存器、存储器操作数和立即数；而目的操作数可以是累加器、寄存器和存储器。注意，源操作数和目的操作数不能同时为存储器操作数，即数据不能通过一条指令从存储器某一单元直接送至另一个单元。

一般传送指令包括 movb（字节传送）、movw（字传送）和 movl（双字传送）等。

例如：

movw $ 0x8086,%ax;(AX) = 8086H

movb %ah,%al;(AL) = 80H,此时(AX) = 8080H

movw %ax,%bx;(BX) = 8080H

2. 交换传送

XCHG 指令：

功能：将两个操作数互换。例如，XCHGB 表示字节交换。

该指令中必须有一个操作数是在寄存器中。因此它可以在寄存器与寄存器之间交换数据，或寄存器与存储器单元之间交换数据。但不能与段寄存器交换数据，段寄存器之间也不能交换数据。存储器与存储器单元之间也不能交换数据。

例如：xchgw %bx,%ax

若在指令执行前，(AX)＝780AH,(BX)＝0BA98H,则指令执行后，(AX)＝0BA98H,(BX)＝780AH。

3. 堆栈传送指令

堆栈是一段特殊组织的存储区域，即在普通随机访问存储器 RAM 中，规定一段存储区域，这段存储区域对存储器单元进行操作时，其存取数据的顺序不是任意的，而是按"先进后出(First In Last Out)"原则进行存取。后存入的数据必须先取出,先存入的数据必须后取出。就像堆放的货栈,先放入的东西被压在下面,只能将后放入的东西取走才能将其取出。

从8086CPU的堆栈形式来看,堆栈是从高地址向低地址方向增长的,堆栈只有一个出入口,所以要设置一个堆栈指针寄存器SP,始终指向堆栈栈顶单元。堆栈的操作有入栈和出栈两种,相应有入栈(PUSH)和出栈(POP)两种指令,最初时堆栈的栈底和栈顶重叠在同一个单元,随着堆栈操作的进行,栈底的位置保持不变,而栈顶的位置却在不断变化。入栈操作时,栈顶向低地址方向变化,而出栈时栈顶向高地址方向变化。堆栈组织示意,如图4.13所示。

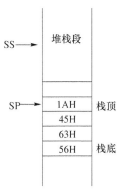

堆栈传送指令有两条:PUSH(进栈)和POP(出栈)。堆栈操作的基本方法是先进后出和后进先出。

(1)入栈指令PUSH

将寄存器或存储器单元的内容送入堆栈。

除了不允许用立即数外,通用寄存器、段寄存器和存储器操作数都能入栈。如PUSHL表示双字压栈,PUSHW表示字压栈。

图4.13 堆栈示意

PUSHW的具体的操作过程是:SP内容首先减1,操作数的高位字节送入当前SP所指示的单元中,然后SP中的内容再减1,操作数的低位字节又送入当前SP所指示的单元中。

例如:pushw %ax

若在指令执行前,(SP)=00F8H,(SS)=2500H,(AX)=3142H,则指令执行后(SP)=00F6H,(250F6)=3142H。

(2)POP指令

将栈顶元素传送到寄存器或存储单元中。

其中出栈操作的目的地址,长度必须为16位,除了立即数和CS段寄存器之外,通用寄存器、段寄存器和存储器都可以作为出栈的目的地址。如POPL表示双字出栈,POPW表示字出栈。

POPW的具体操作过程是:首先将SP所指的栈顶单元内容送入目的地址低位字节单元,SP的内容加1,然后将SP所指栈顶单元内容送入目的的高位字节单元,SP的内容再加1。

例如:popw %bx

若在指令执行前(SS)=2000H,(SP)=0200H,(BX)=58C2H,(20100H)=4B48H,则指令执行后(BX)=4B48H,(SP)=0202H。

注意,除了段寄存器CS以外,通用寄存器和段寄存器都可作为目的操作数。

例如:利用堆栈交换AX与BX寄存器中的数值。

movw $ 0x1000,%ax;(AX)=1000H

movw $ 0x001b,%bx;(BX)=001BH

pushw %ax;寄存器AX中的值进栈

pushw %bx;寄存器BX中的值进栈

popw %ax;将栈顶元素出栈,此时(AX)=001BH

popw %bx;将栈顶元素出栈,此时(BX)=1000H

4．地址传送

地址传送有 3 条指令：LEA（送有效地址）、LDS（置有效地址及 DS 段地址）和 LES（置有效地址及 ES 段地址）。

LEA 指令的功能：将源存储器操作数的偏移地址送给目的操作数指定的 16 位通用寄存器。

例如：

leaw $ table,%bx；BX 指向 table，即 table 的偏移地址送 BX

leaw (%bp),%di；(DI) = BP

5．标志传送

标志寄存器传送指令共有 4 条，这些指令都是单字节指令，指令的操作数以隐含形式规定，字节操作数隐含为 AH 寄存器。这四条指令分别是：LAHF（FLAG 寄存器低 8 位送 AH）、SAHF（AH 送 FLAG 寄存器低 8 位）、PUSHF（FLAG 寄存器进栈）和 POPF（出栈给 FLAG 寄存器）。

（1）取标志指令 LAHF 和置标志指令 SAHF

LAHF 指令将标志寄存器 FLAG 中的五个状态标志位 SF、ZF、AF、PF 以及 CF 分别取出传送到累加器 AH 的对应位，SAHF 指令的传送方向与 LAHF 方向相反，将 AH 寄存器中的第 7、6、4、2、0 位分别传送到标志寄存器对应位，如图 4.14 所示。

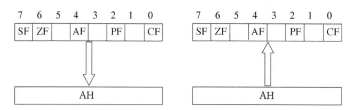

图 4.14　LAHF(左)和 SAHF(右)的功能

SAHF 指令将影响标志位，FLAG 寄存器中的 SF、ZF、AF、PF 和 CF 将被修改成 AH 寄存器中对应的值，但其他状态位即 OF、DF、IF 和 TF 不受影响。

例如：设置 SF=1，ZF=0，AF=0，PF=1，CF=0。

分析：要置 5 个状态标志位可用 SAHF 指令，选对应位填充一个立即数送 AH，再用 SAHF 实现对 AH 送 FLAG 的低 8 位。

movb $ 84,%ah；84H = 10000100B

sahfw

（2）PUSHF、POPF

用于标志位的保存和恢复，PUSHF 用于保存所有标志位到栈中；POPF 用于从栈中恢复所有标志位。

例如：设置 OF=1，DF=0，IF=1，TF=0，SF=1，ZF=0，AF=0，PF=1，CF=0。

分析：要置 9 个状态标志位可用 POPF 指令，先按对应位填充一个立即数送 AX，再将 AX 进栈，而后再用 POPF 实现将栈顶元素出栈送 FLAG。

movw $ 0x0a84,%ax；0a84H = 0000101010000100B

pushw %ax

popfw

4.3.2　定点算术运算指令

对加减运算来说,无符号数和有符号数可采取同一套指令,但是,无符号数和有符号数进行加、减运算能够采用同一套指令也是有条件的,要求加减运算的两个操作数,必须同为无符号数或同为有符号数。对乘除运算来说,两者不能采用同一套指令,所以它们有各自的乘除运算指令。

所有的算术运算指令都会影响标志位,总的来说,有这样一些原则:

(1) 运算结果向前产生进位或借位时,则 CF=1。

(2) 最高位向前进位和次高位向前进进位不同时产生时,则 OF=1。

(3) 如果运算结果为 0 ,则 ZF=1。

(4) 如果运算结果最高位为 1,则 SF=1。

(5) 如果运算中有偶数个 1,则 PF=1。

1. 加法指令 ADD

ADD 实现两个操作数相加,结果存入目的操作数中。

加法操作可以在通用寄存器间、通用寄存器与存储器间、立即数与通用寄存器间、立即数与寄存器间进行,但不允许两个存储器操作数间进行加法运算。

例如:addw ＄0x0cf8,％ax

若在指令执行前,(AX)=5623H,则指令执行后,(AX)=25CBH,且 CF=1,OF=0,SF=0,ZF=0,AF=0,PF=1。

例如:

```
movb $ 0x23,％al;(AL) = 23H
mov $ 0x12,％ah;(AH) = 12H,此时,(AX) = 1223H
movw $ 0x1225,％bx;(BX) = 1225H
addw ％ax,％bx;(BX) = (AX) + (BX) = 1223H + 1225H = 2448H
```

2. 带进位加法指令 ADC

源操作数加上目的操作数再加进位标志 CF 的和送至目的操作数。即如果进位标志已被置位,则两个操作数相加的结果在存入目的操作数之前再加上 1,否则加上 0。

两个操作数要同时为字节(8 位数)或同时为字(16 位数)。ADC 指令多用于多字节加法运算,需要分步计算时使用。例如,有两个两字节的数相加,0AF8AH+0A90H,先进行低字节相加,然后做高字节相加,并且要加上进位,示意如图 4.15 所示。

```
                     8AH              AFH
        AF8AH        90H              0AH
ADC     0A90H    ADC     0H       ADC      1H  ←—— CF
        BA1AH    CF=1    1AH       CF=0    BAH
                    第一步           第二步
```

图 4.15　ADC 带进位的加法

例如:adcb ％dl,％bh;(BH)=(BH)+(DL)+CF

设指令执行前(BH)=96H,(DL)=6DH,CF=1,则执行后(BH)=04H,(DL)不变,SF=0,PF=0,ZF=0,OF=0,CF=1,AF=1。

【例 4.3】 假设 R[ax]＝FFFAH,R[bx]＝FFF0H,则执行 Intel 格式指令"addw %bx,%ax"后,AX、BX 中的内容各是什么? 标志 CF、OF、ZF、SF 各是什么? 要求分别将操作数作为无符号数和带符号整数解释并验证指令执行结果。

解:功能:R[ax]←R[ax]＋R[bx],指令执行后的结果如下:

R[ax]＝FFFAH＋FFF0H＝FFEAH,BX 中内容不变

    CF＝1,OF＝0,ZF＝0,SF＝1

若是无符号整数运算,则 CF＝1,说明结果溢出。

验证:FFFA 的真值为 65535－5＝65530,FFF0 的真值为 65515

    FFEA 的真值为 65535－21＝65514≠65530＋65515,即溢出

若是带符号整数运算,则 OF＝0,说明结果没有溢出。

验证:FFFA 的真值为－6,FFF0 的真值为－16

    FFEA 的真值为－22＝－6＋(－16),结果正确,无溢出

3. 减法指令 SUB

SUB 实现两个操作数目的操作数和源操作数的相减,结果存入目的操作数中。

目的操作数为任一通用寄存器或存储器操作数,源操作数为立即数或任一通用寄存器或存储器操作数。

例如:subw %cx,%bx

若在指令执行前,(BX)＝9543H,(CX)＝28A7H,则指令执行后,(BX)＝6C9CH,(CX)＝28A7H,CF＝0,OF＝1,ZF＝0,SF＝0,AF＝1,PF＝1。

4. 带借位的减法指令 SBB

目的操作数减去源操作数,其结果再减去进位标志的内容,将最后的结果送至目的操作数,两个操作数要同时为字或字节,在进行减法运算时,若有借位就置 CF 为 1,否则 CF 清零。故当执行 SBB 指令时,若 CF 已置 1(即在这以前有借位产生)时,则其差再减 1;若 CF 为 0(即没有借位产生)时,则其差就减 0。

减法实际上是用加法做的,即两个源操作数的补码相加,把 CF 也取反求补码[0 的补码为 0,－1 的补码为 11111111(8 位时)或 1111111111111111(16 位时)],然后再做加法。

例如:(DL)＝03H,(BL)＝64H,CF＝1。

指令:sbbb %dl,%bl 的执行结果是:(BL)＝60H,运算过程如下。

```
        01100100      ;64H
        11111101      ;-03H 的补码
  +     11111111      ;-1 的补码
      _____
        01100000
```

5. 单目运算指令 INC 和 DEC

INC 指令用于使某数加 1 后送给自己,DEC 指令用于使某数减 1 后送给自己。

此两条指令通常用于循环程序中修改指针和循环次数。

例如:

incw %bx   ;(BX)＝(BX)＋1

decb %al   ;(AL)＝(AL)－1

6. 乘法指令 MUL

指令中只给出一个源操作数,另一个源操作数隐含在累加器 AL/AX/EAX 中,将源操作数和累加器内容相乘,结果存放在 AX(16 位时)或 DX-AX(32 位时)或 EDX-EAX(64 位时)中。DX-AX 表示 32 位乘积的高、低 16 位分别在 DX 和 AX 中。其操作如图 4.16 所示。

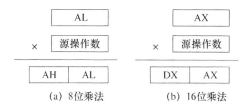

图 4.16　乘法运算

例如:若 AL 为 05H,BL 为 16H,则执行 mulb %bl 指令,执行后 AX＝?

MUL 指令的功能是乘法指法,且隐含了被乘数 AL,乘数为 BL,所以(AX)＝(AL) * (BL)＝05H * 16H＝6EH。

乘法指令 MUL 也可以明显地给出两个操作数或三个操作数。若指令中给出两个操作数 DST 和 SRC,则将 DST 和 SRC 相乘,结果存放在 DST 中。若指令中给出三个操作数 REG、SRC 和 IMM,则将 SRC 和立即数 IMM 相乘,结果存放在寄存器 REG 中。

【例 4.4】　假设 R[eax]＝000000B4H,R[ebx]＝00000011H,M[000000F8H]＝000000A0H,请问:执行指令"mulb %bl"后,哪些寄存器的内容会发生变化?是否与执行"imulb %bl"指令所发生的变化一样?为什么?请用该例给出的数据验证自己的结论。

解:"mulb %bl"的功能为 R[ax]←R[al]×R[bl],执行结果如下:

R[ax]＝B4H * 11H(无符号整数 180 和 17 相乘)

R[ax]＝0BF4H,真值为 3060＝180 × 17

"imulb %bl"的功能为 R[ax]←R[al]×R[bl]

R[ax]＝B4H * 11H(带符号整数－76 和 17 相乘)

R[ax]＝FAF4H,真值为－1292＝－76 × 17

7. 除法指令 DIV

格式:DIV SRC

功能:参加运算的除数和被除数是无符号数,使用 DIV 指令,其商和余数也均为无符号数。除法指令 DIV 只能明显给出除数,用累加器 AL/AX/EAX 中的内容除以指令中指定的除数。若源操作数为 8 位,则 16 位的被除数隐含在 AX 寄存器中,商送为 AL,余数在 AH 中;若源操作数为 16 位,则 32 的被除数隐含在 DX-AX 寄存器中,商送加 AX,余数在 DX 中;若源操作数是 32 位,则 64 位的被除数隐含在 EDX-EAX 寄存器,商送回 EAX,余数在 EDX 中。

其操作如图 4.17 所示。

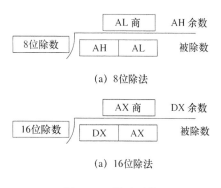

图 4.17　除法运算

例如:若 AX 为 1005H、BL 为 17H,则 divb %bl 指令执行后 AX=?

无符号数除法直接相除,所以 1005H/17H=4101/23,商为 178,余数为 7,即(AL)=B2H、(AH)=07H,因此,(AX)=07B2H。

8. 比较指令 CMP

计算目的操作数-源操作数,但并不保存结果,仅仅根据计算结果对标志寄存器进行设置。

该指令与 SUB 指令一样执行减法操作,但有一点不同,该指令不保存结果,即指令执行后,目的操作数和源操作数两个操作数的内容不会改变,执行这条指令的主要目的是根据操作的结果设置状态标志。CMP 指令后,通常紧跟着一条条件转移指令,根据比较结果使程序产生分支,比较指令执行后影响所有的状态标志位,根据状态标志位便可判断两个操作数的比较结果。

比如,指令 CMP AX,AX,做(AX)-(AX)运算,结果为 0,但结果并不在 AX 中保存,仅影响 FLAG 中的相关状态标志位。指令执行后:ZF=1,PF=1,SF=0,CF=0,OF=0。

下面的指令:

```
movw $ 8,%ax
movw $ 3,%bx
cmpw %bx,%ax
```

执行后:(AX)=8,(BX)=3,ZF=0,PF=0,SF=0,CF=0,OF=0。

如何利用状态标志位来判断两操作数的关系呢? 其实,我们通过 CMP 指令执行后,从相关状态标志位的值就可以看出比较的结果。

CMP AX,BX

如果(AX)=(BX),则(AX)-(BX)=0,所以 ZF=1;

如果(AX)≠(BX),则(AX)-(BX)≠0,所以 ZF=0;

如果(AX)<(BX),则(AX)-(BX)将产生借位,所以 CF=1;

如果(AX)≤(BX),则(AX)-(BX)即可能借位,结果可能为 0,所以 CF=1 或 ZF=1;

如果(AX)>(BX),则(AX)-(BX)既不必借位,结果又不为 0,所以 CF=0 并且 ZF=0;

如果(AX)≥(BX),则(AX)-(BX)不必借位,所以 CF=0。

可以看出比较指令的设计思路是通过做减法运算,影响标志寄存器,标志寄存器的相关位记录了比较的结果。

反过来看上面的例子。指令 CMP AX,BX 的逻辑含义是比较 AX 和 BX 中的值,如果执行后:

ZF=1,说明(AX)=(BX);

ZF=0,说明(AX)≠(BX);

CF=1,说明(AX)<(BX);

CF=0,说明(AX)≥(BX);

CF=0 并且 ZF=0,说明(AX)>(BX);

CF=1 或 ZF=1,说明(AX)≤(BX)j。

4.3.3 按位运算指令

在目前计算机广泛应用的情况下,计算机大量的工作不是进行算术运算,而是进行信息处理、信息传送,这些都需要大量的位运算。位运算指令分为逻辑运算和移位运算两类,逻辑运算指令可对操作数执行的逻辑运算包括逻辑与、逻辑或、逻辑非、逻辑异或等,移位指令执行对操作数逻辑移位、循环移位等。

1. 逻辑运算

(1) 逻辑与运算指令 AND

对两个操作数实现按位逻辑"与"运算,结果送回目的操作数中,可实现字节或字的"与"运算,本指令主要用于修改目的操作数,用于使某些位置清 0,某些位不变,需要清 0 的位与 0"与",不变的位与 1"与"。

例如:

andb $ 0x0f,%al;AL 中的高 4 位为 0,低 4 位不变

andw $ 0xbx,%ax;AX 中只保留在 BX 中对应位为 1 的值,其余位变为 0

(2) 逻辑或指令 OR

对两个操作数实现按位逻辑"或"运算,结果送回目的操作数中,可实现字节或字的"或"运算,本指令主要用于修改目的操作数,可使某些位置 1,某些位置不变,需要置 1 的位与 1"或",不变的位与 0"或",也可对两个操作数进行组合操作。

例如:

orb $ 0x05,%al;AL 中的第 0 位和第 2 位置 0,其余位不变

orw %bx,%ax;AX 中将使在 BX 中对应位为 1 的值置 1,其余位不变

(3) 逻辑非指令 NOT

完成对操作数按位求反运算,结果送回原操作数,可实现取操作数的反码运算。

例如:

notb %al 　　;字节按位取反操作

(4) 逻辑异或指令 XOR

对两个操作数实现按位"异或"运算,结果送回目的操作数中。

异或操作指令主要用在使一个操作数中的若干位维持不变,而另外若干位取反的操作场合,把要维持不变的这些位与 0 相"异或",而把要取反的这些位与 1 相"异或"。

例如:

　　movb $ 0x34,%al;(AL)=00110100B,符号 B 表示二进制数

　　xorb $ 0x0f,%al 　;(AL)=00111011B

例如,要使 AX 的 1、3、5 和 15 位置反,0、2、4 和 13 位清 0,6、10、12 和 14 位置 1,其余位不变,指令代码如下:

xorw $ 0x802a,%ax;AX 与 1000 0000 0010 1010B 异或操作

andw 0xdfea,%ax;AX 与 1101 1111 1110 1010B 与操作

orw $ 0x5440,%ax;AX 与 0101 0100 0100 0000B 或操作

2. 移位运算

(1) 逻辑左移指令 SHL

对给定的目的操作数(8 位或 16 位)左移,最高位移入进位标志位 CF 中,移位后空出的最低位补零;因左移 1 位相当于将一个无符号数倍增(乘 2),故本指令又常用作数的倍增操作,其操作示意如图 4.18 所示。

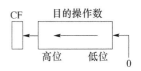

图 4.18　SHL 指令操作过程

例如,不用乘法指令编写程序段实现 AX 乘以 10 送 AX 中(假设不会溢出):

shlw $ 1,% ax

movw % ax,% bx

shlw $ 1,% ax

shlw $ 1,% ax

addw % bx,% ax

(2) 逻辑右移指令 SHR

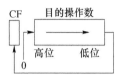

图 4.19　SHR 指令操作过程

对给定的目的操作数(8 位或 16 位)右移,最低位移入标志位 CF 中,左边最高位空位补零,SHR 指令适用于将一无符号数减半,右移 1 位等于将数除以 2。其操作示意如图 4.19 所示。

例如,将 AL 中的压缩 BCD 码转化为两个字节的 ASCII 码送 BX。

movb % al,% bh

movb $ 4,% cl

shr % cl,% bh;右移 4 位,获取高 4 位

add $ 0x30,% bh;加 30H 变成相应的 ASCII 码

mov % al,% bl

and $ 0x0f,% bl;高 4 位清 0,获取低 4 位

orb $ 0x30,% bl;或 30H 变成相应的 ASCII 码

movbbh,al

(3) 循环左移指令 ROL

将目的操作数中的 8 位或 16 位二进制数向左移动 1 位或 CL 位,从左边移出位既移入 CF 又移入右边的空出位,最后移出位移至最右边位(即最低位),同时保留在 CF。其操作示意如图 4.20 所示。

例如:

AL = abcdefgh　　;abcdefgh 均为二进制数 1 或 0、CL = 5,循环左移指令

rolb % cl,% al;执行后,AL = fghabcde、CF = e

(4) 循环右移指令 ROR

ROR 指令与 ROL 指令类似,只是目的操作数(字或字节)中的各位循环右移,而不是循环左移,操作示意如图 4.21 所示。

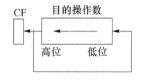

图 4.20　ROL 指令操作过程

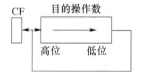

图 4.21　ROR 指令作过程

循环移位时移出操作数的位并不丢失,而是循环送回操作数的另一端。移位的位数也由计数值操作数规定,计数值可以指定为常数 1,或指定为 CL 寄存器。

4.3.4　控制转移指令

汇编语言程序中指令的执行顺序是由段寄存器 CS 和指令指针寄存器 IP 的内容来决定的,CS 寄存器中存放有当前代码段的基址,IP 的内容为要执行的下一条指令距当前代码段段首的位移量,即偏移地址。两者的结合是下一条待执行指令的起始地址,作用是用来控制程序的执行流程,转移指令可改变 IP 或 CS、IP 的内容,从而控制指令的执行顺序,实现指令转移、程序调用等功能。

1. 无条件转移指令 JMP

格式:JMP LABEL

功能:JMP 指令无条件地将控制转移至由标号所指定的位置执行,即程序无条件地跳转到目标地址。

转移的目标地址在指令中可直接使用标号,标号用来说明可执行指令在汇编语言程序中的位置,是某条指令起始地址的标志,定义标号与高级语言一样,标号名后加“:”即可。

例如:

```
movw $ 0x1212,%ax
JMP S
addw $ 0x0001,%ax
S:addw $ 0x0002,%ax
```

上面的程序执行后,AX 中的值为 1214H,因为执行 JMP S 后,越过第一条加法指令 addw $ 0x0001,%ax,程序转向了标号 S 处的 addw $ 0x0002,%ax。也就是说,程序只进行了 AX 加 0002H 的操作。

2. 循环指令 LOOP

格式:LOOP LABEL

功能:遇 LOOP 指令,首先使寄存器 CX 减 1,然后判断 CX 是否为 0。如果 CX 不为 0,则转移到由标号指定处执行;否则顺序执行 LOOP 指令之后的其他指令,如图 4.22 所示。

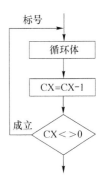

循环指令一般使用 CX 寄存器每次递减作为计数器,来控制循环次数。

例如,求 10～1 的累加和送 AX:

```
movw 0x000a,%cx
movw 0x0000,%ax
L:addw %cx,%ax
loop L
```

图 4.22　LOOP 指令功能

上面的程序开始执行时,计数器 CX 中的初值为 10,AX 寄存器作为累加器,初始值为 0,每循环一次 AX 寄存器自动累加 CX 中的值,执行 LOOP L 后,CX 自减 1,然后判断 CX 是否为 0,若不为 0,CX 自动减 1,重新转到标号地址处执行循环,直到 CX 为 0 为止。最终,AX 中存放的就是题目表达式中要计算的数值。

3. 按标志位转移

按标志位转移共有 10 条指令,除 AF 标志位外其余 5 个状态标志位均可用于产生转移。

ZF：JZ（JE）/JNZ（JNE），CF：JC（JB，JNAE）/JNC（JAE，JNB），OF：JO/JNO，PF：JP（JPE）/JNP（JPO），SF：JS/JNS。"/"前面的指令为相应标志为 1 时转移，而后面的指令则为相应标志为 0 时转移，括号内的指令与前面的指令完全等价。这类指令后均跟标号。

4．按数据大小转移

无符号数的大于、大于等于、小于和小于等于的转移指令分别为：JA（JNBE），JAE（JNB，JNC），JB（JNAE，JC）和 JBE（JNA）。

有符号数的大于、大于等于、小于和小于等于的转移指令分别为：JG（JNLE），JGE（JNL），JL（JNLE）和 JLE（JNG）。

4.3.5　IA-32 汇编语言实例

例如，假设（EAX）＝000000B4H，（EBX）＝00000011H，[000000F8H]＝000000A0H，执行指令"MULB %BL"后，哪些寄存器的内容会发生变化？

因为（EAX）＝000000B4H，（EBX）＝00000011H，所以（AL）＝B4H，（BL）＝11H，指令"MULB %BL"中指出的操作数为 8 位，故指令的功能为"（AX）＝（AL）　（BL）"，因此，改变内容的寄存器是 AX，指令执行后（AX）＝0BF4H。

例如，说明每条指令的含义：

```
push %ebp              ;寄存器 EBP 中的双字压入栈中
movl %esp,%ebp         ;寄存器 ESP 中的内容传送给 EBP,双字传送
movl 8(%ebp),%edx      ;(EBP)加偏移量8,传送给 EDX,双字传送
movb $ 255,%bl         ;立即数255传送给寄存器 BL,字节传送
```

MMX 与 SSE

MMX：是 MultiMedia eXtensions（多媒体扩展）的缩写，是第六代 CPU 芯片的重要特点。MMX 技术是在 CPU 中加入了特地为视频信号（Video Signal），音频信号（Audio Signal）以及图像处理（Graphical Manipulation）而设计的 57 条指令，目的是提高计算机的多媒体（如立体声、视频、三维动画等）处理功能。在 MMX 指令集中，借用了浮点处理器的 8 个寄存器，这样导致了浮点运算速度降低。

由于 MMX 指令并没有带来 3D 游戏性能的显著提升，1999 年 Intel 公司在 Pentium II-ICPU 产品中推出了数据流单指令序列扩展指令（SSE）。SSE 兼容 MMX 指令，它包括 70 条指令，其中包含单指令多数据浮点计算、额外的 SIMD（单指令多数据技术）整数和高速缓存控制指令。其优势包括：更高分辨率的图像浏览和处理、高质量音频、MPEG2 视频、MPEG2 加解密；语音识别占用更少 CPU 资源；更高精度和更快响应速度。

SSE2 是 Intel 在 P4 的最初版本中引入的，这个指令集添加了对 64 位双精度浮点数的支持。这个指令集还增加了对 CPU 的缓存的控制指令。

SSE3 是 Intel 在 P4 的 Prescott 版中引入的指令集。SSE3 新增了 13 条指令，其中一条用于视频解码，两条用于线程同步，其余的用于复杂的数学运算、浮点数与整数之间的转换及 SIMD 浮点运算，使处理器对 DSP 及 3D 处理的性能大为提升。2005 年，作为 SSE3 指令集的补充版本，SSSE3 出现在酷睿微架构处理器中，新增 16 条指令，进一步增强 CPU 在多媒体、图形图像和 Internet 等方面的处理能力。

2008 年,SSE4 指令集发布。这是英特尔自 SSE2 之后对 ISA 扩展指令集最大的一次升级扩展。新指令集增强了从多媒体应用到高性能计算应用领域的性能,同时还利用一些专用电路实现对于特定应用加速。SSE4 分为 4.1 和 4.2 两个版本。SSE 4.1 版本的指令集新增加了 47 条指令,主要针对向量绘图运算、3D 游戏加速、视频编码加速及协同处理的加速。此外 SSE4.1 还加入了 6 条浮点型运算指令,支援单、双精度的浮点运算及浮点产生操作。SSE4.1 指令集还加入了串流式负载指令,可提高图形帧缓冲区的读取数据频宽,理论上可获取完整的缓存行,即单次性读取 64 位而非原来的 8 位,并可保持在临时缓冲区内让指令最多带来 8 倍的读取频宽效能提升。SSE4.2 包含 7 条指令,主要针对字符串和文本处理。例如,对 XML 应用进行调整查找和对比等。

4.4　C 语言程序的机器级表示

用任何高级语言编写的源程序最终都必须翻译(汇编、解释或编译)成以指令形式表示的机器语言,才能在计算机上运行。本节用 C 语言和 IA-32 指令系统介绍高级语言源程序转换为机器代码的一些基本问题。

4.4.1　过程调用语句的汇编指令表示

汇编语言中的调用指令 CALL 和返回指令 REL 是用于过程调用的主要指令,它们都属于无条件转移指令,都会改变程序执行的顺序。为了支持嵌套和递归调用,通常利用栈来返回地址、入口参数和过程内部定义的非静态局部变量,因此,CALL 指令在跳转到被调用过程执行之前先要把返回址压栈,RET 指令在返回调用过程之前要从栈中取出返回地址。

下面以一个简单的例子来说明过程调用的机器级实现。假定有一个过程 add 实现两个数相加,另一个过程 caller 调用 add 以计算 125+80 的值,对应的 C 语言程序如下:

```
int add(int x,int y)
{
return x + y;
}
int caller()
{
int temp1 = 125;
int temp2 = 80;
int sum = add(temp1,temp2);
return sum;
}
```

经 gcc 编译后 caller 过程对应的代码如下:

```
pushl    %ebp
movl     %esp,%ebp
subl     $ 24,%esp
movl     $ 125, −4(%ebp);将 125 送入 EBP 中的内容和 −4 相加得到的地址中
movl     $ 80, −8(%ebp);将 80 送入 EBP 中的内容和 −8 相加得到的地址中
```

```
movl    −8(%ebp),%eax;将 80 送入寄存器 EAX
movl    %eax,4(%esp);即将 temp2 入栈
movl    −4(%ebp),%eax;将 125 送入 EAX
movl    %eax,(%esp);即将 temp1 入栈
call    _add;调用 add,将返回值保存在 EAX 中
movl    %eax,−12(%ebp);add 返回值送 sum
movl    −12(%ebp),%eax;sum 作为 caller 返回值
leave
ret
```

4.4.2　选择语句的汇编指令表示

C 语言主要通过选择结构(条件分支)和循环结构语句来控制程序中语句的执行顺序,有 9 种流程控制语句,分成三类:选择语句、循环语句和辅助控制语句,如图 4.23 所示。

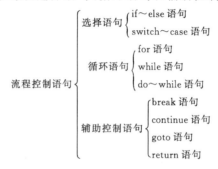

图 4.23　C 语言中的流程控制语句

以 if~else 语句的机器级表示为例,if~(then)、if~(then)~else 选择结构根据判定条件来控制一些语句是否被执行。其通用形式如下:

if(expr)
        then_statement
else
        else_statement

其中,expr 是条件表达式,根据其值为非 0(真)或 0(假),分别选择 then_statement 或 else_stastement。

以下是一个求最小值的 C 语言函数:

int min(int * p1,int * p2)
{
if(p1>p2)
return * p2;
else
return * p1;
}

以下汇编代码能够正确完成上述函数的功能:

        movl 8(%ebp),%eax;(EAX) = p1
        movl 12(%ebp),%edx;(EDX) = p2

```
        cmpl  ％edx,％eax        ;比较 p1 和 p2,根据结果置标志位
        jbe L1                   ;若 p1＜＝p2,则转 L1 处
        movl（％edx）,％eax       ;p2 的值传送给寄存器 EAX
        jmpL2                    ;无条件转到 L2 处执行
L1:
   movl(％eax),％eax            ;p1 的值传送给寄存器 eax
L2:
```

4.4.3　循环结构和汇编指令表示

图 4.23 总结了 C 语言中的所有程序控制语句,其中循环结构有三种:for 语句、while 语句和 do～while 语句。大多数编译程序将这三种循环结构都转换为 do～while 形式来产生机器级代码,下面仅介绍 do～while 语句的机器级表示。

C 语言中的 do～while 语句形式如下:

```
do
{
    loop_body_statement
}while(expr);
```

该循环结构的执行过程可以用以下机器级语言的低级行为描述结构来描述。

```
loop:
    loop_body_statement
    c＝expr;
if(c) goto loop;
```

在上述结构对应的机器级代码中,loop_body_statement 用一个指令序列来完成,然后用一个指令序列实现对 expr 的计算,并将计算或比较的结果记录在标志寄存器中,然后用一个条件转移指令来实现"if(c)　goto loop;"的功能。

下面是一个求 $1\sim n$ 的累加和的 C 语言函数:

```
int sum(int n)
{
int i＝0;
int result＝0;
do
    {
        i＝i＋1;
result＝result＋i;
}while(i＞n);
}
```

根据上述对应的 C 语言代码,经 gcc 编译后,得到的汇编代码如下:

```
    movl  ＄0,－4(％ebp);初始化循环变量 i＝0
    movl  ＄0,－8(％ebp);初始化累加和 result＝0
L2: addl  ＄1,－4(％ebp);i＝i＋1
    movl  －4(％ebp),％eax;把 i 的值传送到寄存器 EAX 中
    addl  ％eax,－8(％ebp);即 result＝result＋i
```

```
movl   -4(%ebp),%eax;将变量 i 的值传送到寄存器 EAX 中
cmpl   8(%ebp),%eax;比较 n 与 i 的值,同时置标志位
jg  L2;若 n>i,跳转到 L2 处继续执行
```

4.4.4 数组的分配和访问

数组是将同类基本数据类型的数据组合而成的。因此在指令级这个层面上,数组不可能存放在立即数或寄存器中,而是分配在存储器中。对于数组的访问和处理,编译器最重要的是找到一种简便的数组元素地址的计算方法。

1. 数组元素在内存的存放和访问

一维数组的定义如下:

存储类型 数据类型 数组名[元素个数]

例如,定义一个具有 4 个元素的静态存储型 short 数据类型数组 A,可以写成"static short A[4];",我们知道,第 $i(0{\leqslant}i{\leqslant}3)$ 个元素的地址计算公式为 &A[0]+2*i。那么在指令中如何取数组的第 i 个元素呢?

假定数组 A 的首地址存放在 EDX 中,i 存放在 ECX 中,现要将 A[i]取到 AX 中,则所用的汇编指令是:

movw (%edx,%ecx,2),%ax

其中,ecx 为变址(索引)寄存器,在循环体中增量。表 4.7 给出了数组定义及其内存存放情况示例。

表 4.7　数组定义及其内存存放情况示例

数组定义	数组名	数组元素类型	数组元素大小(B)	数组大小(B)	起始地址	元素 i 的地址
char S[10]	S	char	1	10	&S[10]	&S[0]+i
char * SA[10]	SA	char *	4	40	&SA[0]	&SA[0]+4*i
double D[10]	D	double	8	80	&D[0]	&D[0]+8*i
double * DA[10]	DA	double *	4	40	&DA[0]	&DA[0]+4*i

2. 分配在静态区的数组的初始化和访问

数组的存储类型可以为静态存储型(static)、外部存储型(extern)、自动存储型(auto)。其中,只有 auto 型的数组被分配在栈中,其他的存储类型都被分配在静态数据区。

分配在静态数据区的数组在编译、链接时就可以确定在静态区中的数组的地址,所以在编译、链接阶段就可将数组首地址和数组变量建立联系。例如:

```
int main ()
{
    staticint ary[2] = {10,20};
int i,sum = 0;
for (i = 0; i<2; i++)
    sum+ = ary[i];
return sum;
}
```

ary 是静态存储型的数组,因此是在静态区分配的数组,链接后,ary 在可执行目标文件的数据段中分配了空间:

08048908 ＜ary＞:

08048908:　0A 00 00 00 14 00 00 00

此时,buf＝＆buf[0]＝0x08048908

编译器通常将其先存放到寄存器(如 EDX)中,假定 i 被分配在 ecx 中,sum 被分配在 eax 中,则"sum＋＝buf[i];"可用以下指令实现:

addl (％edx,％ecx,4),％eax

3. 数组与指针

在 C 语言中,指针与数组的关系非常密切。在指针变量目标数据类型与数组类型相同的前提下,指针变量可以指向数组或数组中任意元素。

以下两个程序段功能完全相同,都是使 ptr 指向数组 a 的第 0 个元素 a[0]。a 的值就是其首地址,即 a＝＆a[0],因而 a＝ptr,从而有 ＆a[i]＝ptr＋i＝a＋i 以及 a[i]＝ptr[i]＝ ∗ (ptr＋i)＝ ∗ (a＋i)。

(1) int　a[10];

int　∗ ptr＝＆a[0];

(2) int　a[10],∗ ptr;

ptr＝＆a[0];

假定数组 A 的首地址 sa 在 ecx 中,i 在 edx 中,int 型占 4 个字节,表达式结果在 eax 中,表 4.8 给出了各表达式的计算方式以及汇编代码。序号为 2、3、6 和 7 对应汇编指令都需访存,指令中源操作数的寻址方式分别是"基址""基址加比例变址""基址加比例变址"和"基址加比例变址加位移"的方式,因为数组元素的类型为 int 型,故比例因子为 4。

表 4.8　数组元素及指针变量的表达式计算示例

序号	表达式	类型	汇编代码
1	A	int ∗	leal　(％ecx),％eax
2	A[0]	int	movl　(％ecx),％eax
3	A[i]	int	movl　(％ecx,％edx,4),％eax
4	＆A[3]	int ∗	leal　12(％ecx),％eax
5	＆A[i]－A	int	movl　％edx,％eax
6	∗ (A＋i)	int	movl　(％ecx,％edx,4),％eax
7	∗ (＆A[0]＋i－1)	int	movl　－4(％ecx,edx,4),％eax
8	A＋i	int ∗	leal　(％ecx,％edx,4),％eax

习　　题

1. 一条汇编指令由_____和_____组成。

2. 一个 CPU 由_____、_____、_____等器件组成。

3. 8086 CPU 的所有寄存器都是 16 位的,可以存放两个字节,其中 _____ 、_____ 、_____ 、_____ 被称为通用寄存器,可以用来存放一般性的数据。

4. 写出每条汇编指令执行后相关寄存器中的值。

MOV AX,52637 AX = _____

MOV AH,31H AX = _____

MOV AL,23H AX = _____

ADD AX,AX AX = _____

MOV BX,636BH BX = _____

MOV CX,AX CX = _____

MOV AX,BX AX = _____

ADD,AX,BX AX = _____

MOV AL,BH AX = _____

MOV AH,BL AX = _____

ADD AH,AH AX = _____

5. 使用最多 4 条汇编指令,编程计算 3 的 4 次方。

6. 用汇编语言编写程序。用加法实现 123×236 的乘法运算,结果保存在 AX 寄存器中。

7. X、Y、Z 及 V 为字变量,编程计数 $(V-(X*Y+Z-540))/X$,商暂存 AX,余数暂存 DX。

8. 求两个数的和。

9. 程序的三种基本结构是什么? 请分别画出各自核心部分的流程图。

10. 下面程序段执行后,AX = _____。

  MOV AX,5858H

  AND AX,0F0FH

11. 标志寄存器设置了哪些标志? 各种标志的作用是什么?

12. 设有 2345H+3219H,试分析对状态标志位的影响。

13. 假设变量 X 被编译器分配在寄存器 AX 中,(AX)=FF80H,则以下汇编代码段执行后变量 X 的值是多少?

  MOVW %AX,%DX

  SALW $ 2,%AX

  ADDL %DX,%AX

  SARW $ 1,%AX

第 5 章　计算机执行程序的过程

众所周知,CPU 是计算机系统的指挥中心,负责计算机程序的执行,同时对数据进行各种处理,并控制计算机其他部件完成需要的操作。

1970 年 Intel 公司推出的 4004 微处理器以及 1974 年推出的 8080 微处理器是现代计算机的开端。随着几十年来集成电路技术的发展,CPU 的频率、功耗、性能等都发生了巨大的变化,但其设计和实现的原理基本一致,现代计算机最突出的特点之一都是采用"存储程序"的工作方式,即程序和数据都存放在计算机存储器中,然后按存储器中的存储程序的首地址执行程序的第一条指令,以后就按照该程序的规定顺序逐条取出程序中的指令执行。通常将指令执行过程中数据所经过的路径(包括路径上的部件)称为数据通路。机器指令的执行就是在数据通路中完成的。

第 1 章我们介绍过,不同的处理器系列具有不同的指令集结构。目前主流的处理器有 Intel 公司的 X86 系列处理器、AMD 公司的 ARM 系列处理器、MIPS 公司的 MIPS 系列处理器以及 IBM 公司开发的 POWER 系列微处理器。Intel 公司的 X86 系列处理器普及于台式机和服务器而被人们所熟知,然而对移动行业的影响力相对较小,该系列处理器具有相同或相互兼容的指令集结构(ISA);AMD 公司的 ARM 系列处理器广泛应用于移动设备的安卓系统,该系列处理器同样具有相同或相互兼容的指令集结构(ISA);MIPS 公司的 MIPS 系列处理器在嵌入式领域中历史悠久,获得了不少的成功,但在移动设备的安卓系统中采用率是三者中最低的,它同样具有相同或相互兼容的指令集结构(ISA);POWER 是 Power Optimization With Enhanced RISC 的缩写,是由 IBM 公司开发的一种指令集架构(ISA)。IBM 公司的很多服务器、微型计算机、工作站和超级计算机都采用了 POWER 系列微处理器。而 PowerPC 架构也是源自 POWER 架构,并应用在苹果公司的 MAC 机(从 2006 年开始,苹果公司逐步转用 Intel 公司的处理器)及部分 IBM 公司的工作站上。

按照 ISA 的复杂程度,ISA 分为复杂指令集计算机(Complex Instruction Set Computer,CISC)和精简指令集(Reduced Instruction Set Computing,RISC)。CISC 的特点是指令系统庞大,指令功能复杂,指令格式、寻址方式多;绝大多数指令需多个机器周期完成;各种指令都可访问存储器;采用微程序控制;有少量的专用寄存器;难以用优化编译技术生成高效的目标代码程序。RISC 的特点是指令格式和长度通常是固定的(如 ARM 是 32 位的指令),且指令和寻址方式少而简单,大多数指令在一个周期内就可以执行完毕。ARM、MIPS 和 Intel 处理器在指令集复杂程序上的区别是,ARM 和 MIPS 都使用精简指令集(RISC),而 Intel 使用复杂指令集(CISC)。

5.1　程序执行的概述

CPU 的执行过程包含以下几个步骤:取出指令、指令译码、指令执行。

（1）取出指令：在 CPU 能够执行某条指令之前，它必须将这条指令从存储器中取出来，此时即将执行的指令地址就存放在程序计数器 PC 中，于是 CPU 根据 PC 地址找到主存中对应的单元，取出相应的指令。

（2）指令译码：当 CPU 把一条指令取出来后，放入 IR（指令寄存器）中，然后对 IR 中的指令操作码进行译码。不同的指令其功能不同，也就是说不同的指令的操作不同。对于复杂指令集，操作码的长度也是不一样的，比如有的指令的高 5 位是操作码，有的指令的高 3 位是操作码。

（3）指令执行：

① 取源操作数：控制器根据指令的地址码字段提供的寻址方式确定源操作数地址的计算方式，从而得到源操作数的地址（可能是存储器、寄存器，或指令本身），进而取出对应的源操作数。

② 执行指令：按照指令操作码字段执行对应的操作，如加法、减法等。

③ 存储目的操作数：把执行的结果存储在目的操作数对应的地址中，在计算目的操作数的地址时，同样要根据该条指令的地址码字段提供的寻址方式确定目的操作数地址的计算方法，从而得到目的操作数的地址（可能会是存储器、寄存器中）存储对应的目的操作数的地址中。

④ 修改下一条指令地址：如果是顺序执行，下条指令地址的计算就比较简单，只需要将 PC 加上当前指令的长度即可；如果是跳转指令时，则需要根据条件标志、操作码和寻址方式等确定下条指令的地址。

在第 4 章 4.1.3 节中我们举了一个 C 语言的例子来说明程序转换的过程，本节继续使用这个 C 语言例子，具体说明上述程序和指令的执行过程。

我们采用第 4 章使用的 C 编译器 gcc（本书采用 Windows 下的 gcc 编译器 MinGW）将程序转换为可执行文件 hello.exe：

gcc-o1 hello.c-o hello

然后我们使用 objdump 的反汇编命令：

objdump-d hello.exe

通过这个命令可以得到 main 函数对应的一段输出结果：

```
00401460 <_main>:
  401460:      55                      push    %ebp
  401461:      89 e5                   mov     %esp,%ebp
  401463:      83 e4 f0                and     $ 0xfffffff0,%esp
  401466:      83 ec 10                sub     $ 0x10,%esp
  401469:      e8 02 05 00 00 call     401970 <_____main>
  40146e:      c7 04 24 64 50 40 00    movl    $ 0x405064,(%esp)
  401475:      e8 56 25 00 00 call     4039d0 <_puts>
  40147a:      b8 00 00 00 00 mov      $ 0x0,%eax
  40147f:      c9                      leave
  401480:      c3                      ret
```

这个结果与 4.1.3 节中通过对 hello.o 反汇编的结果进行比较：

```
  0:      55                          push    %ebp
```

```
1 ：    89 e5                       mov      % esp,% ebp
3 ：    83 e4 f0                    and      $ 0xfffffff0,% esp
6 ：    83 ec 10                    sub      $ 0x10,% esp
9 ：    e8 00 00 00 00 call         e < _main + 0xe >
e ：    c7 04 24 00 00 00 00        movl     $ 0x0,(% esp)
15 ：   e8 00 00 00 00 call         1a < _main + 0x1a >
1a ：   b8 00 00 00 00 mov          $ 0x0,% eax
1f ：   c9                          leave
20 ：   c3                          ret
```

我们发现,两者的结果差不多,只是在可执行文件 hello.exe 反汇编的结果中,左边的地址不再是从 0 开始,其中 main 函数对应的指令序列从存储单元 401460H 开始存放。这是因为 hello.o 是可重定位目标文件,因而目标代码从相对地址 0 开始,冒号前面的值表示每条指令相对于起始地址 0 的偏移量。可执行文件 hello.exe 的代码是在操作系统规定的虚拟地址空间产生的。另外,可重定位文件是由单个模块生成的,而可执行文件是由多个模块组合而成的。从可重定位目标文件到可执行文件需要经过链接器进行链接,链接的具体过程本书不做具体介绍。

在上述反汇编的结果中,总共有三列结果,最左边的一列从 401460H 到 401480H 为机器指令在内存中存放的地址,中间的一列为十六进制表示的机器指令,最右边的一列为每条机器指令对应的汇编指令。

并且,从上述指令可以看出,该函数对应的指令是存放在地址 401460H 开始的存储空间,每条指令的长度是不同的,如第一条指令对应的机器代码为 55H,即长度为 1 个字节,第二条指令对应的机器代码 89H、e5H,即长度为 2 个字节,而第三条指令为 83H、e4H、f0H,即长度为 3 个字节。

另外,每条指令的功能也不一样,如第一条指令的功能是压栈,第二条指令的功能是传送,第三条指令的功能是做加法。

然后,我们再来观察每条指令的操作码和地址码部分。如第一条指令"push ebp",对应的机器码是 55H=01010101B,其中高 5 位 01010 是该条指令的操作码,即执行压栈操作,后三位 101 是地址码,指明源操作数的地址为寄存器 EBP。

最后,我们从第一条指令说明指令执行的过程。

取指令:对于 main 函数的执行,最开始时,PC 中存放的是首地址 401460H,说明下一条即将执行的指令的地址就是 401460H,于是 CPU 根据 PC 的值,从主存 401460H 位置处取出对应的指令,假设每次总是读取最长指令字节数,假定最长字节数是 4 个字节,于是,从 401460H 开始选取 4 个字节到 IR 中,将 55H、89H、E5H、83H 都送到 IR 中。

指令译码:刚刚已经说过了,不同的指令操作是不一样的,比如第一条指令是执行压栈操作,第二条指令是执行传送操作,第三条指令是执行减法操作,这都是由指令的操作码译码得到的。

指令的执行:比如在执行第二条指令"mov % esp,% ebp"时,首先计算源操作数的地址,这里的源操作数就是寄存器 esp,目的操作数就是寄存器 ebp,指令的功能就是将 esp 寄存器中的内容送到目的操作数的地址 ebp 中。

然后重新计算下一条指令的地址,由于是顺序执行,只需要将 PC 的值加上当前指令的长度即可,由于"mov %esp,%ebp"是 2 个字节,即 PC+2,就能得到下一条指令的地址,即 401461+2=401463,这便是下一条指令"and xfffffff0,%esp"的地址。然后重复刚才的取指令、指令译码和指令执行的操作,直到将函数的所有指令执行完成。

5.2　CPU 的基本功能和组成

CPU 中主要包含运算器、控制器以及一系列寄存器。

1. 运算器

运算器的主要功能是对数据进行加工处理,包括通用寄存器组、算术逻辑单元(Arithmetic Logic Unit,ALU)、多路选择器及移位器。

其中运算器的核心部件是 ALU。因为 ALU 能完成整数的加、减、乘、除等算术运算,与、或、非、异或等逻辑运算,以及数据的移位运算等。浮点数据的运算是由专门的浮点运算器完成的,它有可能包含在 CPU 中,也有可能作为单独的协处理器。

运算器内设有若干通用寄存器,构成通用寄存器组,用于暂时存放参加运算的数据和某些中间结果。通用寄存器组对用户是开放的,用户可以通过指令去使用这些寄存器。在运算器中用来提供一个操作数并存放运算结果的通用寄存器称为累加器。多路选择器可以接收通用寄存器组提供的数据,也可以接收其他的数据,如外部送入的数据等。移位器对 ALU 的运算结果进行输出控制。如可以将运算结果左移一位(相当于乘以 2)、右移一位(相当于除以 2)等,如图 5.1 所示。

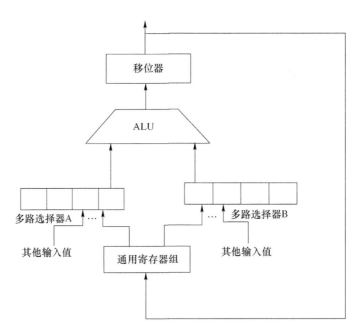

图 5.1　运算器的组成

2. CPU 中的寄存器

寄存器组是指 CPU 在运算或控制的过程中需要暂时存储信息的存储器集合。CPU 中的寄存器主要可分为三类:处理寄存器、控制寄存器及主存接口寄存器。

（1）处理寄存器

① 通用寄存器：这是一组提供给用户访问的、具有多种功能的寄存器。在指令系统中为这些寄存器编了编号，用户可以利用这些寄存器编号编写程序。本书在第 4 章已经介绍过，这里不再赘述。

② 暂存器：用来暂存操作数或中间结果，与通用寄存器的区别是在指令系统中没有给这些暂存器编写编号，因此对用户是透明的，不能访问。

（2）控制和状态寄存器

① 程序计数器 PC：程序计数器又称指令计数器或指令指针 IP，该寄存器的作用是保存下一条即将执行指令的地址，以保证 CPU 在当前指令执行完成后，能自动确定下一条指令的地址。

② 指令寄存器：指令寄存器存放的是现行指令，CPU 从内存中取出指令送到指令寄存器中，然后进行指令的译码和执行工作。

③ 程序状态字寄存器（Program Status Word，PSW）：程序状态字寄存器用来记录数据运算结果的状态，例如，有无进位，有无溢出，运算结果的符号是正还是负，结果是否为零等。这些运算结果的状态信息称为标志（Flag）或条件码（Condition Code），它们合并起来保存到程序状态字 PSW 中。

（3）主存接口寄存器

这是指与主存进行数据交换使用的两个寄存器。

① 存储器地址寄存器 MAR：当 CPU 需要从主存读取指令、操作数或者向主存写入数据时，需要将指令地址（PC 内容）、操作数地址或运算结果的地址送入 MAR，再根据 MAR 提供的地址找到对应的操作数。

② 存储器数据寄存器 MDR：有时也称为数据缓冲寄存器 MBR。写入主存的数据一般先送至 MDR，再送入主存。从主存读出的数据一般也要先送入 MDR，再送入指定的 CPU 中指定的寄存器。

3. 控制器

控制器就是计算机系统的指挥中心，这一部件控制着计算机系统的各个功能部件，保证其能协同工作，自动执行计算机程序。例如，这一部件将控制信号发给寄存器，控制寄存器自动加 1，清 0，输出寄存器的内容；也能控制运算器完成指定的加减乘除运算等；控制器也能通过以恰当的顺序发出相应的内部或外部控制信号，使 CPU 和计算机其他存储器、总线、输入和输出部件完成取指、译码、执行指令所需要的操作。

为了提高 CPU 性能，现代 CPU 还采取了指令流水线技术，即把原来串行的指令执行改为并行执行，从而提高 CPU 的效率。例如一条指令要执行要经过 3 个阶段：取指令、译码、执行，每个阶段都要花费一个机器周期，如果没有采用流水线技术，即串行执行，那么这条指令执行需要 3 个机器周期；如果采用了指令流水线技术，那么当这条指令完成"取指"后进入"译码"的同时，下一条指令就可以进行"取指"了，即并行执行，这样就提高了指令的执行效率。

5.3 时序控制方式与时序系统

在 CPU 的基本组成中,除了上述的运算器、控制器和寄存器组外,还包含时序系统,即在时间上严格控制 CPU 中各个操作的顺序。

5.3.1 时序控制方式

由上述章节可以知道,计算机执行指令的过程包括读取指令、读取源操作数、读取目的操作数、运算、存放结果等各个微操作。即每条指令的执行都对应一个微操作序列,那么这些微操作的执行顺序中有的微操作可以同时进行,有的微操作必须顺序执行,那么时序控制方式就是在时间上控制这些微操作的执行。常用的控制方式分为同步控制、异步控制两大类。

1. 同步控制方式

同步控制的基本特征是将操作时间划分为许多时钟周期,周期长度固定,每个时钟周期完成一步操作。CPU 则按照统一的时钟周期来安排严格的指令执行时间表。各项操作应在规定的时钟周期内完成,一个周期开始,一批操作就开始进行,该周期结束,这批操作也就结束。各项操作之间的衔接取决于时钟周期的切换。

在一个 CPU 的内部,通常只有一组统一的时序信号系统,CPU 内各部件间的传送也就由这组统一的时序信号同步控制。

同步控制方式的特点工作时间决定了时钟周期;设计简单,实现代价小,便于调试。

2. 异步控制方式

异步控制方式是指操作按其需要选择不同的时间,不受统一的时钟周期的约束,各项操作之间的衔接与各部件之间的信息交换采取应答方式。前一个操作完成后给出回答信号,启动下一个操作。

异步控制方式的特点是较快的微操作可在较短的时间内完成;各操作间的衔接采用异步应答的方式;控制复杂,调试难度大。

5.3.2 三级时序系统

由于 CPU 设计时序系统主要是针对同步控制方式,因此本节具体讨论同步控制方式的时序系统。

在同步控制方式中,将时序关系划分为几个层次,称为多级时序。传统计算机都是采用三级时序系统。其中涉及的时序包括指令周期、机器周期、时钟周期以及工作脉冲。

(1)指令周期

指令周期是指从内存取出一条指令并执行该指令所用的时间。不同类型的指令,其指令周期的长短可以不同。通常,以开始取指令作为一个指令周期的开始,即上一个指令周期的结束。有的 CPU 设置有专门的取指标志,但一般都不在时序系统中为指令周期设置完整的时间标志信号,因此一般不将指令周期视为时序的一级。

(2)机器周期(CPU 周期)

将指令周期划分为若干个工作阶段,如取指令、读取源操作数、读取目的操作数、执行等阶段。每个阶段称为一个机器周期,也称为 CPU 周期。机器周期划分的目的是为了更好地安排 CPU 的工作,如取指周期的工作就是取出指令,执行周期就是执行指令等。这是三级时序系统中的第一级时序。

（3）时钟周期（节拍）

一个机器周期的操作可能需要分成几步完成,例如,按变址方式读取操作数,先要进行变址运算才能访存读取。因此又将一个机器周期划分为若干个相等的时间段,每个时间段内完成一步操作,这是时序系统中最基本的时间分段。各时钟周期长度相同,一个机器周期可根据其需要,由若干个时钟周期组成。不同机器周期或不同指令中的同一种机器周期,其时钟周期数目可以不同。这是三级时序系统中的第二级时序。

（4）工作脉冲

在一个时钟周期（节拍）中设置若干个脉冲,用于寄存器的输出、输入等。这是三级时序系统中的第三级时序。

于是,机器周期、时钟周期、工作脉冲构成了三级时序系统。

如图 5.2 所示,一个指令周期包含取指和执行两个机器周期,即机器周期 1 和机器周期 2,这是控制不同阶段操作的时间,机器周期 1 又包含两个时钟周期,即时钟周期 T_1 和时钟周期 T_2,这是控制微操作（计算机系统中最基本的时间段）的时间;时钟周期又是由若干工作脉冲构成,这些工作脉冲主要用来对这些微操作进行定时,如打入 IR（指令寄存器）等。

但是,现代计算机已不再采用三级时序系统,机器周期的概念已经消失,取代的定时信号就是时钟,一个时钟周期就是一个节拍。

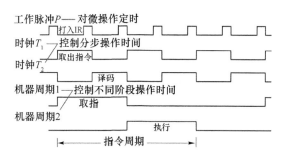

图 5.2　时序信号之间的关系

5.4　数 据 通 路

数据通路是指令执行过程中数据所经过的路径（包括路径上的部件）。ALU、指令寄存器、通用寄存器组、状态寄存器等都可能是数据通路上数据流经的部件。数据通路通常由控制部件进行控制。

数据通路的结构发展至今,经历了很大的变化。最开始是分散连接结构,典型的机型是 IAS 计算机,后来出现了总线式的数据通路结构,包括单总线、双总线和三总线。接着又出现了简单流水线和超标量/动态调度流水线,最近几年又出现了多核 CPU 结构以及 CPU＋GPU（图形处理器）或 CPU＋MIC 协处理器等结构。但是不管数据通路的结构多复杂,其基本原理都是相通的。所以本节以一个简单的分散结构的模型机为例来讲解数据通路的基本原理,希望读者能通过模型机数据通路结构的认识,将所学的知识应用到真实的 CPU 中去。

5.4.1　构造一个模型机

图 5.3 为模型机的数据通路结构。该模型机省略了冯·诺依曼计算机模型中的输入/输出部件,只由 CPU 与主存储器构成。模型机中的数据和指令都存储在主存储器,计算机的处理结果也将保存在主存储器中。

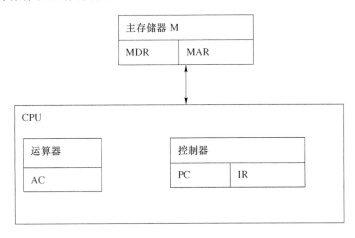

图 5.3　模型机结构

1. 模型机 CPU 中寄存器

① PC:程序计数器,用来保存即将执行的下一条指令的地址。

② AC:累加器,用来保存运算结果和载入数据。

③ IR:指令寄存器,用来保存当前指令。

④ MAR:存储器地址寄存器,用来保存访问存储器时所用的地址。

⑤ MDR:存储器数据寄存器,用于保存存储器读出或写入的数据。

本节假设机器字长为 8 位,内部有一个具备累加功能的数据寄存器 AC,在指令处理所需的一个操作数隐含地来自累加器 AC,指令处理的结果也隐含地存于 AC 中。

2. 指令系统

我们假定在实例计算机上定义出一套简单的指令集,指令字长为 8 位,包括 ADD、LOAD、STORE、JUMP 指令。功能如表 5.1 所示。

表 5.1　实例计算机指令集

指令	功能	备注
ADD　x	AC←AC+Mem[x]	定点加
LOAD　x	AC←Mem[x]	取数
STORE　x	Mem[x]←AC	存数
JUMP　x	PC←x	无条件跳转

其中,ADD 指令是将主存储器中某个指定地址的内容与累加器的内容相加,结果存

放在累加器 AC 中；LOAD 指令是将主存储器中某个指定地址的内容存储到 AC 中；STORE 指令是将累加器 AC 中的内容存储到主存储器中某个指定地址；JUMP 指令是让程序执行流程跳转到某个指定地址，这是通过把该地址直接传送给程序计数器 PC 来完成的。

指令系统采用定义指令格式。前面章节介绍过指令是由操作码和地址码字段构成的，本节假设指令系统格式由操作码字段和地址码字段构成（实际指令系统的格式更复杂），其中低 6 位表示地址码字段，高 2 位表示操作码字段，如图 5.4 所示。

	操作码字段		地址字段			
	7	6	5	4	……	0
ADD	0	0				
LOAD	0	1			Address	
STORE	1	0				
JUMP	1	1				

图 5.4 指令格式

5.4.2 模型机的时序系统

在本例中，采用同步时序控制的方式，即所有的动作均在一个统一的时钟控制下完成。

把一条指令从取指令开始，到指令执行完成所需要的时间，这个时间称为指令周期。一条指令的执行过程包括取指、分析指令和执行指令多个步骤，于是可以把指令周期分为取指周期和执行周期两个阶段，于是设置两个机器周期，分别是取指周期与执行周期。取指周期又包括从存储器中取出指令、译码等微操作，执行周期又包含从存储器取操作数、运算、计算下一条指令地址等微操作。每个微操作必须在有限的时间完成，该段时间称为时钟周期，也称为节拍。

下面为模型机设立下面的三级时序。

1. 机器周期

（1）取指周期 FT

取指周期是每条指令都要经历的周期，因此取指周期的操作，称为公操作。在取指周期阶段需要完成的操作有：根据 PC 的值从主存储器中取出对应的指令，地址送往指令寄存器 IR，并对指令的高 2 位进行译码。

（2）执行周期 ET

所有指令都会进行执行周期，根据指令的操作码决定进行什么操作。

- ADD 指令。在本阶段要完成的操作有：将地址码字段送主存储器取得对应地址的操作数，执行加法操作，即将取得的操作数与 AC 的值相加，并将相加的结果存入 AC 中，然后准备好下一条指令的地址，即 PC＋1→PC。
- LOAD 指令。在本阶段要完成的操作有：将地址码字段送主存储器取得对应地址的操作数，并将操作数存入 AC，然后准备好下一条指令的地址，即 PC＋1→PC。
- STROE 指令。在本阶段要完成的操作有：将地址码字段送主存储器，然后将 AC 的值送到对应地址码的主存储器中，并准备好下一条指令的地址，即 PC＋1→PC。

- JUMP 指令。在本阶段只需要更新 PC 的值,将指令中的地址字段的值赋予 PC,即需要跳转的地址。

2. 节拍(时钟周期)

在同步时序控制下,通常以系统时钟周期为基本单位,将指令周期划分为若干相等的时间段,这个时间段称为一个节拍。节拍一般用具有一定宽度的电位信号来表示,称为节拍电位。节拍电位的宽度就是系统时钟周期。一个机器周期包含若干微操作,这些微操作的执行是有时序要求的,划分好节拍以后,控制器就可以将指令的微操作安排在各个节拍上,使各个控制信号在不同的节拍内变为有效,就可以完成各节拍内的微操作控制。

3. 脉冲

在本例中假设工作脉冲在节拍中,不予考虑。

5.4.3 微操作序列

本节讨论执行模型机上的四条指令的完整的微操作序列。微操作可理解为一个功能部件能够完成的最基本的硬件动作,是控制器需要处理的具有独立意义的最小操作。例如,运算器能够执行的微操作有加法、移位等;存储器能够执行的微操作有 PC 送 MAR,IR 地址字段送 MAR,将访存结果送 MDR 等;控制器能执行的微操作有将 MDR 的内容送 IR,将 IR 的地址字段送 PC,PC+1 送 PC 等。

而一条指令的执行也可分解为若干步微操作的执行。

例如 ADD 指令,可分解为以下的微操作序列:

取指周期
{
PC 送 MAR;
设置存储器读状态;
从存储器取出指令,并将取出的结果送 MDR;
PC+1 送 PC,准备下一条指令的地址;
将 MDR 的内容送 IR;
将 IR 的操作码字段进行译码,IR 地址码字段送 MAR。
}

执行周期
{
设置存储器读状态;
从存储器中取出数据,并送到 MDR;
ALU 将 AC 的内容与 MDR 的内容相加,结果送到 AC 中。
}

LOAD 指令:

取指周期
{
PC 送 MAR;
设置存储器读状态;
从存储器取出指令,并将取出的结果送 MDR;
PC+1 送 PC,准备下一条指令的地址;
将 MDR 的内容送 IR;
将 IR 的操作码字段进行译码,IR 地址码字段送 MAR。
}

执行周期
{
设置存储器读状态;
存储器取数,取出结果送 MDR;
ALU 把 MDR 输出送 AC。
}

STORE 指令：

$$取指周期\begin{cases} PC \text{ 送 MAR；} \\ \text{设置存储器读状态；} \\ \text{从存储器取出指令，并将取出的结果送 MDR；} \\ PC+1 \text{ 送 PC，准备下一条指令的地址；} \\ \text{将 MDR 的内容送 IR；} \\ IR \text{ 操作码字段译码；IR 地址码字段送 MAR。} \end{cases}$$

$$执行周期\begin{cases} \text{存储器设置为写状态；} \\ AC \text{ 送 MDR；} \\ \text{存储器存入 MDR 的内容。} \end{cases}$$

JUMP 指令：

$$取指周期\begin{cases} PC \text{ 送 MAR；} \\ \text{设置存储器读状态；} \\ \text{从存储器取出指令，并将取出的结果送 MDR；} \\ \text{将 MDR 的内容送 IR；} \\ IR \text{ 操作码字段译码；IR 地址码字段送 MAR。} \end{cases}$$

执行周期 $\left\{ \text{IR 地址字段送 PC，准备跳转指令地址。} \right.$

5.4.4 控制器的设计

CPU 的控制器的设计其实就是实现指令周期的控制，即产生各个指令周期微操作所需的控制信号。下面确定出每个阶段微操作的状态。

（1）取指阶段微操作确定

由上述指令微操作分析，所有指令的第一步都是取指，CPU 通过执行如下的微操作序列完成这个任务。

① 将 PC 的地址复制到 MAR 中，由地址寄存器 MAR 驱动并送到 CPU 的地址引脚 $A_0, A_1, \cdots, A_5$ 上，然后把地址送到存储器。确定第一状态 F1 为：

F1：MAR←PC

② CPU 发出 READ 信号，该信号从 CPU 输出给存储器，通知存储器从指定的地址取出数据并发送到数据总线上。由于数据总线与 CPU 的 $D_0, D_1, \cdots, D_7$ 引脚相连，CPU 的 $D_0, D_1, \cdots, D_7$ 引脚与 MDR 相连，因此从存储器取得的数据会送到 MDR 中。确定第二个状态 F2 为：

F2：MDR←M，PC←PC+1

F2 的两个微操作可以同时进行，是因为两个微操作的部件一个是在存储器，另一个是在 PC。另外，之所以在这一步更改 PC 的值，是因为 PC 保存选取指令的地址，那么 PC 在再次执行 F1 之前就应该再改变。如果是顺序执行，PC 的值只需要递增即可，实现 PC 递增有两种方法：一是在执行子周期递增，二是在取指子周期递增。在本例中，我们选择后一种方案，因此更容易实现。即将 PC 递增放到 F2 这一步。

③ 然后将数据寄存器 MDR 送到指令寄存器 IR 中。将 IR 的高 2 位即操作码进行译码；IR 的低 6 位复制到地址寄存器 MAR 中准备取操作数。确定第三个状态 F3 为

F3:IR←MDR,MAR←IR[5,4,…,0]

④ 当 IR 的高 2 位进行译码后,必须判断所取的是哪种指令,从而可以转向正确的执行子周期。对于本例中的简单 CPU 来说有四条指令,因此有 4 个对应的执行子周期,根据操作码 00、01、10、11 转向对应的执行子周期,如图 5.5 所示。

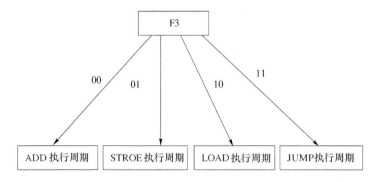

图 5.5　F3 执行子周期

(2) 执行阶段微操作状态确定

ADD 指令:

为了从存储器中取出操作数,在 F3 阶段,需要取的操作数的地址已经送到地址寄存器 MAR,因此到 ADD 指令的执行子周期,CPU 只需要读取存储器输出的数据即可。因此确定 ADD 指令的第一个状态 A1 是:

A1:MDR←M

接着将 MDR 的内容与 AC 的内容相加,因此 ADD 指令的第二个状态 A2 是:

A2:AC←AC+MDR

STORE 指令:

该条指令是将 AC 的内容存储到存储器中,同样,在 F3 阶段,需要存储的地址已经送到地址寄存器 MAR,因此在 STORE 指令的执行子周期,CPU 需要将 AC 的内容存入存储器中,那么需要先将 AC 的值送到 MDR 中,然后将 MDR 的内容送到存储器中,因此 STORE 指令的两个状态 S1 和 S2 是:

S1:MDR←AC

S2:M←MDR

LOAD 指令:

该条指令正好与 STORE 指令相反,是将存储器中的内容装载到 AC 中。同样,在 F3 阶段,需要提取存储器中的数据地址已经送到 MAR 中,因此在 LOAD 指令的执行子周期中,需要将存储器中的数据送到 MDR 中,并将 MDR 的内容送到 AC 中。因此 LOAD 指令的两个状态 L1 和 L2 是:

L1:MDR←M

L2:AC←MDR

JUMP 指令:

该条指令是指 CPU 必须跳转到目标地址开始执行,那可以通过把目标地址复制到程序计数器 PC 中实现。由于 F3 已经把地址存储到数据寄存器的 MDR 中,因此只需要将这个值复制到 PC 中,因此 JUMP 指令的状态 J1 是:

J1:PC←MDR

当然,由于目标地址在 F3 阶段已经复制到 MAR 中,因此也可以使用 PC←MAR。两种方法都是可行的。

5.4.5　实例计算机中的数据通路

现在先列出每个状态的操作:

F1:MAR←PC

F2:MDR←M,PC←PC+1

F3:IR←MDR,MAR←IR[5,4,…,0]

A1:MDR←M

A2:AC←AC+MDR

S1:MDR←AC

S2:M←MDR

L1:MDR←M

L2:AC←MDR

J1:PC←MDR

然后根据以上状态的操作可以设计出实例计算机中的数据通路。图 5.6 是实例计算机的数据通路。

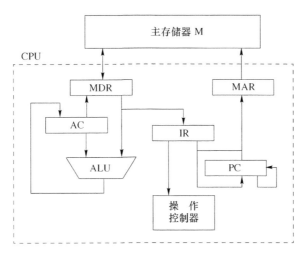

图 5.6　实例计算机数据通路

需要说明的是,早期在设计数据通路时,只是把需要传送数据的部件之间创建一条直接通路,当有多个数据源的寄存器时,选择多路选择器或缓冲器为多个可能的来源选择。这种方法只适用于简单的早期 CPU,随着 CPU 复杂度的增加,这个方法不可行。一种更可行的方案是在 CPU 内创建一条总线,使各个部件的信息交换都通过总线传递。同一时刻,总线上只能有一个部件在发送数据。可以使用缓冲门来控制各个部件向总线发送数据,保证在同一时刻只有一个缓冲门是打开的即可。本例中为了更方便地说明数据通路的过程,采用早期的直接通路的方式。

5.4.6　控制信号的设置

现在设计控制信号产生电路发向五个部件的控制信号。如图 5.7 所示,每个部件对应的控制信号如下:MAR 的装载信号为 MARLOAD,MAR 的输出信号为 MAROUT,PC 的装载信号为 PCLOAD,PC 的自增信号为 PCINC,PC 输出信号为 PCOUT,MDR 的装载信号为 MDRLOAD,输出信号为 MDROUT,AC 的装载信号为 ACLOAD,IR 的装载信号为 IRLOAD,IR 的地址字段输出信号为 IROUT。

硬布线控制设计使用时序逻辑电路和组合逻辑电路来产生控制信号。如图 5.8 所示,主要包括指令译码器,即根据 IR 的操作码字段译码出对应的控制信号,由于本例的状态有 10 个,因此采用 4-16 译码器。节拍电位/节拍脉冲发生器产生同步时钟,控制所有微操作在同一时钟周期内完成。组合逻辑线路即根据译码器得到的状态,设计出每个微操作控制信号的逻辑表达式,并进行化简;最后按此逻辑表达式,用与门、或门和非门等逻辑门电路及触发器来生成对应的控制信号。

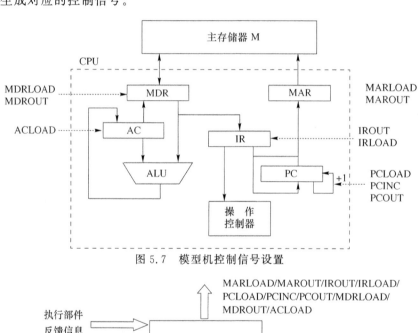

图 5.7　模型机控制信号设置

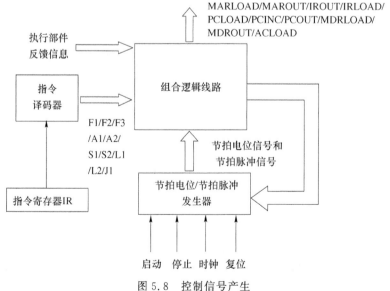

图 5.8　控制信号产生

状态的编码如表 5.2 所示。

表 5.2　状态编码表

状态	状态编码
F1	0000
F2	0001
F3	0011
A1	1000
A2	1001
S1	1010
S2	1011
L1	1100
L2	1101
J1	1110

我们说过,译码器应该是根据指令寄存器 IR 的操作码字段转向不同的状态,本例中是将指令操作码进行转换得到不同的状态编码的,它们的关系如下:

即执行子周期的 A1、S1、L1、J1 的状态编码正好是两位 IR 操作码的前面加上 1,后边加上一个 0,变成四位状态编码。这样的好处是,当执行完成取指阶段,到 F3 时,只需要取出 IR 的操作码部分,前面加上一个 1,后边加上一个 0,就得到了执行子周期的第一个状态。

指令译码器产生的状态信号可以进入组合逻辑线路模块,从而组合成控制 MAR、PC、MDR、IR、ALU 及存储器的控制信号。例如,地址寄存器 MAR 是在状态 F1(MAR←PC)和 F3(MAR←IR[5,4,…,0])期间装载的,通过将这两个状态信号进行逻辑或操作,可以生成 MARLOAD 信号。以下用 v 表示逻辑或的关系:

MARLOAD＝F1 vF3;

同理,其他部件的控制信号为:

PCLOAD＝JMP1;

PCINC＝F2;

PCOUT＝F1;

MDRLOAD＝F1 vA1 vs1 v L1;

MDROUT＝ F3vA2 vS2 vL2

IRLOAD＝F3;

IROUT＝F3;

ACLOAD＝S1vL1;

ACOUT＝F3vA2vS2vL2vJ 1;

当然,我们例子中的模型机是非常简单的,实际微操作控制信号的逻辑表达式有的简单,有的复杂,则对应的逻辑电路有的简单,有的复杂,一台计算机往往有几十个至几百个微操作控制信号,这些控制信号的逻辑电路组合在一起构成的控制单元就是一个多输入和多输出的无规则的树形网络。微操作控制信号越多,线路就越复杂。

早期的组合逻辑控制器是以使用最少器件数和取得最高速度为设计目标,它的最大优点是速度快,但结构不规整,设计、调试和维修都比较困难。而且,控制部件一旦用硬布线固定下来,就很难修改与扩展。

因此随着大规模集成电路的发展,在 20 世纪 70 年代出现了 PLA(可编程逻辑阵列,Programmable Logic Array)实现组合逻辑设计的方法。PLA 由一级"与"门和一级"或"门组成,其输出为输入项的与或式。因此,我们可以根据指令码,时序信号及其他状态等,写出微操作控制信号的逻辑表达式后,由外部写入编码图案,决定哪些矩阵交点应该相连,输出即为微操作的控制信号。PLA 控制能简化设计,有利于大规模集成电路的生产。

随着时代的发展,20 世纪 70 年代末,AMD 推出了可编程阵列逻辑 PAL(Programmable Array Logic);80 年代,Lattice 公司推出了通用阵列逻辑 GAL(Generic Array Logic);80 年代中期,Xilinx 公司推出了现场可编程门阵列 FPGA(Field Programmable GateArray)。Altera 公司推出了可擦除的可编程逻辑器件 EPLD(Erase Programmable LogicDevice),集成度高,设计灵活,可多次反复编程;90 年代初,Lattice 公司又推出了在系统可编程概念 ISP 及其在系统可编程大规模集成器件 ispLSI);现以 Xilinx、Altera、Lattice 为主要厂商,生产的 FPGA 单片可达上千万门,速度可实现 550 MHz,采用 65nm 甚至更高的光刻技术。可编程与阵列及可编程或阵型如图 5.9 所示。

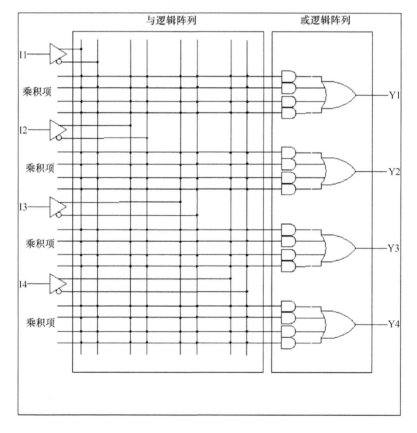

图 5.9　可编程与阵列及可编程或阵型列

5.5　数据通路的发展

在实例计算机中,数据通路是采用分散连接的方式,但这种方式对于简单 CPU 来说是可行的,因为它的规模很小。然后随着 CPU 的复杂度的增加,这种方案将变得不现实。这也是早期计算机采用的结构。随着 CPU 复杂度的增加,后来出现了基于单总线、双总线或三总线的总线式 CPU 结构。再到基于简单流水线和超标量/动态调试流水线 CPU 结构,直到近几年又出现了多核 CPU 以及 CPU＋GPU、CPU＋MIC 协处理器等新的结构。

5.5.1　单总线数据通路

数据通路中的部件之间都连接到同一条总线上,使用总线进行数据传送要保证在同一时刻只有一个部件在总线上发送数据。如图 5.10 所示,可以使用缓冲门来控制各个部件向总线发送数据,只要保证同一时刻只有一个缓冲门是打开的,就可以确定只有一个部件在总线上发送数据。其中 R_0、R_1 以及 R_{n-1} 均为通用寄存器,Y 与 Z 是运算器中的暂存器。

通常在寄存器与总线之间有 R_{in} 和 R_{out} 两个控制信号,当 $R_{in}＝1$ 时,控制将总线上的信息存到寄存器 R 中,当 $R_{out}＝1$ 时,控制寄存器 R 将信息送到总线上去。

四种基本操作的时序控制信号如下,R 表示取寄存器中的内容,M 表示取存储器中的内容:

在寄存器之间传送数据 R[R0]－＞R[Y]

R0out,Yin

完成算术运算 R[R1]＋R[R2]－＞R[R3]

R1out,Yin

R2out,Add,Zin

Zout,R3in

从主存取字 M[R[R1]]－＞ R[R2]

R1out,MARin

Read,WMFC（等待 MFC）)

MDRout,R2in

写字到主存 M[R[R1]]＜－ R[R2]

R1out,MARin

R2out,MDRin,

Write,WMFC（等待 MFC）)

说明:CPU 访存储器有两种通信方式:早期采用异步方式直接访问存储器,即用 MFC等待应答信号,现在多用同步方式,无须等待应答信号。

5.5.2　三总线数据通路

为了提高计算机的性能,必须使每条指令执行所用的时钟周期数尽量少,单总线数据总线中一个时钟周期只允许总线上传送一个数据,因此执行的效率很低,因此后来又出现多总线的数据通路结构。

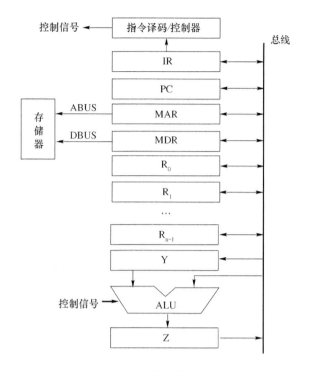

图 5.10　单总线数据通路

　　如图 5.11 所示给出了三总线数据通路结构,所有通用寄存器均采用双口寄存器,允许两个寄存器的内容同时传送到总线 1 和总线 2 上。

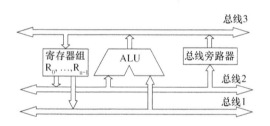

图 5.11　三总线数据通路

　　由图 5.11 可以看出,与单总线结构相比,三总线结构在执行指令时所需要的步骤大大减少,假如,假定三操作数指令 OP R1 R2 R3,功能为将寄存器 R1 与 R2 的内容相加并送到 R3 中,则可用总线 1 和总线 2 传送两个源操作数,用总线 3 传送目的操作数,如果所需要操作通过 ALU 一次就能完成,那么三操作数指令可在一个时钟周期内完成。

5.6　CPU 的流水线技术

　　上一节介绍了总线式的数据通路,由分析可以得知,不管是单总线还是多总线的方式,指令的执行都是串行的,即一条指令执行完成以后才能执行第二条。这种串行方式没有充分利用执行部件的并行性,因此执行效率还是较低。为了加快计算机的处理速度,将工厂中的生产流水线方式引入到计算机内部,构成了计算机的流水线结构。即将多条指令的执行相互重叠起来,从而提高 CPU 执行指令的效率。

5.6.1　流水线的基本概念

下面将指令的执行分为取出指令、分析指令和执行指令三个阶段,之前没有采用流水线的方式执行时,一条指令完成以后,才能取下条指令执行。执行过程如图 5.12 所示。

取指 N	分析 N	执行 N	取指 N+1	分析 N+1	执行 N+1

图 5.12　没有采用流水线方式的指令执行

这种执行指令的方式优点是控制简单,有利于实现程序转移。但缺点是执行速度太慢,而且在执行指令时,主存是空闲的,其实此时有的部件和 CPU 是可以并行工作的,没有充分利用各大部件。

通过分析以上的问题,采用重叠执行方式,即前一条指令执行完成之前或前一条指令分析完成之前,此时就可以从主存中取指令了。如图 5.13 和图 5.14 所示。

取指 N	分析 N	执行 N		
		取指 N+1	分析 N+1	执行 N+1

图 5.13　前一条指令执行完成之前的重叠执行方式

取指 N	分析 N	执行 N	
	取指 N+1	分析 N+1	执行 N+1

图 5.14　前一条指令分析完成之前的重叠执行方式

从上面两种方式来看,相邻的指令能够重叠执行,所以能加快指令的效率,也能有效利用空闲的部件。将上述两种方式进一步加工,采用工厂流水线的方式控制指令的执行,就是指令流水线方式。

流水线数据通路设计原则:指令流水段个数以最复杂指令所用的功能段个数为准;流水段的长度以最复杂功能段的操作所用的时间为准。

例如,模型机的指令 LOAD X,含义是将存储器中 X 地址的内容装载到 AC 中。将 LOAD 指令划分为 5 个阶段,每个阶段涉及的器件如下:

Ifetch(取指):从指令存储器取指令并计算 PC+1。

用到的部件:指令存储器 IR。

Reg/Dec(取数和译码):寄存器取数,同时对指令进行译码。

用到的部件:寄存器堆读口、指令译码器。

Exec(执行):计算内存单元地址。

用到的部件:扩展器、ALU。

Mem(读存储器):从数据存储器中读。

用到的部件:数据存储器。

Wr(写寄存器):将数据写到 AC。

用到的部件:寄存器堆写口。

如图 5.15 所示,进入流水线的指令流,由于后一条指令的第 i 步与前一条指令的 i+1 步同时进行,从而使一串指令总的完成时间大大缩小,做如下的假设,以下单位为 ns (1 ns=10^{-9}s):

Ifetch	Reg/Dec	Exec	Mem	Wr		
	Ifetch	Reg/Dec	Exec	Mem	Wr	
		Ifetch	Reg/Dec	Exec	Mem	Wr
		Ifetch	Reg/Dec	Exec	Mem	Wr

图 5.15   指令流水线

假定以下每步操作所花经时间为

- 取指:2 ns
- 寄存器读:1 ns
- ALU 操作:2 ns   ⎱ Load 指令执行时间总计为:8 ns
- 存储器读:2 ns   ⎰ (假定控制单元、PC 访问、信号传递等没有延迟)
- 寄存器写:1 ns

在单周期模型中,每条指令在一个时钟周期内完成,时钟周期等于最长的 LOAD 指令的执行时间,即 8 ns,当无流水线时,串行执行,N 条指令的执行时间为 8 Nns;采用流水线后,时钟周期等于最长阶段所花时间,为 2 ns,每条指令的执行时间为 2 ns×5=10 ns,N 条指令的执行时间为[5+(N−1)]×2 ns,在 N 很大时,比串行方式提高约 4 倍,因此,我们可以看出流水线方式下,单条指令的执行时间不能缩短,但能大大提高指令的吞吐量。

5.6.2   流水线的特点

(1) 在流水线中处理器的必须是连续任务,只有这样才能充分发挥流水线的效率。

(2) 一个任务的执行过程可以划分成多个有联系的子任务,每个子任务由一个专门的功能部件实现。

(3) 每个功能部件后面都有缓冲存储部件,用于缓冲本步骤的执行结果。

(4) 同时有多个任务在执行;每个任务的功能部件并行工作,但各个功能部件上正在执行的是不同的任务。

(5) 各子任务执行的时间应尽可能相近。

(6) 流水线有装入时间和排空时间,只有流水线完全充满时,流水线的效率才能得到充分发挥。

5.7   流水线中的主要问题

事实上,不是所有指令都能做成流水线方式,因为在流水过程中可能会出现因为两条指令之间存在相关而无法重叠执行或只能部分重叠执行。

相关是指两条指令之间存在某种依赖关系。如果指令之间没有任何关系,那么当流水线有足够的硬件资源时,它们就能在流水线中顺利地重叠执行。但如果两条指令相关,即存在依赖关系,那么它们就不能顺利地完全重叠执行。相关有三种类型:结构相关、数据相关和控制相关。

1. 结构相关

流水线中多条指令在同一时间争用同一个功能部件而导致流水不能继续运行的现象。例如,流水线上的两条指令在同一时间内均要访问主存。

解决方法:

(1) 后续指令冲突部件推后一拍执行(时间上);

(2) 重复设置资源(空间上)。

例如对于访存引起的资源竞争可以用下列方法:用两个存储器:指令存储器/数据存储器;设置指令 Cache/数据 Cache;采用多端口存储器:一个端口用于指令访存,另一个端口用于数据访存等。

2. 数据相关

当相关的指令靠得足够近时,它们在流水线中的重叠执行或重新排序会改变指令读/写操作的顺序,从而导致程序执行逻辑上的错误的现象,该现象称为数据相关冲突。例如,后续指令所需要的操作刚好是前一条指令的运算结果时,便发生数据相关冲突。

解决方法:

后推法:不同拍之间,停顿后继指令的运行,直到前面指令结果生成;在同一拍中,采用推后读、提前写的方法。

在 RISC(简单指令集)中特有的方法是,装载延迟则采用联锁硬件检测,并使流水线停顿,直到相关消除。

相关专用通路法:执行结果除写寄存器外,还可直接送到 ALU 的操作数保存栈中。

3. 控制相关

程序的执行方向可能被改变而引起的流水线障碍,通常是由转移指令引起的,当执行转移类指令进入流水线时,依据转移条件的产生结果,可能为顺序取下一条指令,也可能转移到新的目标地址取指令,从而使流水线发生断流。

处理分支指令最简单的方法是:冻结或者排空流水线。

5.8　高级流水线

为了更进一步加速流水处理器的处理速度,高级流水线技术充分利用指令级并行(ILP)来提高流水线的性能,主要采用的方法有:超流水线和多发射流水线。

超流水线技术是通过细化流水,提高主频,使机器在一个周期内完成多于一个操作,其实质是用时间换取空间。即将流水线的功能段进一步细分,增加功能段数。因为在理想情况下流水段越多,时钟周期越短,指令的吞吐率越高,所以超流水线的性能比普通流水要好。然而,流水线级数越多,用于流水线的寄存器的开销也越大,因此流水线级也不能无限制增加。

多发射流水线技术通过同时启动多条指令(如整数运算、浮点运算、存储器访问等)独立运行来提高指令并行性。如果要实现多发射流水线,要保证数据通路中有多个执行部件,如定点、浮点、乘除等。这种方式是时间重叠和资源重复的综合应用,既采用时间并行性又采用空间并行性,带来的高速效益是最好的。

习 题

1. 解释以下术语：

(1) 时钟周期

(2) 机器周期

(3) 指令周期

(4) 同步时序

(5) 异步时序

(6) 微操作

(7) 节拍

(8) 程序计数器

(9) 指令寄存器

(10) 指令译码器

(11) 指令流水线

2. 简单回答以下问题：

(1) CPU 的基本组成和基本功能是什么？

(2) 简述计算机三级时序系统。

(3) 如何控制一条指令执行结束后能够接着另一条指令的执行？

(4) 通常一条指令的执行要经过哪些步骤？

(5) 在流水线下，一条指令的执行时间缩短了还是加长了？程序的执行时间缩短了还是加长了？

3. 已知 CPU 结构如图 5.16 所示。各部分之间的连线表示数据通路，箭头表示信息传递方向。试完成以下工作：①写出图中四个寄存器 A、B、C、D 的名称和作用；②简述指令 LOAD Y 在执行阶段所需的微操作命令及节拍安排[Y 为存储单元地址，本指令功能为 (Y)→AC]。

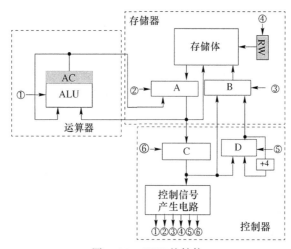

图 5.16　CPU 的结构

第6章 计算机存储程序和数据的方式

6.1 存储器概述

6.1.1 存储器的基本概念

记忆元件/存储元件:用一个具有两种稳定状态,并且在一定条件下,状态可相互转换的物理器件,用来表示二进制数码 0 和 1。

位(bit):一个存储器件所表示的数是二进制数的一位。位是二进制数的最基本单位,也是存储器存储信息的最小单位。

存储字(word):一个二进制数由若干位组成,当一个数作为一个整体存入存储器或从存储器中取出时,这个数称为存储字。

存储单元:若干存储元件(或称为存储元)组成一个存储单元,一个存储单元可以放一个存储字或一个至多个字节(Byte)。

存储体(Memory Bank,MB):由大量存储单元的集合组成一个存储体。各种程序和数据就存放在存储体内,存储体是存储器的核心部分。

存储地址(Address):存储单元的编号称为存储地址,简称为地址。存储地址是存储单元的唯一标志,它们是一一对应的。

地址标明存储单元的物理位置或序号,并不代表存储单元中所存放的内容。一个存储单元可以存放一个全字,也可以存放半字或若干个字节。这就会出现字、字节与地址之间的不同编址关系。采用不同的编址方式就会得到具有相应特性的存储体组织。

6.1.2 存储器的分类

计算机可以使用的存储器种类繁多,一个计算机系统中也总会使用多种存储器来构造一个存储器系统,下面从不同的角度,对存储器进行分类。

1. 按存储器在计算机系统中的作用分类

按在计算机系统中的作用不同,存储器可以分为寄存器型存储器、高速缓冲存储器、主存储器、辅助存储器。

(1)寄存器型存储器

寄存器由电子线路组成,在速度上与 CPU 相匹配。除主机内部的地址寄存器、数据缓冲寄存器和计数器外,现代计算机的 CPU 内部还配有几十个到几百个通用寄存器,这就是寄存器型的存储器,它可用来放即刻要执行的指令和使用的数据。这种类型的存储器是 CPU 内部的组成部分,一般容量很小,长度与机器字长相等。

（2）高速缓冲存储器（Cache）

这种小容量存储器介于主存和 CPU 之间，一般位于 CPU 芯片上，它主要用来存放正在执行的部分程序段或数据，以便向 CPU 高速提供即可执行的指令和数据。高速缓冲存储器的存取速度可以与 CPU 的速度相匹配。

（3）主存储器

主存储器用来存储计算机运行期间所需要的指令和数据，它与 CPU 的关系最为密切，CPU 通过指令可直接访问。其速度与 CPU 差距较大，存储容量较 Cache 大，存取周期可达几纳秒。

（4）辅助存储器

存放当前暂不参与运行的程序和数据，以及一些需要永久性保存的信息。辅助存储器放在主机外部，容量极大，成本极低，但存取速度较低，而且 CPU 不能直接访问。辅助存储器的信息必须通过专门的程序调入内存后，CPU 才能使用。辅助存储器主要有磁表面存储器和光存储器两大类。

2．按存取方式分类

按存取方式，可把存储器分为随机访问存储器、顺序访问存储器、直接存取存储器。

（1）随机访问存储器（Random Access Memory，RAM）

随机访问存储简称随机存储器。通过指令可以随机、单独地对各个存储单元进行访问，一般每个单元的读出时间、写入时间和存取周期基本固定，而与各存储单元所处的地址（位置）无关。主要用作主存储器和高速缓冲存储器。

（2）顺序访问存储器（Sequential Access Memory，SAM）

顺序访问存储器在读写信息时需要按其物理地址的先后顺序寻找地址。访问指定信息所花费的时间与信息所在的地址和位置相关。如磁带存储器，存储容量大，但存取速度慢。

（3）直接存取存储器（Direct Access Memory，DAM）

这是一部分顺序存放的存储器，如磁盘存储器。对它的存取分为两步完成，首先定位到目标位置的一个邻域（如同一磁道上的某点），然后查找扇区，找到精确的目标位置。定位到磁道的操作属于直接存取，而在磁道上查找扇区的操作属于顺序存取，故称其为直接存取存储器。

3．按信息的可更改性分类

按照信息的可更改性，存储器可分为读写存储器（Read/Write Memory，RAM）和只读存储器（Read Only Memory，ROM）。读写存储器中的信息可以读出和写入，RAM 芯片就是一种读写存储器；ROM 存储器芯片中的信息一旦确定，通常情况下只读不写，但在某些情况下也可以重新写入。

4．按存储介质分类

按存储介质，可把存储器分为半导体存储器、磁存储器、光存储器。

（1）半导体存储器

用半导体材料构成的存储器称为半导体存储器，可分为双极型半导体存储器和 MOS 半导体存储器。

（2）磁存储器

用磁性材料利用磁滞回线原理构成的存储器称为磁存储器，可分为磁芯存储器和磁表面存储器。磁芯存储器在现代计算机中已经很少使用,磁表面存储器是用磁性材料涂于载体表面制成,主要有磁盘、磁带和磁鼓。

（3）光存储器

将光学材料利用光学原理制成的存储器称为光存储器,主要是光盘。

5．按信息保存时间分类

按信息保存时间,可把存储器分为易失性存储器和永久性存储器。

（1）易失性存储器

断电(包含瞬时断电)后信息将丢失的存储器称为易失性或非永久性存储器,半导体RAM 是易失性存储器。其中动态 RAM 存储器(DRAM)即使不断电,保存信息的时间为2 ms左右。为了使信息长时间保存必须不断对 DRAM 进行刷新。

（2）永久性存储器

信息可一直保留,不需要电源维持。如磁存储器,光存储器,半导体 ROM 都属于非易失性存储器。

6.1.3　存储器的层次结构

计算机系统对存储器的要求主要体现在三个方面:存储容量大、存取速度快和位价格低,但是很难找到一种存储器能同时满足这三方面的要求,通常,速度快的存储器价格也高,不宜做大;位价格低的存储器可以把容量做大,但速度慢,因此,在计算机中把各种不同容量和不同存取速度的存储器按一定的结构有机地组织在一起,形成层次化的存储器体系结构,程序和数据按照不同的层次存放在各级存储器上,整个存储系统在速度、容量、价格等方面都具有较好的综合性能指标。

图 6.1 是存储系统层次结构,图中由上至下出现下列情况:

① 每位价格越来越低;

② 容量越来越大;

③ 存取时间越来越长;

④ CPU 存取存储器的频度越来越低。

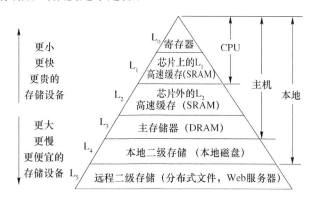

图 6.1　存储系统层次结构

因此,较大、较便宜、较慢的存储器可作为较小、较贵、较快的存储器的补充。这个结构成功的关键是最后一项,即存取频度降低。

如果能够根据以上出现情况的①～③项来组织存储器,而且数据和指令能够根据第④项分布在存储器中,很显然,这个方案在保证给定的性能水平的情况下能降低总体价格。

第④项有效的基础是访问局部性原理。程序访问的局部性原理是指:对于绝大多数程序来说,程序所访问的指令和数据在地址上不是均匀分布的,而是相对簇聚的。程序访问的局部性包含时间局部性和空间局部性两个方面:

时间局部性是指程序马上将要用到的信息很可能就是现在正在使用的信息;典型的例子是循环的反复执行。空间局部性是指程序马上将要用到的信息很可能与现在正在使用的信息在存储空间上是相邻的;这是因为大程序和大数据结构经常是按顺序存放和按顺序访问的。

因此,通过分层结构组织数据,有可能使存取较低层的存取时间百分比低于存取高层的百分比。

存储器的层次结构主要体现在 Cache—主存和主存—辅存这两个存储层次上,三级存储结构如图 6.2 所示。

Cache—主存层次在存储系统中主要对 CPU 访问主存起加速作用,即从整体运行的效果分析,CPU 访存速度加快,接近于 Cache 的速度,而寻址空间和位价却接近于主存。

主存—辅存层次在存储系统中主要起扩容作用,即从程序员的角度看,他所使用的存储器其容量和位价接近于辅存,而速度接近于主存。常用程序和数据存放在主存中,由于主存容量不足,大量的暂时不用的以及主存容纳不下的程序和数据就存放到辅存中。辅存中的信息必须通过调入主存才能被 CPU 访问。

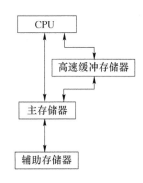

图 6.2 三级存储结构

说明:在 Cache—主存结构中,CPU 既可以直接访问 Cache 的信息,也可以直接访问主存的信息。但在主存—辅存结构中,CPU 和辅存之间没有直接通路,因此,CPU 不能直接访问辅存。

6.2 主存与 CPU 的连接

CPU 通过芯片内的总线接口部件连接到系统总线,然后通过 I/O 桥接器、存储器总线连接到主存,如图 6.3 所示。

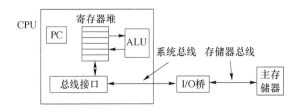

图 6.3 主存与 CPU 的连接

CPU 对存储器进行读写操作,首先由地址总线给出地址信号,然后发出读操作或写操作的控制信号,最后在数据总线上进行信息交流。如果将由若干存储芯片构成的存储器和CPU 看成两个黑盒子,通过地址总线(AB)、数据总线(DB)、控制总线(CB)相联的结构如图 6.4 所示。

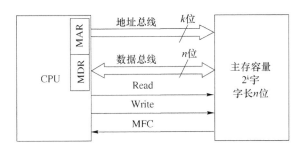

图 6.4　主存和 CPU 的硬连接

存储器地址寄存器(MAR)和存储器数据寄存器(MDR)是主存和 CPU 之间的接口。MAR 可以接受来自程序计数器的指令地址或来自地址形成部件的操作数地址,以确定要访问的单元。MDR 是向主存写入数据或从主存读出数据的缓冲部件。MAR 和 MDR 从功能上看属于主存,但在小型计算机、微型计算机中常放在 CPU 内。

从系统的观点看,主存储器和中央处理器是两个功能模块,两个大模块之间既有硬连接又有软连接。硬连接包括地址线、数据线和控制线。其中 k 位宽的地址线是单向的,n 位宽的数据线是双向的。控制线有若干条,各有各的功能,读/写命令由 CPU 发出传送给存储器,当存储器操作完成后再向 CPU 回送完成信号(MFC)。通常将这三组连线统称为存储总线(MBUS)。而把 MAR 和 MDR 看作存储器与 CPU 之间的接口。所谓软连接,这里指的是访问存储器的指令。基本指令有读指令 READ 和写指令 WRITE。读、写指令都由CPU 发出。硬连接是两大模块之间联系的物理基础,软连接是使两大模块有效工作的关键。

读写的基本操作如下:

(1) 读。读操作是指从 CPU 送来的地址所指定的存储单元中取出信息,再送给 CPU,其操作过程如下:

① 地址→MAR→AB:CPU 将地址信号送至地址总线。

② Read:CPU 发出读命令。

③ Wait for MFC:等待存储器工作完成信号。

④ M(MAR)→DB→MDR:读出信息经数据总线送至 CPU。

(2) 写。写操作是指将要写入的信息存入 CPU 所指定的存储单元中,其操作过程如下:

① 地址→MAR→AB:CPU 将地址信号送至地址总线。

② 数据→MDR→DB:CPU 将要写入的数据送至数据总线。

③ Write:CPU 发出写命令。

④ Wait for MFC:等待存储器工作完成信号。

由于 CPU 和主存的速度存在着差距,所以两者之间的速度匹配是很关键的。通常有两种匹配方式:同步存储器读取和异步存储器读取。上面给出的读写基本操作是以异步存储器读取来考虑的,CPU 和主存之间没有统一的时钟,由主存工作完成信号(MFC)通知CPU"主存工作已完成"。

对于同步存储器读取,CPU 和主存采用统一时钟,同步工作,因为主存速度较慢,所以CPU 与之配合必须放慢速度。在这种方式中,不需要主存工作完成信号。

6.3　主存储器

6.3.1　概述

主存储器(简称主存)的结构如图 6.5 所示,主存根据 MAR(存储器地址寄存器)中的地址访问某个存储单元时,需要经过地址译码、驱动等电路,找到所需要访问的单元。读出时,需经读出放大器,才能将被选中单元的存储字送到 MDR(存储器数据寄存器),写入时,MDR 中的数据也必须经过写入电路才能真正写入到被选中的单元中。

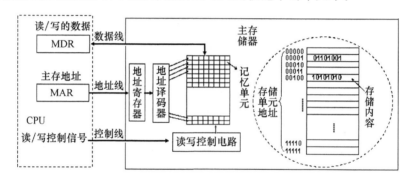

图 6.5　主存的结构

目前,大多数存储器采用字节编址,基于这种编址,数据在主存中有 3 种不同的存放方法,如图 6.6 所示。设存储字长为 64 位(8 个字节),即一个存取周期最多能够从主存读或写 64 位数据。图 6.6 中最左边一列表示字地址(16 进制),字地址的最末 3 个二进制位必定为 000(用于 8 个字节编址)。假设,读写的数据有 4 种不同长度,它们分别是字节(8 位)、半字(16 位)、单字(32 位)和双字(64 位)。

注意:此例中数据字长(32 位)不等于存储字长(64 位)。

图 6.6(a)给出的是一种不浪费存储器资源的存放方法,从图中可以看出,4 种不同长度的数据一个紧接着上一个存放。这样做主要存在两个问题,一是除了访问一个字节以外,当要访问一个双字、一个单字或一个半字时都有可能需要花费两个存取周期,因为从图 6.6(a)中可以看出,一个双字、一个单字或一个半字都有可能跨越两个存储字存放,这使存储器的工作速度降低了一半;二是存储器的读写控制比较复杂。

为了克服上述两个缺点,出现了如图 6.6(b)所示的数据存放方法。这种存放方法规定,无论要存放的是字节、半字、单字还是双字,都必须从一个存储字的起始位置开始存放,而多余的部分浪费不用。很明显,这种数据存放方法能很好地克服图 6.6(a)存在的缺点,但它无疑浪费了存储器资源。

综合前两种数据存放方法的优缺点,出现了如图 6.6(c)所示的折中方案。图 6.6(c)所示的存放方法规定,双字数据的起始地址的最末 3 个二进制位必须为 000(8 的整倍数),单字数据的起始地址的最末两位必须为 00(4 的整倍数),半字数据的起始地址的最末一位必须为 0(偶数)。这种存储方式能够保证无论访问双字、单字、半字或字节,都能在一个存取周期内完成,尽管存储器资源仍然有浪费,但是比图 6.6(b)所示的存放方法要好得多。这种存放方法被称为边界对齐的数据存放方法。

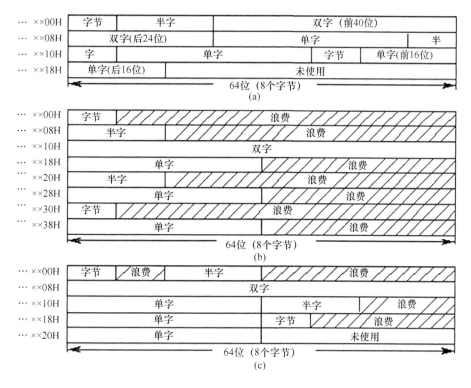

图 6.6 字节编制的主存储器的各种存放方法

6.3.2 只读存储器

只读出不写入的存储器称为只读存储器,常用 ROM 来表示。它以非破坏性读出方式工作。信息一旦写入后就固定下来,即使切断电源,信息也不会丢失,所以又称为固定存储器。ROM 具有速度快、结构简单、集成度高、造价低、功耗小、可靠性高、非破坏性读出、不需要刷新等特点,一般用于存放不需要更改的程序,如微程序、固定子程序、字母符号阵列等。它与 RAM 的主要区别是非易失性。

图 6.7 给出了 ROM 的基本结构。ROM 主要由地址译码器,存储体、读出线及读出放大器等部分组成。ROM 是按地址寻址的存储器,由 CPU 给出要访问的存储单元地址。ROM 的地址译码器是与门的组合,输出是全部地址输入的最小项(全译码)。n 位地址码经译码后 2^n 种结果,驱动选择 2^n 个字,即 $W = 2^n$。存储体是由熔丝、二极管或晶体管等元件排成 $W * m$ 的二维阵列(字位结构),共 W 个字,每个字 m 位。存储体实际上是或门的组合,

ROM 的输出线位数就是或门的个数。由于它工作时只是读出信息,因此,可以不用设置写入电路,因而它的存储单元与读出线路也比较简单。

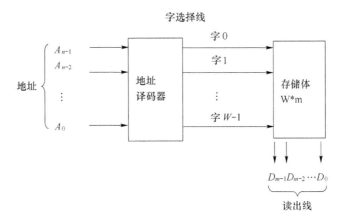

图 6.7　ROM 的基本结构

ROM 的读出过程:CPU 经地址总线送来要访问的存储单元地址,地址译码器根据输入地址码选择某条字线,然后由它驱动该字线的各位线,读出该字的各存储位元所存储的二进制代码,送入读出线输出,再经数据线送至 CPU。

ROM 有多种类型,且每种只读存储器都有各自的特性和适用范围。从制造工艺及其功能上分,ROM 有五种类型,即掩膜编程的只读存储器 MROM(Mask-programmed ROM)、可编程的只读存储器 PROM(Programmable ROM)、可擦除可编程的只读存储器 EPROM(Erasable Programmable ROM)、可电擦除可编程的只读存储器 EEPROM(Electrically Erasable Programmable ROM)、快擦除读写存储器(Flash Memory)。

1. 掩膜只读存储器 MROM

掩膜只读存储器(Mask ROM)中存储的信息由生产厂家在掩膜工艺过程中“写入”。行线和列线的交点处都设置了 MOS 管,在制造时的最后一道掩膜工艺,按照规定的编码布局来控制 MOS 管是否与行线、列线相连。相连者定为 1(或 0),未连者为 0(或 1)。这种存储器一旦由生产厂家制造完毕,用户就不能修改了。

MROM 的主要优点是存储内容固定,掉电后信息仍然存在,可靠性高。缺点是信息一次写入(制造)后就不能更改,很不灵活,生产周期较长,用户与生产厂家之间相互依赖性大。

2. 可编程只读存储器 PROM

可编程只读存储器(Programmable ROM)在一定程度上克服了 MROM 的缺点,它允许用户通过专用的设备(编程器)一次性写入自己所需要的信息。

PROM 的种类很多,熔丝型较为常用,其工作原理为:芯片生产时在每个存储位元的位置上都制作了一个带熔丝的晶体管,晶体管的射极通过一根易熔的金属丝接到相应的位线上(存储矩阵与 MROM 一样)。用户根据要写入的信息,按字线和位线选择某个存储位元管,通过施加规定幅度和宽度的脉冲电流,将该晶体管的熔丝烧断,使该存储位元的状态改变,熔断后形不成通路,没有电流,可以代表“0”;而熔丝没熔断的存储位元,晶体管将导通,回路中有电流,可代表“1”。这个过程就称为用户对 PROM 的编程。用户对 PROM 的编程是逐字逐位进行的,而且熔丝一旦熔断,便不可恢复,因此这种编程是一次性的。

读出时,给定地址经过译码后,加到字线上的脉冲电压开通了存储位元中的晶体管,这样,被字选上的所有存储位元的信息都被同时读出,若熔丝没断,位线上将有电流,表示读出的是 1;若熔丝已断,则位线无电流,表示读出的是 0。在正常只读工作状态时,由于加到字线上的脉冲电位比较低,工作电流将很小,不会造成熔丝熔断,也就不会破坏原存信息。

PROM 中的程序和数据是由用户利用专用设备自行写入,一经写入,就无法更改,永久保存。PROM 具有一定的灵活性,适合小批量生产,常用于工业控制机或电器中。

3. 可编程可擦除只读存储器 EPROM

从本质上看,EPROM 是一种以读为主的可写可读的存储器。它存储的信息可以由用户自行加电编写,也可以利用紫外线光源或脉冲电流等方法先将原存的信息擦除,然后用写入器重新写入新的信息。EPROM 比 MROM 和 PROM 更方便、灵活、经济实惠。但是 EPROM 采用 MOS 管,速度较慢。

4. 电可擦除可编程只读存储器 EEPROM

在写一次读多次存储器中,更具吸引力的形式是电可擦可编程序只读存储器(Electrically Erasable Programmable ROM)。这是一种在任何时候可写入,而无须擦除原先内容,且只需修改一个或几个字节地址的写一次读多次存储器,写操作比读操作时间要长得多。EEPROM 把不易丢失数据和修改灵活的优点组合起来,修改时只需使用普通的控制、地址和数据总线。EEPROM 比 EPROM 贵,集成度低,成本较高。这类 ROM 一般用于保存系统设置的参数、IC 卡上存储信息,电视机或空调中。但是由于它可以在线修改,所以它的可靠性不如 EPROM。

5. 快闪存储器 Flash Memory

在半导体存储器中,最新的形式是快擦除读写存储器(Flash Memory),俗称快闪存储器。它在 20 世纪 80 年代中后期首次推出,快闪存储器的价格和功能介于 EPROM 和 EEPROM 之间。与 EEPROM 一样,快闪存储器使用电可擦技术,整个快闪存储器可以在一秒钟至几秒内被擦除,速度比 EPROM 快得多。另外,它能擦除存储器中的某些块,而不是整块芯片。然而快闪存储器不提供字节级的擦除,与 EPROM 一样,快闪存储器每位只使用一个晶体管,因此能获得与 EPROM 一样的高密度(与 EEPROM 相比较)。"闪存"芯片采用单一电源(3V 或者 5V)供电,擦除和编程所需的特殊电压由芯片内部产生,因此可以实现在系统擦除与编程。"闪存"也是典型的非易失性存储器,据测定,在正常使用情况下,其浮置栅中所存电子可以保存 100 年而不丢失。

目前,闪存已广泛用于制作各种移动存储器,如 U 盘及数码相机/摄像机所用的存储卡等。

6.3.3　半导体随机存储器

用大量的位存储单元构成存储阵列,存储大量的信息,再通过读写电路、地址译码电路和控制电路实现对这些信息的访问,这样就构成了存储器芯片。半导体 RAM 存储器芯片主要有静态存储器芯片和动态存储器芯片两种。静态存储器芯片的速度较高,但它的单位价格(即每字节的价格)较高;动态存储器芯片的容量较高,但速度比静态存储器慢。

1. 静态存储器芯片(SRAM)的结构和工作原理

静态存储器芯片由存储体、读写电路、地址译码和控制电路等部分组成。

（1）储体（存储矩阵）：由大量的存储位单元构成的阵列组成。阵列中包含很多行，每行由多列存储单元构成。阵列中用行选通线选择一行中的存储单元，再用列选通线选择一行中的某一个存储单元将数据读出。4096字节静态RAM芯片结构如图6.8所示，4096个存储单元排成64×64的矩阵，由行选通线（X）和列选通线（Y）来选择所需用的单元。

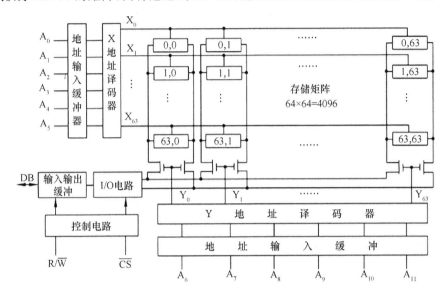

图6.8　4096字节静态RAM芯片结构

（2）地址译码器：地址译码器的输入信号线是访问存储器的地址编码，地址译码器把用二进制表示的地址转换成驱动读写操作的选择信号。地址译码有两种方式：一种是单译码方式，适用于小容量存储器；另一种是双译码方式，适用于容量较大的存储器。

在单译码方式下，地址译码器只有一个，其输出选中某个地址对应的字节或字单元。当地址位数较多时，单译码结构的输出线数目较多。如4096字节的存储器，地址位数为12，则单译码结构要求译码器具有4096根输出线，这在实现上是有困难的。

在双译码方式下，地址译码器分为X和Y两个译码器，分别用于产生一个有效的行选通信号和一个有效的列选通信号，行选通线和列选通线都有效的存储单被选中。这种方式每个译码器都比较简单，可减少数据单元选通线的数量。如存储器地址位数为12，分成6位行地址送入X译码器，6位列地址送入Y译码器。2个译码器的输出线总数为128根。

（3）驱动器：由于选通信号线要驱动存储阵列中的大量单元，因此需要在译码器输出后加一个驱动器，用驱动输出的信号去驱动连接在各条选通线上的各存储单元。

（4）I/O电路：I/O电路（输入/输出电路）处于数据总线和被选中的单元之间，用以控制被选中的单元读出或写入，并具有放大数据信号的作用。数据驱动电路对读写的数据进行读写放大，增加信号的强度，然后输出到芯片外部。

（5）片选控制：产生片选控制信号，选中芯片。

（6）读/写控制：根据CPU给出的信号，控制被选中存储单元做读操作还是写操作。

以上介绍的是存储器芯片的物理结构。在逻辑上，存储芯片的容量经常用字数M×位数N表示。字数M表示存储芯片中的存储阵列的行数，位数N表示存储阵列的列数，即数据宽度。存储器芯片的字数影响到芯片所需的地址线数量,数据宽度则对应着芯片的数据线数量。如 1024×4 的存储芯片,有 10 条地址线($2^{10} = 1024$)和 4 条数据线。

静态存储器芯片的引脚接口信号通常有如下几种:

Address:地址信号,一般表示为 A_0、A_1、A_2…

Data:数据信号,一般表示为 D_0、D_1、D_2…

$\overline{CS}$:芯片选择信号,低电平时说明该芯片被选中。

$\overline{WR}$:写允许信号,低电平表示写操作。

$\overline{RD}$:读允许信号,低电平表示读操作。

不同的存储芯片产品控制信号名称会有差别,信号的有效电平也有差别。如有的芯片上片选信号常表示为 CS(高电平有效)或者 $\overline{CE}$(芯片许可,Chip Enable)。有些芯片上读写信号合并为 $\overline{WE}$,低电平表示写操作,高电平表示读操作。有些芯片上数据线是单向的,用 D_{in} 表示数据输入信号线,用 D_{out} 表示数据输出信号线。

如静态 MOS 存储器芯片 62256,芯片引脚如图 6.9 所示。62256 容量为 32 KB,即 32 K 个存储字单元,每个字单元 8 位数据宽度。芯片地址引脚为 $A_0 \sim A_{14}$;数据引脚为 $I/O_0 \sim I/O_7$;片选信号为 $\overline{CE}$,低电平有效;读/写控制信号为 $\overline{WE}$,低电平为写操作,高电平为读操作。

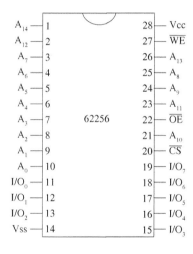

图 6.9　静态 MOS 存储器芯片 62256 芯片引脚

2. 动态存储器 DRAM 芯片的结构和工作原理

用动态存储单元构成阵列,加上控制电路制作成动态存储器 DRAM 芯片。但是由于动态 RAM 芯片容量一般比较大,所以地址线数量较多。为了减少地址线数量,将地址分成行地址和列地址,分成两次输入芯片。两次地址的输入分别由芯片的地址选通信号 $\overline{RAS}$ 和 $\overline{CAS}$ 控制,其中 $\overline{RAS}$ 是行地址选通信号,低电平有效,用于选中存储阵列中的一行;$\overline{CAS}$ 是列地址选通信号,低电平有效,用于选中存储阵中的一列。另外,DRAM 芯片也具有读/写控制信号。

动态存储芯片 4164 芯片引脚如图 6.10 所示。

4164 的容量为 64 K×1 位。芯片地址引脚为 $A_0 \sim A_7$;数据输入引脚为 D_{in},数据输出引脚为 D_{out};行地址选通信号是 $\overline{RAS}$,列地址选通信号是 $\overline{CAS}$,低电平有效;读/写控制信号为 $\overline{WE}$,低电平为写操作,高电平为读操作。

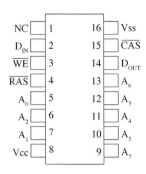

图 6.10　动态存储芯片 4164 芯片引脚

　　行地址在$\overline{RAS}$有效前到达芯片的地址输入端,经过一段访问时间后,将行地址输入到芯片内;然后列地址到达,使$\overline{CAS}$有效一段延时时间,将列地址输入到芯片内,这时启动芯片内部的读/写操作。在$\overline{CAS}$有效时根据$\overline{WE}$的电平状态,进行读操作或者写操作。若为读操作,数据将从数据线上输出;若为写操作,外部提供的写入数据输入到芯片中。不论是读操作还是写操作,$\overline{RAS}$和$\overline{CAS}$的有效时间都必须保持一定的长度,并且在撤销后到下一次有效必须经过一段时间。

　　3. 大容量芯片简介

　　现在计算机中使用的都是大容量的动态芯片,所以除了介绍以上小容量的芯片外,简单介绍一下大容量的芯片,以三星的 8 GB DDR4 B-die 为例。它属于 SDRAM(SDRAM 是 Synchronous Dynamic Random Access Memory 同步动态随机存储器的简称)。有型号 K4A8G045WB(芯片组织为 128 Mbit×4)和型号 K4A8G085WB(芯片组织为 64 Mbit×8) 两种。该同步器件可实现高达 2666 MB/s/pin(DDR4-2666)的高速双数据传输速率,适用于一般应用。

　　该芯片设计符合关键的 DDR4 SDRAM 功能,如 CAS,可编程 CWL,内部(自)校准,使用 ODT 引脚和异步复位的芯片终端。

　　所有的控制和地址输入都与一对外部提供的差分时钟同步。输入在差分时钟的交叉点锁存(CK 上升沿和$\overline{CK}$下降沿)。所有 I/O 以源同步方式与一对双向故障码(DQS 和$\overline{DQS}$同步)。地址总线用于以$\overline{RAS}$/$\overline{CAS}$复用方式传送行、列和页地址信息。DDR4 器件采用单个 1.2 V(1.14 V~1.26 V)电源和 1.2 V(1.14 V~1.26 V)工作。

　　8 GB B-die DDR4 SDRAM 1×4 封装引脚排列如图 6.11 所示,顶视图如图 6.12 所示,78ball FBGA(78 点细间距球栅阵列)封装。

　　8 GB B-die DDR4 SDRAM 1×4 封装引脚排列如图 6.13 所示,顶视图如图 6.14 所示,78ball FBGA(78 点细间距球栅阵列)封装。

6.3.4　半导体存储器的扩展

　　存储器和 CPU 之间的连接包括地址线、数据线和控制线的连接,CPU 访问存储器的时候通过地址线提供要访问的存储器单元字的地址信息;CPU 的$\overline{R/W}$(高电平表示读,低电平表示写)提供对存储器的读写控制信号;CPU 的数据线可以直接和存储器连接。

	1	2	3	4	5	6	7	8	9	
A	VDD	VSSQ	NC				NC	VSSQ	VSS	A
B	VPP	VDDQ	DQS_c				DQ1	VDDQ	ZQ	B
C	VDDQ	DQ0	DQS_t				VDD	VSS	VDDQ	C
D	VSSQ	NC	DQ2				DQ3	NC	VSSQ	D
E	VSS	VDDQ	NC				NC	VDDQ	VSS	E
F	VDD	NC	ODT				CK_t	CK_c	VDD	F
G	VSS	NC	CKE				CS_n	NC	NC	G
H	VDD	WE_n A14	ACT_n				CAS_n A15	RAS_n A16	VSS	H
J	VREFCA	BG0	A10 AP				A12 BC_n	BG1	VDD	J
K	VSS	BA0	A4				A3	BA1	VSS	K
L	RESET_n	A6	A0				A1	A5	ALERT_n	L
M	VDD	A8	A2				A9	A7	VPP	M
N	VSS	A11	PAR				NC	A13	VDD	N

图 6.11　1×4 封装引脚排列图

Ball Locations(×4)

● Populated ball
+ Ball not populated

Top view
(See the balls through the package)

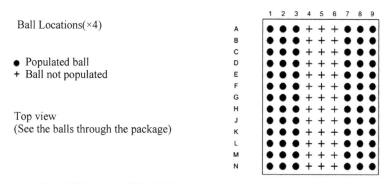

●表示有焊球；+表示没有焊球

图 6.12　1×4 焊球位置顶视图

	1	2	3	4	5	6	7	8	9	
A	VDD	VSSQ	TDQS_c				DM_n, DBI_n, TDQS_t	VSSQ	VSS	A
B	VPP	VDDQ	DQS_c				DQ1	VDDQ	ZQ	B
C	VDDQ	DQ0	DQS_t				VDD	VSS	VDDQ	C
D	VSSQ	DQ4	DQ2				DQ3	DQ5	VSSQ	D
E	VSS	VDDQ	DQ6				DQ7	VDDQ	VSS	E
F	VDD	NC	ODT				CK_t	CK_c	VDD	F
G	VSS	NC	CKE				CS_n	NC	NC	G
H	VDD	WE_n A14	ACT_n				CAS_n A15	RAS_n	VSS	H
J	VREFCA	BG0	A10 AP				A12 BC_n	BG1	VDD	J
K	VSS	BA0	A4				A3	BA1	VSS	K
L	RESET_n	A6	A0				A1	A5	ALERT_n	L
M	VDD	A8	A2				A9	A7	VPP	M
N	VSS	A11	PAR				NC	A13	VDD	N

图 6.13　1×8 封装引脚排列

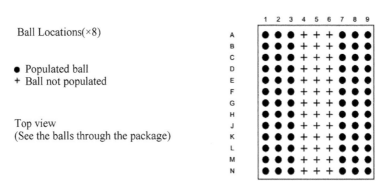

● 表示有焊球；＋ 表示没有焊球

图 6.14 1×8 焊球位置顶视图

通常一个存储器芯片不能满足计算机存储器的字数要求和数据宽度的要求,需要用许多存储器芯片构成所需的主存储器。具体构成主存储器时,首先要选择存储芯片的类型,是 SRAM 还是 DRAM,还要考虑容量扩展的技术。用若干存储芯片构成一个存储系统的方法主要有位扩展法、字扩展法和字位扩展法。

1. 位扩展

位扩展法用于增加存储器的数据位,即是用若干片位数较少的存储器芯片构成具有给定字长的存储器,而存储器的字数与存储芯片上的字数相同。位扩展时,各存储芯片上的地址线及读/写控制线对应相接,而数据线单独引出。

【例 6.1】 用 4096×1 的芯片构成 4 KB 存储器。

解:存储器芯片容量 4096×1,需要的存储器容量 4 KB,则 $(4 \text{ KB} \times 8)/(4096 \times 1) = 8$,共需要 8 片存储器芯片。芯片连接如图 6.15 所示。

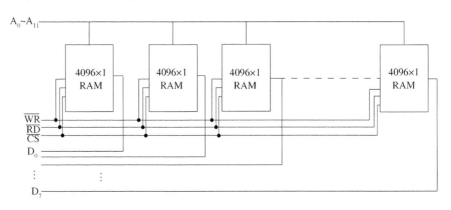

图 6.15 用 4096×1 的芯片构成 4 KB 存储器逻辑

每块芯片的 $A_0 \sim A_{11}$ 地址线连接在一起,接收来自 CPU 地址线提供的地址信息,选定芯片内部的一个字单元。

每块芯片的 $\overline{CS}$ 片选信号连接在一起,与 CPU 提供的控制信号或者高位的地址线连接,用于选择所有存储芯片。

每块芯片的 $\overline{RD}$ 连接在一起,与 CPU 提供的读信号连接。每块芯片的 $\overline{WR}$ 信号连接在一起,与 CPU 提供的写信号连接。当 CPU 发出读写信号时,所有芯片可以同时进行读写操作。

CPU 对存储器读写操作时,每块存储器芯片的一位数据线可以和 CPU 的 8 位数据线进行数据交流,从而实现 CPU 访问一次存储器,可以有 8 位数据操作。

2. 字扩展

当存储芯片中每个单元的位数与 CPU 字长相同时,如果所要求的存储器容量大于一片芯片的容量,就要采用字扩展法,在字方向上进行扩充,而位数不变。字扩展时,各存储芯片的低位地址线连接在一起,高位地址译码后连接各芯片的片选信号$\overline{CS}$。每个存储芯片均提供 CPU 需要的多位数据。

【例 6.2】 用 16 KB×8 芯片构成 64 KB×8 存储器。

解:用所需的存储器总容量除以每个芯片容量,则(64 KB×8)/(16 KB×8)=4,一共需要 4 片存储器芯片。连接如图 6.16 所示。

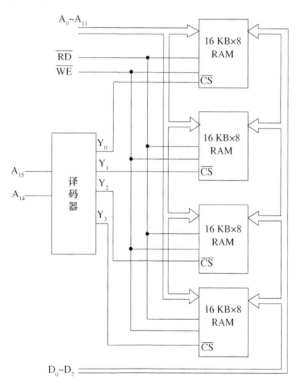

图 6.16 用 16 KB×8 构成 64 KB×8 存储器逻辑

每块芯片的 $A_0 \sim A_{13}$ 地址线连接在一起,与 CPU 提供的低位地址线 $A_0 \sim A_{13}$ 连接,用于选定存储芯片内部的字单元。

CPU 提供的高位地址线 A_{14}、A_{15} 连接到译码器的输入端,在输出端产生各存储芯片的片选信号。

CPU 的读写信号和各存储芯片的读写信号相连接,提供芯片的读写控制信号。

各存储芯片的数据线并联,某片芯片在被选中进行读写操作时,能和 CPU 进行 8 位数据的操作。

3. 混合扩展

当选用的存储芯片容量和每个单元的位数都不能满足所需要的存储器要求时,就需要进行字位同时扩展,称为字位扩展,即混合扩展。

当混合扩展时,将各存储芯片的地址线与 CPU 提供的低位地址线相连,CPU 提供的高位地址通过译码后连接各存储芯片的片选信号,有些存储芯片的片选会同时被选中。每个芯片提供选中的字单元中多位数据,同时被选中的多块芯片一起提供 CPU 需要的多个字。

【例 6.3】 用 1 KB×4 的芯片构成 4 KB×8 的存储器。

解: 根据所需存储器容量和存储芯片容量,计算所需芯片数量:(4 KB×8)/(1 KB×4)=8 片。芯片连接如图 6.17 所示。

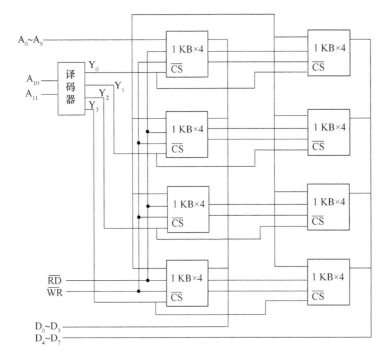

图 6.17　用 1 KB×4 的芯片构成 4 KB×8 的存储器逻辑

各存储芯片上的 $A_0 \sim A_9$ 地址线连接到 CPU 的低位地址线。CPU 提供的高位地址线 A_{10}、A_{11} 连接到译码器,产生存储器芯片所需要的片选信号。由于一块存储芯片选中时只能向 CPU 提供 4 位数据线,所以,需要将两块存储芯片的片选连接在一起。片选连在一起的两块存储芯片,4 位数据线分别连接 CPU 的 4 位数据线,可以给 CPU 提供 8 位数据。

4. 用 DRAM 芯片构成主存储器

为了保持数据,DRAM 使用 MOS 管的栅极电容存储数据,但是由于栅极漏电会造成数据丢失,因此隔一段时间就要对数据重写,对 DRAM 定期重写称为刷新。如果存储单元没有被刷新,存储的信息就会丢失。上次对整个存储器刷新结束到下次对整个存储器全部刷新一遍为止的时间间隔称为刷新周期,一般为 2 ms。

常用的刷新方式有四种:集中刷新方式、分散刷新方式、异步刷新方式、透明刷新方式。

（1）集中刷新方式

在整个刷新间隔内集中对每一行进行刷新,刷新时读/写操作停止。每行的刷新周期一般与一次的读/写周期相等。集中刷新方式的主要缺点是,在刷新时期内不能进行存取操作（这个时间段称为死区）,影响了存储系统的效率。

（2）分散刷新方式

把每行存储元的刷新分散安排在各个读写周期内,即把读写周期分为两段,前段用来进行读/写,后段为刷新时间。这种方式虽然没有充分利用 2 ms 时间,但也不存在存储器"死"时间。

（3）异步刷新方式

将前两种刷新方式结合起来即可构成异步刷新方式。每行刷新的时间是行数对 2 ms 的分割。当行地址为 7 位时,行数是 128,每隔 15.5 μs 刷新一行。这种方式充分地利用了 2 ms 时间,适用于高速存储系统。

（4）透明刷新方式

CPU 在指令译码阶段,存储器是空闲的,可以利用这段空闲时间进行刷新操作,而不占用 CPU 时间。因为这种刷新方式对 CPU 是透明的操作,所以称为透明刷新。这时设有单独的刷新控制器,刷新由单独的时钟、行计数器和译码独立完成,目前高档微机中大部分采用这种刷新方式。

如果选用 DRAM 芯片构成存储器,DRAM 芯片的地址分行地址和列地址,增加了 $\overline{RAS}$ 和 $\overline{RCS}$,而 CPU 访问存储器时,地址信息是同时提供的,这就需要一个控制电路,以生成储器需要的控制信号,并且将地址信息分成行地址和列地址,并按读写工作时序送出。另外,DRAM 的刷新操作一般也在存储器控制电路的控制下进行。存储器控制电路用一个计数器提供一个刷新的行地址,对存储阵列中的一行数据读出,经过信号放大后再写回,就完成了一次刷新操作。这个控制电路就是 DRAM 控制器,它是 CPU 和 DRAM 芯片之间的接口电路。

DRAM 控制器的主要组成结构如图 6.18 所示,组成部分包括:

① 地址多路开关:将 CPU 送来的地址转换为分时向 DRAM 芯片送出的行地址和列地址。

② 刷新定时器:定时产生 DRAM 芯片的刷新请求信号。

③ 刷新地址计数器:DRAM 芯片是按行进行刷新的,需要一个计数器提供刷新行地址。

④ 仲裁电路:如果来自 CPU 的访存请求和来自刷新定时器的刷新请求同时产生,由仲裁电路进行优先权仲裁。

⑤ 控制信号发生器:提供 $\overline{RAS}$、$\overline{CAS}$ 和 $\overline{WE}$ 控制信号,用户读/写操作和刷新操作。

【例 6.4】　在 128×128 矩阵的动态存储芯片中,设每个读写周期和刷新操作都为 0.5 μs,刷新间隔为 2 ms,比较计算 3 种刷新方式（集中式刷新、分布式刷新、异步刷新）的刷新次数、读写次数和效率。

解: ① 集中式刷新:刷新操作集中在一段时间内,次数为全部刷新一遍的操作次数。

存储阵列有 128 行,所以刷新次数为 128 次。刷新时间为 128×0.5 μs＝64 μs。可以进行的读写次数为(2000－64)/0.5 μs＝3872 次。刷新周期中存在 64 μs 死区。

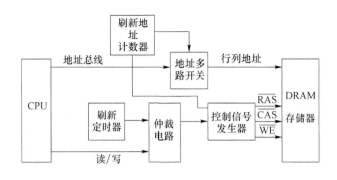

图 6.18　DRAM 控制器

② 分布式刷新:在存储读写周期中完成刷新操作。

在存储周期中,进行读写和刷新需 $0.5+0.5=1$ μs,那么在刷新周期里读写和刷新次数为 $2000/1=2000$ 次,其中读写次数 2000 次,刷新次数 2000 次。这种方式没有死区,但读写次数少,刷新次数多。

③ 异步刷新:将刷新次数平均分配到刷新周期中,则 2 ms 内必须对每一行刷新一次。

刷新次数为 128 次,则刷新间隔:$2000/128=15.5$ μs。每个 15.5 μs 中 15 μs 读写,0.5 μs刷新,则读写次数 15/0.5=30,总的读写次数为 $30×128=3\,840$ 次。这种方式没有死区,并且读写次数也较高。

在现在的动态存储器产品中,刷新控制电路都包括在存储器芯片中,芯片外部只需要给出启动刷新操作的控制信号。

6.3.5　PC 主存储器的物理结构

主存储器主要是由动态随机存储器 DRAM 芯片构成的,但单个芯片的容量不可能很大,所以往往会采用上一节讲到的存储器芯片扩展技术,将多个芯片做在一个内存条模块(内存条)上,如图 6.19(a)所示。然后由多个内存模板以及主板或扩充板上的 RAM 芯片和 ROM 芯片组成一台计算机所需的主存空间。

内存条就是把若干片 DRAM 芯片焊装在一小条印制电路板上制成。内存条必须插在主板上的内存条插槽中才能使用。目前流行的是 DDR3、DDR4 内存条,采用 DIMM 即双列直插式,其触点分布在内存条的两面。PC 主板中一般都配备有 2 个或 4 个 DIMM 插槽,如图 6.19(b)所示。

值得注意的是,CPU 每次访存操作总是在某一个内存条内进行,比如,如图 6.20 与图 6.21所示,一根内存条上集成了 16 个 DRAM 芯片,每个芯片有 512 行×512 列,并有 8 个位平面每次读/写各芯片同行同列的 8 位,共 16×8=128 位。

6.4　高速缓存

6.1 节中提到的程序访问的局部性原理为在存储体系中引入高速缓冲存储器(Cache,简称高速缓存)提供了理论依据。

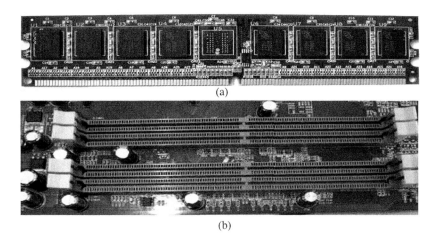

(a)

(b)

图 6.19　内存条和内存条插槽

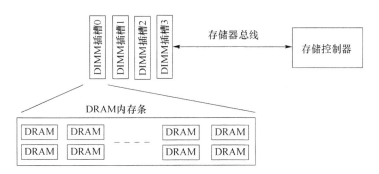

图 6.20　DRAM 芯片集成在内存条上

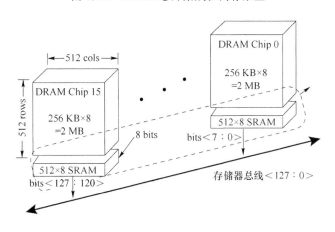

图 6.21　由 DRAM 芯片构成内存条

（速度）缓冲技术是解决两个部件（设备）之间速度不匹配的一个重要手段。高速缓冲存储器是缓冲技术在存储体系中的一个典型运用。

Cache 全部用硬件进行调度，因此它不仅对应用程序员而且对系统程序员都是透明的。在一般情况下，无论是应用程序员还是系统程序员都看不到系统中有 Cache，更不知采用了几级 Cache，他们只知道程序是放在主存储器中的。

6.4.1 高速缓存的工作原理

在 Cache 存储系统中,把 Cache 和主存各分成若干个块(block)。主存中和 Cache 中块的数目不同,但块的大小相同。主存中含有 B 块,Cache 中含有 b 块(B>b)。主存中块内地址用 W 表示,Cache 中用 w 表示(W = w)。因此主存地址由块号 B 和 W 组成,Cache 地址由 b 和 w 组成。

Cache 与主存之间以块为单位进行数据交换。块的大小通常以在主存的一个读/写周期中能访问的数据长度为限,每个块的大小可能是 4 字节、8 字节、16 字节或其他值,不同的 CPU 不尽相同。Cache 存储器中存储内容是主存一部分内容的副本。这一部分内容就是 CPU 最近最常访问的内容。

Cache 的工作原理如图 6.22 所示。

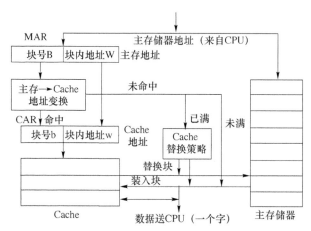

图 6.22 Cache 的工作原理

当 CPU 要访问 Cache 时,CPU 将通过总线送来的主存地址存于主存地址寄存器 MAR 中(B 和 W)。W 经过主存－Cache 地址变换得到 w,B 和 w 进入 Cache 地址寄存器 CAR 中的 b 和 w(b 和 B 相同)。如果命中(即 CPU 所访问的信息在 Cache 中)则用 CAR 地址去访问 Cache,从 Cache 中取出数据送往 CPU。如未命中,则用 MAR 中的地址去访问主存,从主存中取出一个数据送往 CPU,同时把包括被访问地址在内的一(整)块数据调(装)入 Cache,以备后用。如果此时 Cache 已存满,无空闲,则需要根据某种替换策略,淘汰(替换)一块不常用的 Cache 空间,以便存入从主存中新调入的块。

在这里有两个比较重要的参数:命中率和平均访问时间。

命中率是指被访问数据在 Cache 的次数占访问的总次数的比例,用 H 表示。

$H=$ 被访问数据在 Cache 的次数/访问的总次数

平均访问时间示指 CPU 访问数据需要的平均时间,用 T_e 表示。

$$T_e=H\times T_c+(1-H)\times T_m$$

式中,T_c 是指 Cache 访问时间,T_m 是指主存访问时间。

【例 6.5】 CPU 执行一段程序时,Cache 完成存取的次数为 1900 次,主存完成存取的次数为 100 次,已知 Cache 存取周期为 50 ns,主存存取周期为 250 ns,求 Cache 的命中率和平均访问时间。

解：

① 命中率：

$$H = N_c / (N_c + N_m) = 1900 / (1900 + 100) = 0.95$$

② 平均访问时间：

$$T_a = H \times T_c + (1 - H) \times T_m = 0.95 \times 50 \text{ ns} + (1 - 0.95) \times 250 \text{ ns} = 60 \text{ ns}$$

6.4.2　高速缓存—主存地址映射及变换

地址映射是指把主存地址空间映射到 Cache 地址空间，具体地说就是把存放在主存中的程序按照某种规则装入到 Cache 中，并因此建立主存地址与 Cache 地址之间的对应关系。

地址变换是指在程序运行时，根据地址映射把主存地址变换成 Cache 地址。地址变换和地址映射是紧密相关而又不同的两个概念。

常用的地址映射方式有全相联映射、直接映射和组相联映射。

1. 全相联映射及其地址变换

（1）全相联映射

相联映射方式是指主存中任一个块能够映射到 Cache 中任意一块的位置，如图 6.23 所示。这是一种最灵活但成本最高的一种方式。

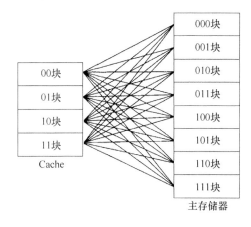

图 6.23　全相联映射方式

为简单起见，本书只画出了 Cache 大小为 4 块，主存大小为 8 块的情况。

如果 Cache 的块数为 C_b（例如 $C_b = 4$），主存的块数为 M_b（例如 $M_b = 8$），则主存和 Cache 之间的映射关系有 $C_b \times M_b (4 \times 8 = 32)$ 种，可用目录表来存放这种映射关系。目录表的每一行表示一种映射，目录表如图 6.24 所示。目录表的内容包含三个部分：主存块号 B、Cache 块号 b 和 1 个有效位。有效位是用来表示目录表中由主存块号 B 与 Cache 块号 b 建立的映射关系是否有效。有效位为"1"表示有效，Cache 第 b 块中存放的数据是主存第 B 块中数据的副本；有效位为"0"表示无效，不是正确副本。目录表可用相联存储器构成。

（2）地址变换

在执行程序时，CPU 先访问 Cache，用主存块号 B 与从目录表读出的主存块号字段进行逐一比较。如果有相等的，而且有效位为"1"，表示要访问的数据已经装入到 Cache 中。

当有效时，将目录表中的 b 送入 Cache 地址寄存器的 b 位置，主存块内地址 W 送到

Cache 地址寄存器的 w 位置,形成 Cache 地址,访问 Cache 后,把读出的字送向 CPU,从而完成读出。

如果不相等,且有效位为"0",这时要用主存地址去访问主存,从主存读出一字送向 CPU。同时还要依照替换算法淘汰 Cache 中一个块;把主存读出的该字所在的块全部写入 Cache;修改目录表中的一行,得到新的 Cache 主存一映射。

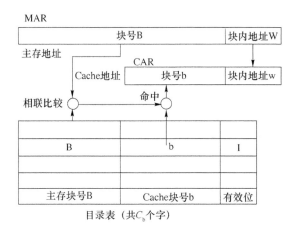

图 6.24　全相联映射目录表和地址变换

2. 直接映射及地址变换

（1）直接映射

直接映射方式是规定主存中的每一个块只能被放置到 Cache 中的唯一一个位置。

根据 Cache 的大小把主存分成若干个区（域），因此主存容量是 Cache 容量的若干倍。主存每区分块,Cache 也分成若干块,块大小一致。主存每区的大小和 Cache 的大小一致,或者说主存每区含的块数和 Cache 含的块数相同。主存中某区的一块存入 Cache 时只能存入 Cache 中块号相同的位置。例如 0 区中的第 0 块和 1 区中的第 0 块都只能映射到 Cache 的块 0 中,如图 6.25 所示。为了简化问题,图 6.25 中主存分为 2 个区,每个区分为 4 个块。Cache 也分为 4 个块。

此时主存的地址由区号 E、区内块号 B 和块内地址 W 构成,而 Cache 的地址由块号 b（b＝B）和块内地址 w（w＝W）构成。

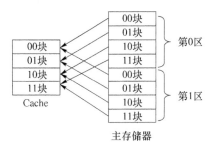

图 6.25　直接映射

（2）地址变换

在程序执行过程中,用主存地址的组内块号 B 去访问 Cache,把读出的区号 E（同时也读出了这一块的所有数据）和主存地址的区号 E 进行比较。

如果比较结果相等且有效位为"1",则 Cache 命中,表示要访问的某块已在 Cache 中。与此同时,读出的数据通过一个多路选择器(1/W),在块内地址 W 的控制下,把所需的字输出到 CPU。

如果结果相等但有效位为"0",表示此 Cache 块已经无效(可以淘汰),只要从主存中读出的新块装入到 Cache 中,有效位置"1"即可。

如果结果不等说明没有命中,而有效位为"0",说明此 Cache 块已无效(即空白),可把从主存读出的新块装入到 Cache,将主存区号写到 Cache 的区号字段,有效位置"1"。

如果结果不相等,有效位为"1",虽然未命中,但此 Cache 块不能废弃。于是先将此 Cache 块内容写回主存原单元(原区原块位置),然后把从主存读出新块装入 Cache。当然主存区号也要写到 Cache 的 E 字段。工作过程原理如图 6.26 所示。

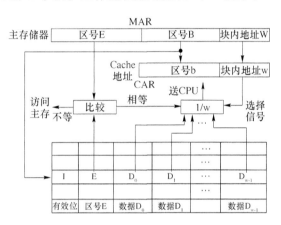

图 6.26 直接映射方式地址变换

全相联映射方法需要用算法决定将 Cache 的块分配给相应的主存的块。直接映射方法节省了计算时间,提高了调入页面的效率。

直接映射方法的另一优点是硬件实现简单,无须进行地址变换,因而访问速度较快。由于直接映射的这一特点,若主存中两个或两个以上的块都映射到 Cache 的同一块中,而这些块又都是当前常用块时就产生了冲突,这时即使 Cache 有许多空闲块也不能使用,因而造成 Cache 空间利用率降低,并且 Cache 的命中率会很低。这一点正好是全相联映射方式的优点。

3. 组相联映射及其地址变换

(1)组相联映射

组相联映射的基本原理是:将 Cache 存储空间的块分成若干组,主存空间的块按 Cache 组数分成若干区,每个区内的块与 Cache 组之间采用直接映射,而组内各块则采用全相联映射,即主存块存放到哪个组是固定的,存到该组中哪一个块是灵活的,因而可以增加命中率和系统效率。

组间直接映射是指某组内的 Cache 块只能与固定的一些主存块建立映像关系,这种映像关系可用下式表示:

$$G' = B \bmod G$$

式中，B 是主存的块号，G 为 Cache 的组数，G' 为主存块 B 对应的 Cache 的组号。例如，Cache 组 0 只能和满足 $B \bmod G=0$ 的主存块（即块 0、块 G、块 $2G$ 等）建立映像关系，Cache 的组 1 只能和满足 $B \bmod G=1$ 的主存块（即块 1、块 $G+1$、块 $2G+1\cdots$）建立映像关系，以此类推。

组内全相联映像是指和某 Cache 组相对应的主存块可以和该组内的任意一个 Cache 块建立映射关系，设 $C=2^c$ 表示 Cache 的字块总数，现将 Cache 分成 $G=2^g$ 组，每组 $V=2^v$ 个块，则 $G*V=2^g*2^v=2^c$，即 $c=g+v$。此时的 Cache 称为 V 路组相联 Cache。

综上可得组相联的映像函数：

$$L = (B \bmod G) * V + K = (B \bmod 2^g) * 2^v + K$$

式中，B 是主存的块号，L 是 Cache 的块号，K 是组内块号，$0 \leqslant K \leqslant V-1$。

图 6.27 为路组相联映像示意图。其中 Cache 每 2 块组成一组，即 $V=2$，$v=1$。主存块 0、G、$2G\cdots1$ 均直接对应 Cache 的组 0，其内容可以存放在该组内的第 0、1 块的任何一块中，对应的 Cache 块号分别为 0、1。主存块 1、$G+1$、$2G+1\cdots$ 均对应 Cache 的组 1，其内容可以存放在该组内的第 0、1 块的任何一块中，对应的 Cache 块号分别为 3、4，依此类推。

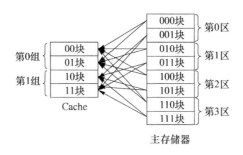

图 6.27　组相联映射

可以看出，当 Cache 每组仅有 1 块时，就成了直接映射方式；而当 Cache 只有一个组时，就成了全相联映射方式。组相联映射方式既避免了全相联方式时分配页面时的大量计算，也减少了直接映射方式时块的冲突，提高了存储体系的效率，因而在计算机中得到广泛的应用。

（2）地址变换

在组相联方式下，主存地址中的"主存块号"被进一步划分为"主存字块标记"与"Cache 组号"，即主存地址分为三部分：主存字块标记（s 位）、Cache 组号（g 位）、块内地址（b 位），主存地址位数 $m=w+b=s+g+b$。"主存字块标记"（也即主存区号）为写入 Cache 标记中的内容。

Cache 地址也由三部分组成，其中的"Cache 组号""块内地址"与主存地址中的"Cache 组号""块内地址"对应（位数与内容均相同），从主存地址中，就可以直接提取出这两部分的值。而"组内块号"即为组相联的映像函数中的 K，占 v 位。Cache 地址位数 $n=c+b=g+v+b$ 位。"Cache 组号"与"组内块号"构成了"Cache 块号"，如图 6.28 所示。

主存地址:(主存块号,$w=s+g$ 位)

主存字块标记(s 位)	Cache 组号(g 位)	块内地址(b 位)

Cache 地址:(Cache 块号,$c=g+v$ 位)

Cache 组号(g 位)	组内块号(v 位)	块内地址(b 位)

图 6.28　Cache 块号

组相联检索过程如图 6.29 所示,其命中与未命中的处理方法与全相联映射和直接映射一样。但检索时,首先根据"组号"直接找到 Cache 组,然后用"主存地址标记"字段与该组的每个 Cache 块标记逐一比较以确定是否命中。

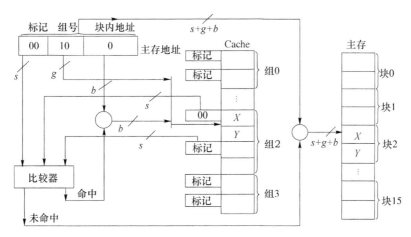

图 6.29　组相联映射方式的地址变换

6.4.3　高速缓存的替换算法

当要从主存调入一个块到 Cache 中时,经常会出现该块所映射到的 Cache 块位置(一个或一组)已经被占用的情况。这时,需要选择其中的某一块,用新调入的块取而代之。那么应如何选择这个被替换的块呢? 这就是替换算法要解决的问题。

替换算法和映射方式有关,直接映射方式不需要替换算法;在全相联映射方式下,由于存储器任何一块数据都可以调入 Cache 中任意一块位置,因此替换算法比较复杂;在组相联映射方式下,由于组内采用全相联映射方式,因此组内需要使用替换算法。

常用的替换算法有 FIFO 算法、随机替换算法、LRU 算法。

1. FIFO 算法

FIFO(First In First Out)算法是一种先进先出替换算法,其算法思想是将同一组中最先调入 Cache 中的块替换出去。这种方法实现容易,开销较小。缺点是一些频繁使用的块也会被替换出去,而频繁调入/调出又增加了开销。

2. 随机替换算法

随机替换算法就是随机选取被替换的块。其优点是简单,易于用硬件实现,但这种方法没有考虑 Cache 块过去被使用的情况,反映不了程序的局部性,所以命中率比较低。

3. LRU 算法

LRU(Least Recently Used)算法即最近最少使用算法,这是一种最常用的替换算法。

这种算法的思想是把一组中近期最少使用的块替换出去。这种方法所依据的是程序的局部性原理的一个推论:近期刚用过的块很可能马上要再用到,因此最久没用过的块就是最佳的被替换者。LRU 能较好地反映程序的局部性原理,因而命中率较高,但必须记录组中各块的使用情况,这样才能确定出近期最少使用的块,硬件成本比较高。

方法:每行设置一个计数器,每命中一次清"0",其他计数器加"1"。需替换时,比较各计数器值,将最大值的行换出。

6.4.4　高速缓存的写策略

在 Cache 与主存储器之间保持一致性是很重要的。按照存储层次的要求,Cache 内容应该是主存部分内容的一个副本,但是当执行写操作时,Cache 控制器判断其地址是否定位在 Cache 中。如果在,CPU 的数据就会写到 Cache 中。对于如何和主存的内容保持一致,Cache 控制器有以下几种主要的写策略。

1. 写直通方式(write through)

任一从 CPU 发出的写信号送到 Cache 的同时,也送到主存,以保证主存的数据能同步地更新。它的优点是操作简单,但由于主存的速度相对较慢,所以这种方式降低了系统的写速度并占用了部分总线时间。

2. 写回方式(write back)

为了尽量减少对主存的访问次数,克服写直通方式中每次数据写入都要访问主存,从而导致系统写速度降低并占用总线时间的弊病,就有了写回方式。它的工作原理是:数据一般只写到 Cache,而不写入主存,从而使写入的速度加快。只有当此数据块被换出时才写回主存。写 Cache 和写主存分开进行可明显减少写主存次数,但这样有可能出现 Cache 中的数据得到更新而对应主存中的数据却没有变(即数据不同步)的隐患,此时可在 Cache 中设置一个标志地址及数据陈旧的信息。

3. 失效(invalidation)

当系统中存在其他微处理器或 DMA(直接存储器存取)操作的系统部件时,主存储器即成为共享存储器。它们中的任何一方对主存储器都有可能覆盖写入。此时 Cache 控制器必须通报有关的 Cache,它们的数据由于主存储器已被修改而成为无效,这种操作就称为Cache 失效。

6.4.5　现代计算机的高速缓存结构

在现代计算机系统中几乎都使用 Cache 机制,以下以 Intel 公司微处理器中的 Cache 为例来说明具体的 Cache 结构。

Pentium 微处理器在芯片内集成了一个代码 Cache 和一个数据 Cache。片内 Cache 采用两路组相联(即每组两个数据块)结构,共 128 组。片内 Cache 采用 LRU 替换策略,每组有一个 LRU 位,用来表示该组哪一路中的 Cache 行被替。Pentium 处理器有两条单独的指令来清除或回写 Cache。

Pentium 处理器采用片外二级 Cache,可配置为 256 KB 或 512 KB,也采用两路组相联方式,每行数据有 32 字节、64 字节或 128 字节。

Pentium 4 处理器芯片内集成了一个 L2Cache 和两个 L1Cache。L2Cache 是联合

Cache,数据和指令存放在一起,所有从主存获取的指令和数据都先送到 L2Cache 中。它有三个端口,一个对外,两个对内。对外的端口通过预取控制逻辑和总线接口部件,与处理器总线相连,用来和主存交换信息。在对内的端口中,一个以 256 位位宽与 L1 数据 Cache 相连;另一个以 64 位位宽与指令预取都件相连,由指令预取部件取出指令,送指令译码器,指令译码器再将指令转换为微操作序列,送到指令 Cache 中。Intel 称该指令 Cache 为踪迹高速缓存(Trace Cache,TC),其中存放的并不是指令,而是指令对应的微操作序列。

　　Intel Core i7 采用的 Cache 结构如图 6.30 所示,每个核内有各自私有的 L1Cache 和 L2Cache。其中,L1 指令 Cache 和数据 Cache 都是 32 KB 数据区,皆为 8 路组相联,存取时间都是 4 个时钟周期;L2Cache 是联合 Cache,共有 256 KB 数据区,8 路组相联,存取时间是 11 个时钟周期。在该多核处理器中还有一个供所有核共享的 L3Cache,其数据区大小为 8 MB,16 路组相联,存取时间是 30～40 个时钟周期。Intel Core i7 中所有 Cache 的块大小都是 64 B。

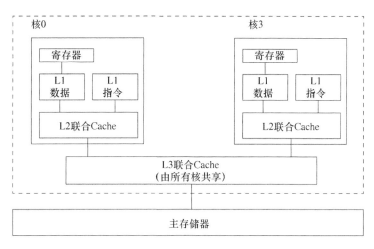

图 6.30　Intel Core i7 处理器的 Cache 结构

6.4.6　C 语言例子

下面通过分析两个 C 语言的程序段来分析一下高速缓存的工作效率:

程序段 1:

```
for(i = 0;i<M;i = i + 1)
for(j = 0;j<N;j = j + 1)
    X[i][j] = 2 * X[i][j];
```

程序段 2:

```
for(j = 0;j<M;j = j + 1)
for(i = 0;i<N;i = i + 1)
    X[i][j] = 2 * X[i][j];
```

　　在程序段 1 和程序段 2 中,M＝1024、N＝16,假定数组元素按行优先方式存放在主存中,主存大小为 256 MB,Cache 大小为 4 KB,按字节编址,主存与 Cache 交换的块大小为 64B,采用直接映射方式且 Cache 初始为空。则主存有 4MB(2^{22})个块,Cache 有 64(2^{6})个块,主存有 64KB(2^{16})个区。现只考虑数据的存放不考虑指令的存放,每个数组元素占 4 个字节,数组 X 在主存中的首地址为 0,则数组存放在了主存中的第 0～1023 块,如图 6.31 所示。

分析程序段 1,由于 Cache 初始为空,故 X[0][0] 不在 Cache 中,此时在 Cache 中不命中,需要从主存中调,把主存中含 X[0][0] 的数据块调入 Cache 中,即数据 X[0][0]～X[0][15] 被调入 Cache 中的第 0 块。根据程序段 1,下一个要访问的数据是 X[0][1],而此数据恰好已经被调入了 Cache,故在 Cache 中命中,直到数据 X[0][14] 都在 Cache 中命中,数据 X[1][0] 是第一次被访问且没有在 Cache 中,故在 Cache 中不命中,需要从主存中调块,依次类推。当主存的第 64 个块被调入 Cache 时,根据映射规则,需要将其放到 Cache 中的第 0 块,而此时这个块内不为空,需要把该块中的数据替换(映射情况如图 6.31 所示)。计算得到 Cache 的命中率为 15/16,即 93.75%。

分析程序段 2,X[0][0] 的访问同程序段 1。但是下一个要访问的数据不是 X[0][1],而是 X[1][0],此时访问顺序不同于存储顺序;X[1][0] 还没有被取到 Cache 中,所以此数据在 Cache 中不命中,依次类推,会发现,每个数据在 Cache 中都不命中,而包含需要访问的数据的数据块被调入 Cache 后,该块中的其他数据又没有被访问过,Cache 的命中率为 0。该程序以 64 个字节的跨距访问存储器,局部性不好。很明显能看出,不同的程序可以实现相同的功能,但 Cache 命中率会差距很大,也就会造成程序的执行时间差距很大。该程序以 100 个字节的跨距访问存储器,局部性不好。

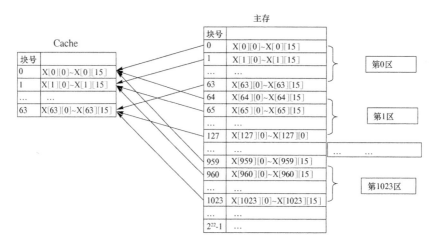

图 6.31　主存中数据的存储及映射到 Cache 的情况

为了简单地说明问题,举的例子是比较极端的情况,本例主存和 Cache 交换数据块大小正好是数组一行的数据;其他情况结果可能没有这么悲观(Cache 的命中率可能会高一些)。

再看程序段 3 和程序段 4,实现的功能是一样的,但是程序结构不同,程序执行时间也不同。

程序段 3 在对矩阵的每个元素分别作了乘 2 运算后,把每个元素累加,由于主存 Cache 的映像关系,在做完乘 2 运算后,Cache 中的数据是 x[959][0]—x[1023][15] 中的数据,累加开始的时候 Cache 不命中,需要重新到主存中取。而程序段 4 在每个元素乘 2 后马上做累加,每个元素的被充分利用,提高了局部性,提高了 Cache 的命中率。

程序段 3：
```
sum = 0;
for(i = 0;i<M;i = i + 1)
for(j = 0;j<N;j = j + 1)
    x[i][j] = 2 * x[i][j];
for(i = 0;i<M;i = i + 1)
for(j = 0;j<N;j = j + 1)
    sum = sum + x[i][j];
```
程序段 4：
```
sum = 0;
for(j = 0;j<M;j = j + 1)
for(i = 0;i<N;i = i + 1)
        {x[i][j] = 2 * x[i][j];
        sum = sum + x[i][j];
        }
```

习　题

1. 填空题

(1) 层次化存储体系涉及主存、辅存、Cache 和寄存器，按照存取速度排序依次是_____。

(2) Cache 介于主存和 CPU 之间，其速度比主存_____容量比主存小很多；它的作用是弥补 CPU 与主存在_____上的差异。

(3) 主存地址映射是用来确定_____地址与_____地址之间的逻辑关系。

(4) 常用的地址映射方法有_____、_____组相联映射三种。

(5) 建立高速缓冲存储器的理论依据是_____。

2. 选择题

(1) 计算机的存储器采用分级方式是为了_____。

A. 减少主机箱的体积　　　　　　　　B. 解决容量、价格、速度

C. 保存大量数据方便　　　　　　　　D. 操作方便

(2) 在主存和 CPU 之间增加 Cache 的目的是_____。

A. 增加内存容量

B. 提高内存的可靠性

C. 解决 CPU 与内存之间的速度匹配问题

D. 增加内存容量，同时加快存取速度

(3) 程序访问的局部性是使用_____的依据。

A. 缓冲　　　　　　　B. Cache　　　　　　　C. 虚拟内存　　　　　　D. 进程

(4) 有关高速缓冲存储器 Cache 的说法正确的是_____。

A. 只能在 CPU 以外

B. CPU 内外都可设置 Cache

C. 只能在 CPU 以内

D. 若存在 Cache,CPU 就不能再访问内存

(5) 现行奔腾机的主板上都带有 Cache 存储器,这个 Cache 存储器是_____。

A. 硬盘与主存之间的缓存 　　　　　　　　B. 软盘与主存之间的缓存

C. CPU 与视频设备之间的缓存 　　　　　　D. CPU 与主存储器之间的缓存

(6) 若主存每个存储单元为 16 位,则_____。

A. 其地址线也为 16 位

B. 其地址线与 16 无关

C. 其地址线与 16 有关

(7) 某存储器容量为 32 KB×16 位,则_____。

A. 地址线为 16 根,数据线为 32 根

B. 地址线为 32 根,数据线为 16 根

C. 地址线为 15 根,数据线为 16 根

(8) 通常计算机的主存储器可采用_____。

A. RAM 和 ROM 　　　　B. ROM 　　　　　　　C. RAM

(9) EPROM 是指_____。

A. 只读存储器

B. 可编程的只读存储器

C. 可擦洗可编程的只读存储器

(10) 可编程的只读存储器_____。

A. 不一定是可改写的

B. 一定是可改写的

C. 一定是不可改写的

(11) 下述说法中_____是正确的。

A. 半导体 RAM 信息可读可写,且断电后仍能保持记忆

B. 半导体 RAM 是易失性 RAM,而静态 RAM 中的存储信息是不易失的

C. 半导体 RAM 是易失性 RAM,而静态 RAM 只有在电源不掉时,所存信息是不易
　　失的

(12) 下述说法中_____是正确的。

A. EPROM 是可写的,因而也是随机存储器的一种

B. EPROM 是可写的,但它不能用作为随机存储器用

C. EPROM 只能改写一次,故不能作为随机存储器用

(13) 主存和 CPU 之间增加高速缓冲存储器的目的是_____。

A. 解决 CPU 和主存之间的速度匹配问题

B. 扩大主存容量

C. 既扩大主存容量,又提高了存取速度

3. 综合题

(1) 已知 Cache 命中率 $H=0.98$,主存比 Cache 慢 4 倍,主存存取周期为 200 ns,求 Cache 的平均访问时间。

（2）名词解释：存储字、存储单元、存储地址。

（3）简述主存的读写过程。

（4）设主存容量为 1 MB，采用直接映射方式的 Cache 容量为 16 KB，块长为 4，每字 32 位。试问主存地址为 ABCDEH 的存储单元在 Cache 中的什么位置？

（5）存储器的层次结构主要体现在什么地方？为什么要分这些层次？

（6）一个容量为 16 K×32 位的存储器，其地址线和数据线的总和是多少？当选用下列不同规格的存储芯片时，各需要多少片？

1K×4 位，2K×8 位，4K×4 位，16K×1 位，4K×8 位，8K×8 位。

（7）什么叫刷新？为什么要刷新？说明刷新有几种方法。

（8）一个组相联映射的 Cache 由 64 块组成，每组内包含 4 块。主存包含 4 096 块，每块由 128 字组成，访存地址为字地址。试问主存和 Cache 的地址各为几位？画出主存和 Cache 的地址格式。

第7章 计算机输入/输出程序和数据的方式

输入/输出(I/O)系统是计算机的重要组成部分。计算机通过输入/输出系统可实现与外部设备交换信息及与外部设备的通信。

7.1 I/O系统概述

I/O系统是解决如何将所需要的信息(文字、图像、声音、视频等)通过不同外设输入到计算机中,或者计算机内部处理的结果如何通过相应的外设输出给用户。I/O系统包含I/O硬件与I/O软件两大部分。I/O子系统的层次结构如图7.1所示。

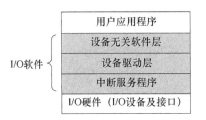

图7.1 I/O系统的层次结构

如图7.1所示,I/O硬件由计算机系统中所有I/O设备以及相应的I/O接口电路组成,是I/O系统的基础。I/O软件通常是指用I/O指令编制的、对I/O接口及设备进行管理和访问的程序,也称为I/O驱动程序。设备无关软件层是指实现用户应用程序与设备驱动层的统一接口,负责设备命令、设备保护以及设备分配与释放等功能,同时为设备管理和数据传送提供必要的存储空间。设备驱动层是根据设备的硬件实现以及应用程序需求,实现对设备进行操作的底层函数。中断服务程序用来控制主机与设备进行具体的数据交换。

如图7.2所示,用户应用程序发出I/O请求后,通过系统调用(位于设备无关软件层),由I/O接口判断I/O请求是否有结果,如果有,就可以直接与进程交换数据,并返回完成结果或错误信息。如果没有,就向设备驱动程序发送I/O请求,并等待结果。当接收到I/O请求后,设备驱动程序将启动外设做好准备工作。当外设准备好后发出中断请求,CPU响应中断后,就调出中断服务程序执行,由中断服务程序控制主机与设备进行具体的数据交换。完成中断请求后,处理结果将发送给中断处理例程,中断处理例程将保存结果并通知设备驱动,设备驱动再通知I/O子系统,再将完成的结果或错误信息返回给用户进程。

下面以打印操作为主线来说明系统调用的代码实现以及系统调用的全过程,其他系统调用的处理过程实际上道理是一样的。以 hello 程序在 Linux 系统运行说明:

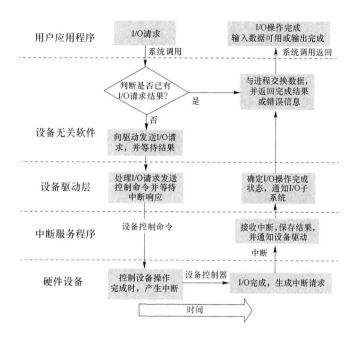

图 7.2　I/O 请求流程

```
# include <stdio. h>
int main()
{
    printf("hello, world\n");
}
```

该 hello 程序中需要向屏幕输入"hello, world"并按 Enter 键,即需要向外设显示器输出信息,此时用户程序使用 C 语言标准 I/O 库函数 printf 来提出的 I/O 请求。当调用了 printf()后,则会转到 C 语言函数库中对应的 I/O 标准库函数 printf()中去执行,该函数定义在文件 printf. c 中。当我们继续查看 printf()函数时,我们发现通过一系列函数调用,最终转到了 write()函数,而 write()函数就是一个系统调用。

在 write 函数里面实际做了两件事情,一是将 write 所对应的系统调用号 4 存放在 EAX 寄存器中,然后通过 int $0x80 指示处理器去做系统调用操作。在 IA-32 中,INT 指令是陷阱指令,也称为软中断指令。在早期 IA-32 架构中,int $0x80 指令是用作系统调用,系统调用号放在 EAX 寄存器中,可根据系统调用号选择执行一个系统调用服务例程。

```
1 write:
2     …
3     movl   $4, % eax          //将系统调用号 4 送 EAX
4     movl   8(% esp), % ebx    //将文件描述符送 EBX
5     movl   12(% esp), % ecx   //将所写字符串首址送 ECX
6     movl   16(% esp), % edx   //将所写字符个数送 EDX
7     int $ 0x80                //进入系统调用处理程序 system_call 执行
8 …
```

然后,当 CPU 遇到陷阱指令时,就会调用 Linux 中的系统调用的统一入口:即系统调用处理程序 system_call。看到在 system_call 函数中,根据系统调用号 4 跳转到相应的系统调用服务例程 sys_write()函数,该函数将完成字符串输出的功能。

sys_write()的实现方式通常又有三种不同的 I/O 接口的输入、输出控制方法,包括:查询控制方式、中断控制方式、DMA 控制方式(这些控制方式将在 7.2.4 节介绍)。在 sys_write 的执行过程中可能需要调用具体设备的驱动程序;在设备驱动程序中启动外设工作,外设准备好后发出中断请求,CPU 响应中断后,再调用中断服务程序执行,在中断服务程序中控制主机与设备进行具体的数据交换,如图 7.3 所示。

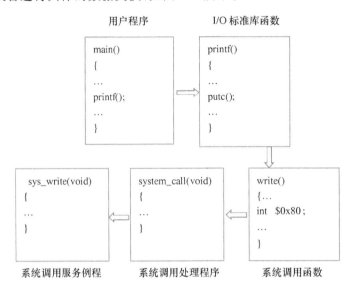

图 7.3 用户程序、I/O 标准库函数和内核函数之间的关系

7.2 I/O 硬件

7.1 节提到过,I/O 系统是由 I/O 软件与 I/O 硬件共同组成的。已经了解到用户空间的 I/O 请求是如何转入内核空间的 I/O 软件来控制 I/O 硬件的。这一节我们将继续了解 I/O 硬件部分。

I/O 硬件通常包含 I/O 设备本身和 I/O 接口电路。

7.2.1 I/O 设备

I/O 设备又称为外围设备、外部设备,简称外设,如常见的键盘、鼠标、显示器等。一般按照功能的不同,I/O 设备可以分为以下几类:

(1) 输入设备

输入设备将人们熟悉的信息形式,变换成计算机能接受并识别的二进制信息形式。理想的输入设备应该是"会看"和"会听"的设备。如键盘、鼠标、扫描仪等,以及用于文字识别、图像识别、语音识别的设备。

(2) 输出设备

输出设备将计算机输出的处理结果信息,转换成人类或其他设备能够接受和识别的信息形式。理想的输出设备应该是"会写"和"会讲"的设备。如激光打印机、绘图仪、CRT/LCD 显示器等。

（3）外存储设备

外存储设备用来存放那些不直接被处理器使用的数据和程序。如磁带、磁盘、光盘、U 盘等。

（4）模/数或数/模转换设备

模/数设备是指将一些模拟量如速度、温度转换为计算机能够识别的数字量的设备，或者将计算机中的数字量转换为模拟量的设备。

（5）网络通信设备

这类设备是实现计算机的远程通信或联网的设备，如调制解调器。

7.2.2　I/O 接口的基本作用

CPU 与外部设备的连接和数据交换都需要通过接口设备来实现，这种接口设备被称为 I/O 接口，又称设备控制器、I/O 控制器或 I/O 模块。不同外设往往对应不同的设备控制器。

主机通过 I/O 总线（桥）连接到各种设备控制器，如 USB 控制器、以太网卡、磁盘控制器等，它根据 CPU 接收到的控制命令来对相应外设进行控制。它在主机一侧与 I/O 总线相连，在外设一侧提供相应的连接器插座（图 7.4 为常见的几种连接外设的插座）。在插座上连上相应的连接外设的电缆，就可以将外设通过设备控制器连接到主机。即外设与主机之间的"通路"为：主机→I/O 总线（桥）→设备控制器→电缆→外设，如图 7.5 所示。USB 控制器、网卡（网络控制器）、磁盘控制器等都是一种设备控制器。

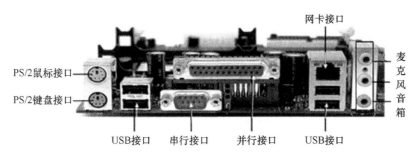

图 7.4　常见 I/O 设备插座

I/O 接口有很多种，不同的 I/O 接口适用的场合也不同，有的用于数据通信，有的用于数据格式转换，有的用于电平转换，也有的用于系统定时/计数和 DAM 传送，等等。综合各种情况，I/O 接口的基本作用归纳如下：

（1）数据缓冲功能：实现高速 CPU 与慢速外部设备的速度匹配。

（2）信号转换功能：实现数字量与模拟量的转换、串行与并行格式的转换和电平转换。

（3）中断控制功能：实现 CPU 与外部设备并行工作和故障自动处理等。

（4）定时计数功能：实现系统定时和外部事件计数及控制。

（5）DAM 传送功能：实现存储器与 I/O 设备之间直接交换信息。

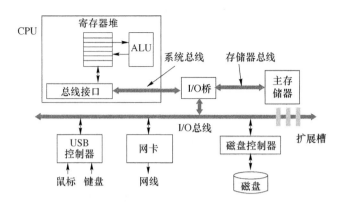

图 7.5　外设、设备控制器与 CPU、主存的连接

7.2.3　I/O 接口的基本组成

一个典型的 I/O 接口电路的结构如图 7.6 所示,它通常包括数据寄存器、控制寄存器、状态寄存器、数据缓冲器和读/写控制逻辑电路。

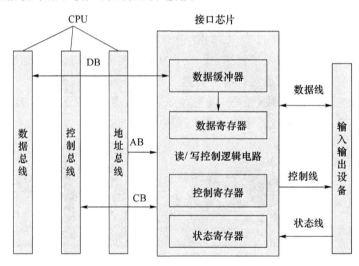

图 7.6　I/O 接口的基本组成

数据寄存器既可以读也可以写,用来存放 CPU 与 I/O 设备交换的信息。控制寄存器用来存放 CPU 向 I/O 设备发送的控制命令和工作方式设置等信息。状态寄存器用来存放 I/O 设备当前的工作状态信息,供 CPU 查询。数据缓冲器是 CPU 与 I/O 设备信息传送的通道,它与 CPU 的数据总线 DB 连接,数据缓冲器的作用是用来缓冲高速 CPU 和慢速 I/O 设备之间的速度差。读/写控制逻辑电路与 CPU 的地址总线 AB 和控制总线 CB 相连接,它的作用是接收 CPU 发送到 I/O 接口的读/写控制信号和端口选择信号,选择接口内部的寄存器进行读/写操作。

7.2.4　I/O 接口的输入/输出控制方法

在微机系统中,I/O 接口可采用的输入/输出控制方式一般有 4 种:查询控制方式、中断控制方式、直接存储器存取方式(DMA 方式)和输入/输出协处理器方式。

1. 查询控制方式

查询控制方式分为无条件传送方式和条件传送方式。

（1）无条件传送方式：这种方式是查询控制方式的特例，在此种条件下不需要查询，或假设查询已经完成。当 I/O 设备已准备就绪，而且不必查询它的状态就可以进行信息传输，这种情况就称为无条件传送。这种信息传送方式只适用于简单的 I/O 设备，如开关和数码段显示器等。

（2）条件传送方式：CPU 主动查询，也称程序查询或轮询（Polling）方式。CPU 通过执行程序不断读取并测试 I/O 设备状态，如果输入外部设备处于已准备好状态或输出外部设备为空闲状态时，则 CPU 执行数据读/写指令。由于条件传送方式是 CPU 通过程序在不断查询 I/O 设备的当前状态后才进行信息传送，所以也称为"查询式传送"。条件传送方式的接口电路一般包括传送数据端口及传送状态端口。当输入信息时，CPU 查询到 I/O 设备准备好后，则将接口的"准备好"标志位置 1。当输出信息时，I/O 设备取走一个数据后，CPU 将传送状态端口标志置为"空闲"状态，数据端口可以接收下一个数据。

在该方式下，使用 7.1 节中的 sys_write 函数进行字符串打印的系统调用服务例程大致过程如下：

```
for (i = 0; i < n; i + +) {              // 对于每个打印字符循环执行
    while ( printer_status ! = READY);   // 如果打印机状态不"就绪"，就一直等待
    * printer_data_port = kernelbuf[i];  // 当打印机状态"就绪"，向数据端口输出一个字符
    * printer_control_port = START;      // 发送"启动打印"命令
}
```

在上述程序段中，对于每个需要打印的字符，都需要先查看打印机是否"就绪"，如果"就绪"就输出一个字符，否则就一直等待。接着下一个字符继续查看打印机传送字符是否完成，即状态为"就绪"，才能继续输出。循环直到所有字符打印结束。该方式控制简单，但是主机和外设是串行工作，由于外设速度比 CPU 慢很多，所以主机的效率不能充分发挥。

2. 中断控制方式

中断控制方式是一种高效的、适用于频繁而随机发生的小数据量的输入/输出请求的控制方法。在中断控制方式中，主机启动外设后不需要等待查询，而是继续执行程序。当外设工作完成后便向 CPU 发中断请求。CPU 接到中断请求后在响应条件满足时可以响应，并由 CPU 执行中断服务程序以完成外设和主机的一次信息传送，完成传送后主机又继续执行主程序。

该方式下，7.1 节中的 sys_write 进行字符串打印的系统调用服务例程大致过程如下：

```
enable_interrupts ( );                   // 开中断，允许外设发出中断请求
    while ( printer_status ! = READY);   // 如果打印机状态不"就绪"，就一直等待
    * printer_data_port = kernelbuf[i];  // 当打印机状态"就绪"，向数据端口输出一个字符
    * printer_control_port = START;      // 发送"启动打印"命令
scheduler ( );                           // 阻塞当前进程，调度其他进程执行
```

我们可以看到在上述程序段中，首先打开中断，当打印机状态就绪后，CPU 启动外设进行第一个字符的传送，并发送"启动打印"命令，然后阻塞当前进程。从而 CPU 去执行其他进程，这个时候外设在对应设备控制器的控制下进行数据的 I/O 操作。此时，CPU 与外设是并行工作的。当 I/O 操作完成后就会向 CPU 发出中断请求信号，CPU 就会中断当前进

程,并调出对应的中断服务程序进行下一次数据的传送,然后返回到被打断的进程继续执行。

这种方式可以使 CPU 与外设并行工作,CPU 的效率相比查询控制方式效率大大提高。但程序中断方式使 CPU 增加了额外开销时间,适合工作速度不太高的外设与主机的信息传送。

3. DMA 控制方式

DMA 控制方式是一种通过 DMA 控制器大量、直接传送数据的方式。当某一 I/O 设备需要输入/输出一批数据时,它首先向 DMA 控制器发出请求,DMA 控制器接收到这一请求后,向 CPU 发出总线请求;此时若 CPU 响应 DMA 的请求,就把总线使用权赋给 DMA 控制器,则数据可以不通过 CPU,直接在 DMA 控制器操纵下进行。当这批数据传送完毕后,DMA 控制器就使得总线请求信号变得无效,CPU 检测到这一信号,即可收回总线使用权。在该方式下,7.1 节中的 sys_write 进行字符串打印的系统服务例程大致过程如下:

```
initialize_DMA ( );              // 初始化 DMA 控制器(准备传送参数)
* DMA_control_port = START;      // 发送"启动 DMA 传送"命令
scheduler ( );                   //阻塞当前进程,调度其他进程执行
```

我们可以看到在上述程序段中,CPU 首先进行 DMA 控制器的初始化工作后,接着发送"启动 DMA 传送"命令,就阻塞当前进程,转而去执行其他进程了。这个时候 DMA 控制器就可以进行所有数据的传送工作。当 DMA 完成所有数据的传送后就会向 CPU 发送"DMA 完成"的中断请求信号,CPU 检测到该信号后,就会中断当前执行的进程,并调出相应的中断服务程序执行。该中断服务程序中主要完成解除进程的阻塞状态进行就绪队列,然后返回被打断的进程继续执行。

因此,采用 DMA 控制方式,除了数据块开始传送和结束传送时需要进行适当处理外,在数据块传送过程中无须 CPU 干预,每传送一个数据中只需要占用一个主存周期,这样 CPU 用于 I/O 的开销就非常小。

【例 7.1】 某计算机的 CPU 主频为 500 MHz,CPI 为 5(即执行每条指令平均需 5 个时钟周期)。假定某外设的数据传输率为 0.5 MB/s,采用中断方式与主机进行数据传送,以 32 位为传输单位,对应的中断服务程序包含 18 条指令,中断服务的其他开销相当于 2 条指令的执行时间。请回答下列问题,要求给出计算过程。

① 在中断方式下,CPU 用于该外设 I/O 的时间占整个 CPU 时间的百分比是多少?

② 当该外设的数据传输率达到 5 MB/s 时,改用 DMA 方式传送数据。假定每次 DMA 传送块大小为 5000B,且 DMA 预处理和后处理的总开销为 500 个时钟周期,则 CPU 用于该外设 I/O 的时间占整个 CPU 时间的百分比是多少?

解:中断传送:

在中断方式下,CPU 每次用于数据传送的时钟周期为:

$$5 \times (18+2) = 100$$

为达到外设 0.5 MB/s 的数据传输率,外设每秒申请的中断次数为:

$$0.5 \text{ MB}/4B = 125\,000$$

1秒内用于中断的开销:

$$100 \times 125\,000 = 12\,500\,000 = 12.5 \text{ M 个时钟周期}$$

CPU 用于外设 I/O 的时间占整个 CPU 时间的百分比：
$$12.5\ M/500\ MB = 2.5\%$$
DMA 传送：

在 DMA 方式下，CPU 每次用于数据传送的时钟周期为 500。

为达到外设 5 MB/s 的数据传输率，外设每秒申请的进行 DMA 传送次数为：
$$5\ MB/5000\ B = 1000$$
1 秒内用于 DMA 的开销：
$$1000 \times 500 = 500\ 000 = 0.5\ M\ 个时钟周期$$
CPU 用于外设 I/O 的时间占整个 CPU 时间的百分比：
$$0.5\ M/500\ MB = 0.1\%$$

4. 输入/输出协处理器方式

对于有大量输入/输出任务的微机系统，DMA 控制方式已经不能满足输入/输出的需求。为了满足输入/输出的需要，Intel 公司生产了与 x86 系列芯片配套的输入/输出协处理器(IOP)8089。系统中配置了 IOP 后，x86 系列 CPU 必须工作在最大模式。当 CPU 需要进行 I/O 操作时，只要在存储器中建立一个规定格式的信息块，设置好需要执行的操作和有关参数，然后把这些参数送入 IOP，IOP 即会执行输入/输出操作。如果在数据传送过程中出现错误，IOP 就会进行重复传送或做必要的处理。整个数据块的传送过程由 IOP 控制，在同时 CPU 可去完成其他作业。

7.2.5　I/O 的编址

1. I/O 接口

在 7.2.3 节中，了解了 I/O 接口的基本组成。当 CPU 与 I/O 设备通信时，传送的信息主要包括数据信息、状态信息和控制信息。在 I/O 接口电路中，这些信息将分别进入不同的寄存器，通常将这些寄存器和它们的控制逻辑统称为 I/O 接口(Port)，CPU 可对 I/O 接口中的信息直接进行读写。在一般的接口电路中都要设置以下 3 种接口：

(1) 数据接口

数据接口(Data Port)用来存放 I/O 设备送往 CPU 的数据以及 CPU 要输出到 I/O 设备去的数据。这些数据是主机和 I/O 设备之间交换的最基本的信息，数据接口的长度一般为 1~2 字节。数据接口还起着数据缓冲的作用。

(2) 状态接口

状态接口(Status Port)主要用来指示 I/O 设备的当前状态。每种状态用 1 位表示，每个 I/O 设备可以有几个状态位，它们可由 CPU 读取，以测试或检查 I/O 设备的状态，决定程序的流程。需要指出的是，除了状态接口中的内容外，接口电路中往往还会有若干状态线，它们用电平的高低来指示 I/O 设备当前状态，实现 CPU 与 I/O 设备之间的通信联络，它们的名称和电平与状态位之间不一定完全对应。I/O 接口电路状态接口最常用的状态位有如下三种：

① 准备就绪位(Ready)。如果是输入接口，并且该位为 1，表明接口的数据寄存器已准备好数据，等待 CPU 来读取；当数据被 CPU 取走后，将该位清为 0。如果是输出接口，并且这一位为 1，则表明接口中的输出数据寄存器已空，即上一个数据已被输出设备取走，可以

接收 CPU 的下一个数据了;当新数据到达后,Ready 位即被清 0。对于不同的 I/O 接口,这个状态位所用的名称可能不一样,例如,也可能用输入缓冲器空,输出缓冲器满,发送缓冲器空等,但它们的含义和用法均与准备就绪位(Ready)类似。

② 忙碌位(Busy)。用来表示输出设备是否能接收 CPU 所传数据。若该位为 1,表示输出设备正在进行输出数据传送操作,暂时不允许 CPU 送来新的数据。本次数据传送完毕,Busy 位清 0,表示输出设备已处于空闲状态,允许 CPU 将下一个数据送到输出接口。

③ 错误位(Error)。如果在 I/O 设备的数据传送过程中发现产生了某种错误,可将错误位置 1。当 CPU 查到出错状态后便启动相应的处理过程,例如,显示错误信息、重新传送、中止操作等。

(3) 命令接口

命令接口(Command Port)也称为控制接口(Control Port),它用来存放 CPU 向 I/O 接口发出的各种命令和控制字,以便对接口或设备进行控制。常见的 I/O 命令信息位有启动位、停止位、中断允许位等。I/O 接口芯片不同,控制字/命令字的格式和内容也是各不相同的,常见的有方式选择控制字、操作命令字等。

一般来说,CPU 与 I/O 设备交换的数据是以字节为单位进行的,因此一个 I/O 设备的数据接口宽度为 8 位。而状态口和命令口可以只包含一位或几位信息,所以不同 I/O 设备的状态口、命令口可以共用一个接口。通常可用 D 触发器和三态缓冲器来构成这两种接口。

由上所述,在 I/O 接口中,数据信息、状态信息和控制信息的含义各不相同,按理说这些信息应分别传送。但在微机系统中,CPU 通过接口和 I/O 设备交换数据时,只有输入(IN) 和输出(OUT)两种指令,所以只能把状态信息和命令信息也都当作数据信息来传送。在数据传送的时候,对状态信息要进行读操作,作为输入数据;对控制信息要进行写操作,作为输出数据,这样 3 种信息都可以通过数据总线来传送了。在数据交换的过程中,这 3 种信息将被送入对应的 3 种不同接口的寄存器,从而实现接口不同的功能。

2. I/O 接口的寻址方法

CPU 对 I/O 设备的访问也就是对 I/O 接口电路中相应的接口进行访问,因此和访问存储器一样,也需要由译码电路来形成 I/O 接口地址。I/O 接口的编址方式有两种,分别称为存储器映象编址方式和 I/O 单独编址方式。

(1) 存储器映象编址方式

若把微机系统中的每一个 I/O 接口都看作一个存储单元,并与存储器单元一样统一编址,这样访问存储器的所有指令均可用来访问 I/O 接口,不用设置专门的 I/O 指令,这种编址方式称为存储器映像的 I/O 编址方式(Memory Mapped I/O)。这种编址方式的优点是:微处理器的指令集中不必包含专门的 I/O 操作指令,简化了指令系统的设计;可以使用类型多、功能强的存储器访问指令,对 I/O 设备进行方便、灵活的操作。缺点主要是在统一编址中,I/O 接口占用了存储单元的地址空间。

(2) I/O 单独编址方式

若对微机系统中的输入/输出接口地址单独编址,构成一个 I/O 空间,它们不占用存储空间,系统用专门的 IN 指令和 OUT 指令来访问这种具有独立地址空间的接口,这种寻址方式称为 I/O 单独编址方式。Intel 8086 和 Intel 8088 等微处理器都采用这种寻址方式来访问 I/O 设备。在 Intel 8086 中,使用地址总线的低 16 位($A_0 \sim A_{15}$)来寻址 I/O 接口,最多

可以访问 $2^{16}=65536$ 个输入或输出接口。Intel 8086 CPU 中的 M/$\overline{\text{IO}}$控制信号用来区分是 I/O 寻址还是存储器寻址,当它为高电平时,表示 CPU 执行的是存储器操作,为低电平时则是访问 I/O 接口。

I/O 单独编址方式的优点是:将 I/O 指令和存储器访问指令区分开,使程序清晰,可读性好;I/O 指令长度短,执行的速度快。I/O 接口不占用存储内存空间;I/O 地址译码电路较简单。此种编址方式的不足之处是:CPU 指令系统中必须设有专门的 IN 和 OUT 指令,这些指令的功能没有存储器访问指令强;CPU 还需提供能够区分访问内存和访问 I/O 接口的硬件引脚信号。

7.3 中断方式的输入/输出

7.3.1 中断的概念

1. 中断的定义和功能

中断是计算机系统中一个非常重要的概念。中断技术在微机系统中的应用,不仅可以实现 CPU 与 I/O 设备并行工作,而且可以及时处理系统内部和外部的随机事件,使系统能够更加有效地发挥作用。Intel 80x86 系列微机的中断系统包括:CPU 中断管理机制、中断控制器 8259A 和中断处理程序,它最多可以管理 256 种类型的中断,能够自动实现中断源识别、中断源优先权判优和中断屏蔽等功能。

所谓中断,是指 CPU 在执行程序的过程中,由于某种系统外部或内部事件的发生(如 I/O 设备请求向 CPU 传送数据或 CPU 执行程序出现了异常),CPU 暂停当前正在执行的程序,转去为该事件服务,待为该事件服务结束后,能自动地返回被中断的程序中继续执行的过程。

中断过程可以用图 7.7 来描述,当 CPU 正在执行主程序 M 时,某个事件(内部或外部)发生并请求 CPU 处理,当 CPU 响应中断请求后,保存当前状态,中断正在执行的程序 M 而转去为该事件服务,执行中断服务程序 S;当中断服务程序 S 执行结束后,CPU 又自动地返回到原来被中断的主程序 M 中继续执行。这里将能实现中断过程的技术,称为中断技术。

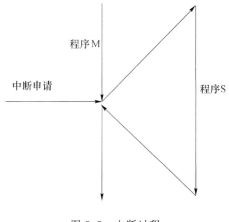

图 7.7 中断过程

采用查询控制方式时,CPU 必须不断地查询 I/O 设备的忙/闲状态,与 I/O 设备交换数据时效率很低,为提高 CPU 的利用率,人们提出了中断的概念。采用中断技术后,CPU 平时可以执行主程序,只有当 I/O 设备将数据准备好了,或者输出缓冲器空了,才向 CPU 提出中断请求。CPU 响应中断后暂停当前程序的执行,转去为 I/O 设备服务,服务完后又返回断点处,继续执行原来的程序。这样,CPU 就省掉了查询 I/O 设备的时间,从而大大提高了 CPU 的利用率。

2. 中断源和中断分类

在计算机系统中,引起中断的原因或能发出中断请求的外设称为中断源。8086/8088 系列微机系统有两种中断源,一种称为硬件中断源或外部中断源,它们从 CPU 的不可屏蔽中断引脚 NMI 和可屏蔽中断引脚 INTR 引入;另一种称为软件中断源或内部中断源,是为解决 CPU 运行过程中出现的一些意外事件或便于程序调试而设置的。因此,根据不同的中断源,可以把 8086/8088 系列微机的中断分为硬件中断和软件中断两大类。8086/8088 系列微机的中断分类和中断源如图 7.8 所示。

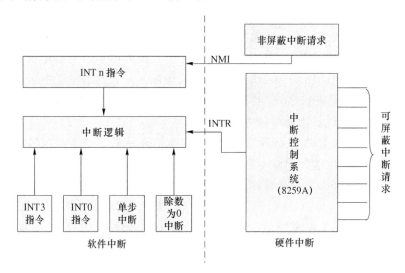

图 7.8 8086/8088 系列的中断分类和中断源

(1) 硬件中断(外部中断)

从 NMI 和 INTR 引脚引入的中断属于硬件中断(外部中断)。其中,从 NMI 引脚引入的中断称为非可屏蔽中断。非可屏蔽中断用来应对比较紧急的情况,如断电、存储器或 I/O 校验错、协处理器异常中断请求等,它不受中断标志 IF 的影响,CPU 必须马上响应和处理。非可屏蔽中断通常采用边沿脉冲触发,当 8086/8088 处理器的 NMI 引脚上接收到由低到高的电平变化时,将自动产生中断类型码为 2 的非可屏蔽中断。

从 8086/8088 处理器的 INTR 引脚引入的中断请求称为可屏蔽中断。只有当 CPU 的标志寄存器 FLAGS 的中断标志位 IF=1 时,才允许响应此引脚引入的中断请求;若 IF=0,即使外部有中断请求,也不能响应中断。在 8086/8088 系列微机中,这类中断是通过 8259A 可编程中断控制器的输出引脚 INT,连到 CPU 的 INTR 引脚上去的。中断控制器 8259A 的输入引脚 $IR_0 \sim IR_7$ 可引入 8 路中断,允许有时钟、键盘、串行通信口 COM1 和 COM2、硬盘、软盘、打印机 7 个中断源,IR_2 为用户保留。经中断控制器 8259A 判别后,选择中断优先级最高的设备向 CPU 提出中断请求。CPU 执行当前指令,当运行到最后一个指令周期时,对 INTR 线采样,若发现有中断请求信号,则将内部的中断标志位置 1,在下一个总线周期便立即进入中断总线周期。

（2）软件中断（内部中断）

软件中断（内部中断）不需要硬件支持,不受 IF 标志控制,不执行中断总线周期,除单步中断可通过 TF 标志位允许或禁止外,其余都是不可屏蔽的中断。软件中断有以下几种:

① 除法出错中断。当 CPU 在进行除法运算时,若发现除数为 0 或者所得的商超过了寄存器能容纳的范围,则自动产生一个类型为 0 的除法出错中断。

② 单步中断。如果 CPU 当前的中断标志位 IF=1 而且单步标志 TF=1,那么每执行完一条指令后,会自动产生类型为 1 的单步中断。CPU 响应单步中断后,暂停执行下一条指令,转而执行单步中断服务程序,其结果是将 CPU 的内部寄存器和有关存储器的内容显示出来,便于跟踪程序的执行,实现动态排错。

8086/8088 系列微机中没有直接对标志寄存器的 D_8 位（即 TF 标志置 1 或置 0）指令,但可以通过堆栈操作指令改变 TF 的值。

【例 7.2】 如果要使 TF 标志置 1,可使用如下汇编语言程序段实现:

```
PUSHF ；        标志寄存器 FLAGS 入栈
POP         BX      ;BX←FLAGS 内容
OR          BX,0100H ； 使 BX(即标志寄存器)的 D₈=1,其余位不变
PUSH        BX      ;BX 入栈
POPF                ;FLAGS 寄存器←BX
```

用类似的方法将标志寄存器与 FEFFH 相与,可以使 TF 标志位清 0,从而禁止单步中断。

③ 溢出中断。当有符号数进行算术运算时,如果溢出标志位 OF=1,则可由溢出中断指令 INTO 产生中断类型号为 4 的溢出中断。如果算术运算后 OF=0,则执行 INTO 指令后不会产生溢出中断。因此在有符号数加、减指令后应安排一条 INTO 指令,一旦出现溢出就能及时向 CPU 提出中断请求,CPU 响应溢出中断后可进行相应的处理。

④ 软件中断指令 INT n。软件中断指令也称为软中断指令,其中 n 为中断类型号,n 的取值范围为 0～255。软中断指令可以安排在程序的任何位置上。一般来说,利用 INT n 指令能以软件方式调用所有 256 个中断的服务程序,当然其中有些中断实际上是由硬件触发的。除了可以使用 INT n 指令,当需要的时候调用大量为 I/O 设备服务的子程序外,还可以利用这种指令来调试各种中断服务程序。例如,可通过调用 INT 2 指令执行 NMI 中断服务程序,从而不必在 NMI 引脚上添加外部信号,便能对 NMI 子程序进行调试。

⑤ 断点中断。在软件中断中,还有一种类型号为 3 的断点中断,它是一条单字节指令,是为调试程序而专门设置的。若在程序的某个位置设置了断点,每当程序运行到断点时便产生断点中断,这时也可以像单步中断一样,查看各寄存器和有关存储单元的内容。断点可以设置在程序的任何地方并可以设置多个断点,设置的方法是在断点处插入一条 INT 3 指令。由于断点可以设定在程序的关键位置,断点中断调试的速度往往比单步中断调试的速度要快得多。

3. 中断向量表

（1）中断响应和返回

CPU 在响应中断的时候，首先不仅要把 CS 和 IP 寄存器的值也即断点送到堆栈保护起来，还要将标志寄存器的值压入堆栈进行保护，以保证在中断服务程序执行完后，能正确恢复 CPU 的状态。然后 CPU 找到中断服务程序的入口地址，转去执行相应的中断服务程序。中断服务程序执行结束后，CPU 通过执行中断返回指令 IRET，从堆栈中恢复中断前 CPU 的状态和断点，返回源程序（主程序）继续执行。因此，寻找中断服务程序的入口地址，是中断处理过程中的一个重要环节。

（2）中断向量表

通常，将中断服务程序的入口地址称为中断向量。8086/8088 系列微机可处理 256 种中断，类型号为 0～255（0～FFH）。每种中断对应一个入口地址，需要用 4 个字节存储 CS 和 IP，这样 256 种中断的入口地址要占用 1K 字节。中断入口地址位于内存 00000～003FFH 的区域中，存储了这些地址的连续空间称为中断向量表。

8086/8088 CPU 的中断向量表如图 7.9 所示。对于每个中断向量，使用两个高字节存放中断服务程序入口地址的段地址（CS），使用两个低字节存放该段地址的偏移量（IP）。因为每个中断向量要占用 4 个字节的存储单元，所以必须将中断类型号 n 乘以 4 才能找到此类型的中断向量。

从类型 0 到类型 4 的 5 个中断被定义为专用中断，它们分别是：除法出错中断、单步中断、非可屏蔽（NMI）中断、断点中断和溢出中断。专用中断的中断服务程序的入口地址分别存放在 00H、04H、08H、0CH 和 10H 开始的 4 个连续单元中。例如，对类型号为 2 的非可屏蔽中断，它的中断服务程序的入口地址存放在 00008H～0000BH 单元中，其中 CS 存放在 0000AH 开始的字单元中，IP 存放在 00008H 开始的字单元中。在 8086/8088 系列微机中，8259A 的中断输入端 $IR_0\sim IR_7$ 引入的中断类型号为 08FH～0FH，将这些中断类型号乘以 4 就可知道它们各自对应的中断向量。

下面通过举例来说明中断类型号 n 与中断向量表的关系。

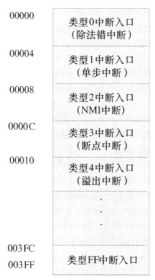

图 7.9　8086/8088 CPU 的中断向量表

【例 7.3】　在某台微型机中,如果中断类型号为 $n=8$(中断向量表的第 9 个入口地址),那么这个向量的中断服务程序的入口地址为:$8\times4=32=20\mathrm{H}$。如果类型号为 8 的入口地址中$(00020\mathrm{H})=0200\mathrm{H}$、$(00022\mathrm{H})=1000\mathrm{H}$,那么中断服务程序的入口地址为 $10200\mathrm{H}=1000\mathrm{H}\times16+200\mathrm{H}(\mathrm{CS}=1000\mathrm{H},\mathrm{IP}=0200\mathrm{H})$。CPU 响应中断类型 8 的中断后,就转到地址 10200H 开始的中断类型 8 的中断服务程序。

8086/8088 系列微机开机启动后,会自动转到地址 FFFF0H 去执行启动程序,然后将存放在 ROM BIOS 数据区中的中断向量,装入 RAM 中的指定区域(000~3FFH),在那里形成一个中断向量表。用户可通过程序修改中断向量表,也可根据需要设置新的中断向量,并运行相应的中断服务程序。不过,当微机重新启动(开机)后,中断向量表就又恢复了原来的内容。

4. 中断优先级和中断嵌套

(1) 中断优先级

8086/8088 系列微机中有多个中断源,可能有多个中断源同时向 CPU 提出中断请求,这时 CPU 必须按各个中断的重要性和实时性等,为它们排列中断响应的次序,这个响应次序称为中断优先级。在 8086/8088 系列微机中,中断优先级从高到低的次序为

除法出错中断,类型 0(软件中断);

溢出中断,类型 4(软件中断);

INT n,类型 n(软件中断);

NMI,类型 2(硬件中断);

INTR,类型 32~255(硬件中断);

单步中断,类型 1(软件中断)。

其中,可屏蔽中断 INTR 由 8259A 中断控制器引入,由它进一步控制 8 级可屏蔽中断的优先级。

(2) 中断嵌套

8086/8088CPU 响应中断时,会根据中断优先级的高低,先响应优先级高的,后响应优先级低的中断请求。当 CPU 正在执行某一个中断服务程序时,如果有优先级更高的中断源提出请求,CPU 会暂时挂起正在处理的中断,先为优先级更高的中断服务,服务结束后再返回到刚才被暂时挂起的较低级的中断,这就是所谓的中断嵌套。中断嵌套仅应用于可屏蔽中断之中。

CPU 进入中断服务程序之后,硬件会自动执行关中断,禁止别的中断进入。只有在中断服务程序中,用开中断指令(STI 指令)将中断打开后,才允许高级中断进入,实现中断嵌套。中断服务程序结束前,要用关中断指令(CLI 指令)结束该级中断,并用 IRET 指令返回到中断前的断点处去继续执行原程序。

例如,如果一个系统中有三个中断源,优先权的安排为:中断 1 为最高,中断 3 为最低,其中断处理嵌套如图 7.10 所示。

7.3.2　中断的处理过程

计算机处理中断的 5 个步骤为中断请求、中断源识别(中断判优)、中断的应、中断处理和中断返回。下面以硬件可屏蔽中断为例,简要介绍中断处理过程的 5 个步骤。

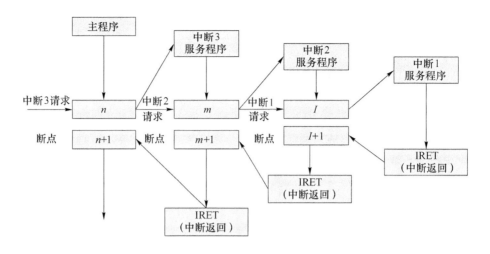

图 7.10　中断嵌套

1. 中断请求

当 I/O 设备需要 CPU 服务时,第一步要发出一个有效的中断请求信号送到 CPU 的中断输入端。按照不同的触发方式,中断请求信号可分为边沿触发和电平触发。边沿触发指的是 CPU 根据中断请求端上有无从低电平到高电平或从高电平到低电平的跳变来判断是否有中断请求信号;电平触发指的是 CPU 根据中断请求端上有无稳定的电平信号(高电平或低电平)来判断是否有中断请求信号。通常,CPU 能够即时响应的中断可以采用边沿触发,CPU 不能即时响应的中断则应采用电平触发,否则中断请求信号就会丢失。8086/8088 CPU 对由 NMI 端传来的中断采用边沿触发,对由 INTR 端传来的中断采用电平触发。为了保证产生的中断能被 CPU 处理,由 INTR 端传来的中断请求信号应保持到该请求被 CPU 响应为止。CPU 响应中断后,还要及时清除 INTR 信号,以免造成多次中断响应。

2. 中断源识别(中断判优)

由于中断的产生具有随机性,当系统中的中断源多于 1 个的时候,就有可能在某一时刻有两个或多个中断源同时发出中断请求。而 CPU 只有一条中断申请线,并且任一时刻只能响应并处理一个中断。这就要求 CPU 能够识别中断源,找出中断优先级最高的中断源并响应之,在这个中断响应完成后,再响应级别较低的中断源的请求。中断源的识别及其优先级的顺序判定就是中断源识别(中断判优)要解决的问题。中断源识别(中断判优)的方法分为软件和硬件两种。

(1) 软件判优

软件判优是指通过软件来排序各中断源的优先级别。当有中断申请发生时,CPU 响应中断,进入中断服务程序后首先查询是哪个中断源申请的中断。第一个被查询的中断源级别最高,若有中断申请,马上响应,处理第一个中断源所要求处理的事情。处理结束,再返回查询第二个中断源是否也有中断申请,若有则转去处理;若没有,再查询第三个中断源是否有中断申请,其他中断源以此类推。越先被查询的中断源级别越高,越后被查询的中断源级别越低。

使用软件判优法,也需要一定的硬件电路辅助,电路原理图如图 7.11 所示。在图中,I/O设备的中断请求信号 IRQ 被锁存在中断请求寄存器中,并通过"或"门经过或运算后送到 CPU 的 INTR 端,同时把 I/O 设备的中断请求状态经并行接口输入 CPU。

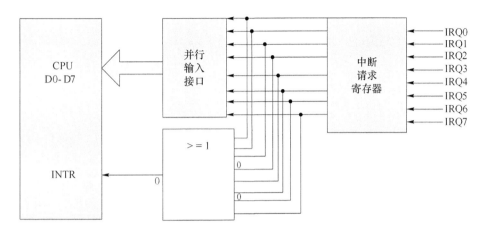

图 7.11　软件判优的电路原理

若一个或几个中断源发出中断请求,中断请求信号经过中断请求寄存器后,经"或"门连接到 CPU 的 INTR 引脚上。CPU 响应中断后进入中断处理程序,中断处理程序首先读取并查询并行输入接口的中断状态,查到哪个中断源有请求就调用哪个中断源的中断服务程序。软件查询中断源的次序就反映了各中断源优先级别的高低,先被查询的中断源优先级别最高,后被查询的中断源优先级依次降低。软件判优方法硬件电路简单、优先权安排灵活,但软件判优所花时间较长,在中断源较多的情况下会影响到中断响应的实时性。我们可以使用硬件判优来克服软件判优的缺点。

（2）硬件判优

硬件判优是指使用专用的硬件电路或控制器来排序各中断源的优先级别。硬件判优电路有很多种,下面介绍两种常用的硬件判优方法。

① 中断控制器判优。中断控制器采用一个中断优先级判别器来判别哪个中断请求的优先级最高。当 CPU 响应中断时,中断控制器将优先级最高的中断源所对应的中断类型码发送给 CPU。中断类型码是为每一个中断源分配的一个编号,该编号乘以 4,就等于中断源相对应的中断服务程序的入口地址。

8086/8088 系列微机中的 8259A 芯片是一种可编程的中断控制器,通过级联使用,它可对多达 64 级的中断源进行优先级管理。

② 链式判优。链式判优的基本思想是将所有的中断源构成一个链（称菊花链）,利用 I/O 设备在系统中的物理位置来决定中断优先级。越排在链前面的中断源的优先级越高,高优先级别的中断会自动封锁低优先级别的中断。链式优先权排队电路如图 7.12 所示。该电路具备以下基本功能:

a.当有两个以上中断源申请中断时,能够响应最高级的中断,屏蔽低级的中断。

b.当响应较低级的中断时,如果有更高级的中断,可以暂停低级中断服务,立即响应高级别的中断。

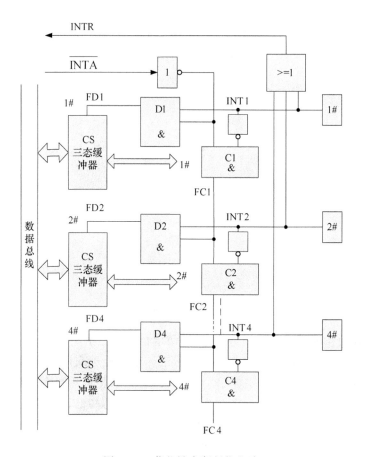

图 7.12　菊花链中断判优电路

【例 7.4】 图 7.12 中 4 台设备分别为 1#、2#、3#、4#,采用菊花链的方法向 CPU 申请中断。1#设备在电路的最前面,级别最高,4#设备在电路的最后面,级别最低。假设 1#、2#两台设备同时申请中断,INT1＝1,INT2＝1,先经过"或"门,使用 INTR 线向 CPU 申请中断。如果此时 CPU 的中断允许标志 IF＝1,则 CPU 会在结束当前指令后响应中断请求,并通过 $\overline{\text{INTA}}$ 线发出中断响应信号。这时,"与"门 C1 的输出 FC1＝$\overline{\text{INT1}}$ ∧ INTA,由于 $\overline{\text{INT1}}$ ＝0,INTA＝1,所以 FC1＝0。"与"门 D1 的输出 FD1＝INT1 ∧ INTA,由于 INT1＝1,INTA＝1,所以 FD1＝1,1#三态缓冲器被选通,1#设备可以与 CPU 进行数据交换,CPU 响应 1#设备的中断申请。"与"门 D2 的输出 FD2＝FC1 ∧ INT2,由于 FC1＝0,INT2＝1,所以 FD2＝0,2#三态缓冲器无法选通,2#设备无法与 CPU 进行数据交换。

由以上分析可以看出,如果 1#设备与 2#设备同时向 CPU 发出中断请求,由于 $\overline{\text{INT1}}$ ＝0,致使 FC1＝0。这样就关闭了 C1 门,CPU 只能响应 1#设备的中断申请,无法响应 2#设备的中断申请,也就是说 1#设备的中断优先级比 2#设备要高。

当 1#设备中断响应结束后,撤销中断申请信号,使 INT1＝0。此时,2#设备中断申请信号 INT2 并没有撤销,通过 INTR 线再一次向 CPU 发出中断请求。CPU 响应中断,通过 $\overline{\text{INTA}}$ 线发出中断响应信号。这时,"与"门 C1 的输出 FC1＝$\overline{\text{INT1}}$ ∧ INTA,因为 $\overline{\text{INT1}}$ ＝1,INTA＝1,所以 FC1＝1。"与"门 D2 的输出 FD2＝FC1 ∧ INT2,因为 FC1＝1,INT2＝1,

所以 FD2＝1,2♯三态缓冲器被选通,2♯设备可以与 CPU 进行数据的交换,CPU 可响应 2♯设备的中断申请。当 2♯设备申请中断服务时,INT2＝1,FC2＝FC1 ∧ $\overline{INT2}$,因为 FC1＝1,$\overline{INT2}$ ＝0,所以 FC2＝0。因为 FC2＝0,经过分析即可得知此时 3♯设备即使有中断申请也不能得到 CPU 的响应。

综上所述,菊花链硬件电路通过菊花链逻辑,实现了设备中断申请级别在电路中从前到后依次从高到低的排列。那么按照这个电路,高级别的中断能否打断低级别的中断呢?假设当前正在响应 2♯设备的中断申请,进入了 2♯设备的中断服务程序,并执行了开中断的指令,IF＝1。此时 1♯设备产生中断申请信号 INT1,由前所述,中断申请信号 INT1 封闭 C1 门,关闭 2♯三态缓冲器,终止 2♯中断服务程序。INT1 信号与 INTA 信号通过与门(D1 门)输出一信号启动 1♯三态缓冲器,CPU 可以与 1♯设备交换数据,执行 1♯设备的中断服务程序。因此我们看到,在菊花链电路中,高级别的中断能够打断低级别的中断。

(3) 中断嵌套问题

中断嵌套与子程序嵌套相类似,即高优先级别的中断可以打断低优先级别的中断,出现一层套一层的现象。一般来说,中断控制电路在实现中断优先级的同时也实现了中断嵌套。中断嵌套的层数可以不受限制,但中断程序中的堆栈要足够大,因为每一层嵌套都要用堆栈来保护断点,这样使堆栈内容不断增加,如果堆栈空间太小,中断嵌套层次较多时就会产生堆栈溢出现象,使程序发生运行错误。

3. 中断响应

经中断优先级排序后,CPU 的中断请求输入引脚上将收到一个优先级最高的中断请求信号。CPU 并不是在任何情况下都能对中断请求进行响应。CPU 要响应中断请求,必须满足以下 4 个条件。

① 当前指令执行结束。CPU 在当前指令执行的最后一个时钟周期对中断请求进行检测,当满足本条件和下述 3 个条件时,当前指令执行一结束,CPU 即可响应中断。

② CPU 的中断标志位为 1。只有当 CPU 的 IF＝1,即 CPU 处于开中断状态时,CPU 才能响应可屏蔽中断(INTR)请求,但对与非可屏蔽中断(NMI)及软件中断无此要求。

③ 在当前没有发生复位、保持、软件中断和非可屏蔽中断请求时方可响应可屏蔽中断(INTR)请求。当 CPU 处于复位或保持状态时,CPU 不工作,不能响应中断请求;而非可屏蔽中断(NMI)的优先级比可屏蔽中断(INTR)高,当两者同时产生时,CPU 会响应非可屏蔽中断而不响应可屏蔽中断。

④ 如果正在执行的指令是开中断指令(STI)或中断返回指令(IRET),则等到它们执行完后再执行一条指令,CPU 才能响应 INTR 中断请求。对于前缀指令,如 LOCK、REP 等,CPU 会把它们和它们后面的指令看作一个整体,直到这个整体指令执行完,方可响应 IN-TR 中断请求。

中断响应时,CPU 除了要向中断源发出中断响应信号($\overline{INTA}$)外,还要做下面 4 项工作。

① 保护硬件现场,即将标志寄存器 FLAGS 压栈保存。

② 保护断点。将断点的段地址(CS 值)和偏移量(IP 值)压入堆栈,以保证中断结束后能正常返回到被中断的程序。

③ 获得中断服务程序入口地址。

④ 转移到中断服务程序。

4．中断处理

中断处理由中断服务程序完成。中断服务程序在形式上与一般的子程序基本相同,不同之处在于:中断服务程序只能是远过程调用(类型为 FAR);中断服务程序要用 IRET 指令返回中断主程序。在一般情况下,中断服务程序要做以下几项工作。

（1）保护软件现场

CPU 响应中断时自动完成 CS 和 IP 寄存器以及标志寄存器 FLAGS 的压栈,但主程序中使用的寄存器的保护则由用户按照需要而定。由于中断服务程序中也使用某些寄存器,若对这些寄存器在中断前的值不加以保护,中断服务程序会将其修改,这样中断服务程序返回主程序后,主程序就不能正确执行。对现场的保护,实际上是通过执行 PUSH 指令将需要保护的寄存器内容推入堆栈而完成的。

（2）开中断

CPU 接收并响应一个中断后自动关闭中断,这样做的好处是不允许其他的中断来打断它。但有时,会有比该中断优先级更高的中断要处理,此时,应停止对该中断的服务而转入优先级更高的中断处理,故需要再开中断(即执行 STI 指令)。

（3）中断服务

中断服务就是对某些中断情况进行处理,例如,处理溢出错误、传送数据,处理掉电紧急保护,各种报警状态的控制处理等。

（4）关中断

因为有上述的开中断,所以在此处安排一个关中断过程(即执行 CLI 指令),以便恢复现场的工作顺利进行不被打断。

（5）恢复软件现场

为了中断返回后能继续正确执行主程序,在返回主程序前要将用户保护的寄存器内容从堆栈中弹出。恢复现场使用 POP 指令,弹出堆栈内容。应该注意的是,堆栈为先进后出型数据结构,寄存器的入栈次序与出栈次序是相反的。

5．中断返回

中断返回通过执行中断返回指令 IRET 实现,其操作正好是 CPU 硬件在中断响应时自动保护硬件现场和断点的逆过程,CPU 自动从现行堆栈中弹出 CS、IP 和标志寄存器 FLAGS 的内容,以便继续执行主程序。

从发出中断请求,到该中断请求全部处理完成所经过的主要过程的流程如图 7.13 所示。

7.3.3　中断控制器 8259A

可编程中断控制器 8259A 能够管理输入 CPU 的多个可屏蔽中断请求,实现中断优先权判别,提供中断向量和屏蔽中断等功能。一片 8259A 可直接管理 8 级中断,如果采用级联方式,不用附加外部电路就能管理最多 64 级中断。8259A 使用＋5 V 电源供电,具有多种工作方式,能适应各种系统要求,其优先级方式在执行主程序的任何时刻都可动态改变。下面详细介绍 8259A 芯片。

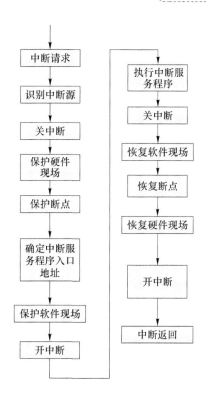

图 7.13　中断处理过程流程

1. 8259A 的功能和作用

8259A 可协助 CPU 完成如下中断管理任务：

（1）接受外部设备的可屏蔽中断请求，并经优先权电路判决找出优先级最高的中断源，然后向 CPU 发出中断请求信号 INT。一片 8259A 可接受 8 级可屏蔽中断请求，通过 9 片 8259A 级联可管理 64 级可屏蔽中断。

（2）8259A 具有允许或禁止（屏蔽）某个可屏蔽中断的功能。8259A 中断控制器可对提出中断请求的 I/O 设备进行允许或屏蔽，采用 8259A 可使系统无须添加其他电路，只需要对 8259A 进行级联就可管理 8 级、15 级或最多到 64 级的可屏蔽中断。

（3）为 CPU 提供中断类型号（可编程的标识码），也就是中断服务程序入口地址指针，这是 8259A 最突出的特点之一。CPU 在中断响应周期根据 8259A 提供的中断类型号乘以 4，找到中断服务程序的入口地址来实现中断服务程序的转移。

（4）8259A 具有多种中断优先权管理方式，可通过编程来进行选择。

2. 8259A 内部结构

8259A 的内部结构如图 7.14 所示。

由图 7.14 可见，中断控制器 8259A 主要由以下几部分组成：

（1）中断请求寄存器（IRR）：是一个具有锁存功能的 8 位寄存器，该寄存器存放外部输入的中断请求信号 $IR_0 \sim IR_7$。当某个 IR_i 端有中断请求，IRR 中相应位置 1，其内容可由 CPU 读出。当中断请求响应时，IRR 相应位就复位为 0。

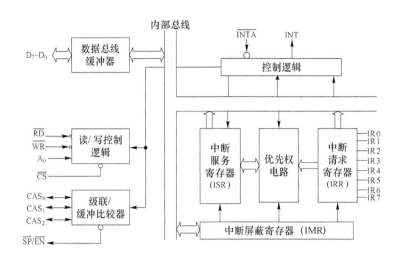

图 7.14　8259A 的内部结构示意图

（2）中断屏蔽寄存器（IMR）：是一个可对 8 级中断请求分别独立地加以屏蔽或允许的寄存器。若 IMR 的某位置 1，与之对应的中断请求即被屏蔽。屏蔽优先级高的中断请求不影响优先级较低的中断请求。

（3）中断服务寄存器（ISR）：与中断请求信号 $IR_0 \sim IR_7$ 相对应，存放所有正在进行服务的中断请求（包括那些没有执行完而中途被优先级更高的中断所打断的中断请求）。若 ISR 某位为 1，表示正在为相应的中断源服务。

（4）数据总线缓冲器：这是 8259A 与微机系统数据总线的接口，是一个双向三态缓冲器。CPU 向 8259A 输出的数据、命令、控制字，以及 CPU 从 8259A 输入的数据、状态信息都要经过数据总线缓冲器。

（5）读/写控制逻辑：接收来自 CPU 的读/写命令 $\overline{RD}$、$\overline{WR}$，配合 $\overline{CS}$ 端的片选信号和 A_0 端的地址输入信号，以实现 CPU 对 8259A 的读/写操作。当 CPU 对 8259A 进行写操作时，读/写控制逻辑电路将写入的数据送到相应的命令寄存器中，当 CPU 对 8259A 进行读操作时，读/写控制逻辑电路将相应的寄存器的内容（IRR、ISR、IMR）输出到数据总线上。

（6）优先权电路：也称优先级判别器（PR），用来管理和识别各中断请求信号的优先级。当输入端有多个中断请求信号同时产生时，由 PR 判定哪个中断请求具有最高优先权。PR 对保存在 IRR 中的各个中断请求，排序并判定其中优先权最高的，使 ISR 中相应位置 1，表示正在为之服务。如果此后又有中断请求，则将后来的中断与 ISR 中正在被服务的中断的优先级相比较，以决定是否向 CPU 发出新中断请求。

（7）控制逻辑：8259A 内部的控制逻辑电路，它根据编程设置的工作方式管理 8259A 的全部工作。当 IRR 中有未被屏蔽的中断请求时，控制逻辑向 CPU 输出高电平的 INT 信号，表示申请中断。在中断响应期间，控制逻辑使 ISR 相应位置 1，并发出相应的中断类型号，通过数据总线缓冲器输出到系统总线上。在中断服务结束时，控制逻辑按照编程规定的方式对 ISR 进行处理。

（8）级联/缓冲比较器：用于存储并比较系统中所用的全部 8259A 的输入信号，以实现最多 8 片的 8259A 的级联。与此器件相关的是 3 条级联线 $CAS_0 \sim CAS_2$ 和从片编程/允许

缓冲器 $\overline{SP}/\overline{EN}$ 线。其中 $CAS_0 \sim CAS_2$ 是 8259A 芯片互相连接用的专用总线,用来构成 8259A 主从式级联控制结构,通过编程可使从 8259A 的从设备标志保存在级联/缓冲比较器中。

1 片 8259A 芯片只能接收 8 级中断,超过 8 级时($\leqslant 64$ 级)可用多片 8259A 级联使用,此时可用 1 片 8259A 芯片做主片,$1 \sim 8$ 片 8259A 芯片做从片,构成主从控制结构。当 8259A 进行级联时,主 8259A 的 $\overline{SP}$ 端接 $+5V$(为 1),从 8259A 的 $\overline{SP}$ 接地(为 0),且从 8259A 的 INT 输出接到主 8259A 的中断请求信号线 IR 上,因此最多可组合成 64 级中断请求控制。

当 8259A 进行级联时,主片和从片的 $CAS_0 \sim CAS_2$ 端并接在一起作为级联总线。在中断响应过程中,主 8259A 的 $CAS_0 \sim CAS_2$ 是输出信号,从 8259A 的 $CAS_0 \sim CAS_2$ 是输入信号。当 CPU 发送的第 1 个 $\overline{INTA}$ 脉冲结束时,主 8259A 将中断优先级最高的从 8259A 的从设备标志 ID 送入 $CAS_0 \sim CAS_2$ 总线。每个从 8259A 接收后,将主片送来的标志 ID 与自己的标志 ID 进行比较。若相同,表明本从片被选中,则在 CPU 发送第 2 个 $\overline{INTA}$ 脉冲期间把相应的中断类型号送至数据总线,传送给 CPU。

如图 7.15 所示为 3 片 8259A 级联的连接。

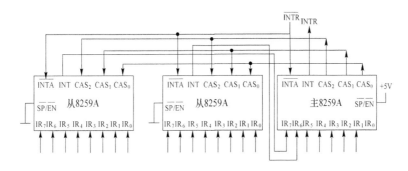

图 7.15　3 片 8259A 级联的连接

3. 8259A 引脚说明

8259A 是双列直插式芯片,一共有 28 个引脚,如图 7.16 所示,各引脚功能说明如下:

(1) $\overline{CS}$:片选输入引脚,低电平有效。当 $\overline{CS}$ 为低电平时,CPU 可以通过数据总线对 8259A 进行读/写操作。一般由系统地址总线经译码后形成,$\overline{CS}$ 决定了 8259A 的端口地址范围。

(2) $\overline{WR}$:写控制信号引脚,低电平有效。写信号有效时,CPU 可向 8259A 写入命令控制字。

(3) $\overline{RD}$:读控制信号引脚,低电平有效。读信号有效时,8259A 将状态信息送至数据总线供 CPU 读取。

(4) $D_0 \sim D_7$:双向输入/输出引脚,直接与系统数据总线相接,用来传送控制、状态和中断类型号等信息。

(5) $CAS_0 \sim CAS_2$:级联信号引脚,主片时为输入,从片时为输出。与 $\overline{SP}/\overline{EN}$ 信号配合,实现芯片的级联,这三个引脚信号的不同组合实现为 $000 \sim 111$,刚好对应 8 个从片。

(6) $IR_0 \sim IR_7$:I/O 设备中断请求信号线。当级联的时候,从片的 INT 端与主片的某一个 IR_i 端相连。

（7）$\overline{\text{SP}}/\overline{\text{EN}}$：双向从片编程/允许缓冲器引脚，低电平有效。这条信号线有如下两种功能：当 8259A 工作在缓冲方式时，它是输出信号，用作缓冲器接收和发送的启动信号（$\overline{\text{EN}}$）；当 8259A 工作在非缓冲器方式时，它是输入信号，用来指明该 8259A 是作为主片工作（$\overline{\text{SP}}/\overline{\text{EN}}=1$），还是作为从片工作（$\overline{\text{SP}}/\overline{\text{EN}}=0$）。

（8）INT：中断请求信号输出引脚，高电平有效，接 CPU 的中断输入端 INTR。

（9）$\overline{\text{INTA}}$：中断响应信号输入引脚，低电平有效，接收 CPU 送来的中断响应信号。

（10）A_0：地址选择信号，对于 8086CPU 通常接地址总线的 A_1。通常，A_0 与 $\overline{\text{CS}}$、$\overline{\text{WR}}$、$\overline{\text{RD}}$ 一起用来对寄存器进行选择，表示正在访问 8259A 的哪个端口。

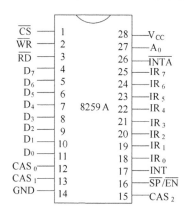

图 7.16　8259A 引脚

4．中断优先级设置方式

8259A 中断控制器的中断管理方式非常灵活，可满足用户的各种不同要求。8259A 中断管理的核心是对中断优先级的管理，8259A 对中断优先级的设置方式包括：一般全嵌套、特殊全嵌套、自动循环、特殊循环 4 种方式。

（1）一般全嵌套方式：这是 8259A 控制器最基本和最常用的优先级设置方式，如果在对 8259A 初始化时没有设置其他优先级方式，此方式为默认方式。在一般全嵌套方式下，8259A $IR_0 \sim IR_7$ 端引入的中断具有固定优先级排队顺序，IR_0 为最高优先级，IR_1 为次高优先级，……以此类推，IR_7 为最低优先级。而且，当某个级别的中断请求正在被服务期间，8259A 将禁止同级或较低级的中断请求，但允许高优先级的中断打断低优先级的中断服务，实现中断嵌套。

（2）特殊全嵌套方式：工作方式与一般全嵌套方式基本相同。唯一的区别是在特殊全嵌套方式下，当处理某一级中断请求时，如果有同级的中断请求，也会暂停当前中断服务给予响应，从而实现对同级中断请求的特殊嵌套。而在一般全嵌套方式中只有更高级的中断请求到来时才可以暂停当前中断，对同级中断请求不会予以响应。

【例 7.5】 假设在一个 8259A 级联系统中，设置主片为特殊全嵌套方式。此时，任何一个从 8259A 接收到的中断请求，若经该 8259A 判定为当前最高优先级，则通过 INT 端向主 8259A 相应 IR 端提出中断请求。若此时主 8259A 中 ISR 相应位等于 1，则说明该从 8259A 其他端已提出过中断请求，且正在服务。从 8259A 优先权电路判别到刚申请的中断优先级更高，故应暂停现行中断服务转去为刚申请的中断服务。若主 8259A 工作在一般全嵌套方式,主 8259A 将把同一个从 8259A 芯片不同级别中断请求认为是同级的,而不予以响应。因此在级联系统中,就要求将主 8259A 的优先级设置为特殊全嵌套方式,此时主 8259A 可响应同级或更高级的中断,不响应低级别的中断请求。显然,此时接在主片 IR_3 上的从片比接在 IR_4 上的从片优先级更高,而从主片 IR_0、IR_1、IR_2 端发出的中断请求比从接在主片 IR_3 上的从片发出的中断请求优先级更高。

(3) 自动循环方式:在一般全嵌套方式下,中断请求 $IR_0 \sim IR_7$ 的优先级是固定不变的,使得从 IR_0 引入的中断总是具有最高优先级。但在某些情况下,我们需要改变这种优先级,这时可采用自动循环方式。在该方式下,$IR_0 \sim IR_7$ 引入的中断轮流为最高优先级,当某个中断源被服务后,它的优先级就被改变为最低优先级,而最高优先级分配给该中断的下一级中断。假设开始中断优先级队列为 IR_0、IR_1、$\cdots$、IR_7,如这时 IR_4 有请求,响应 IR_4 后优先级队列变为 IR_5、IR_6、IR_7、IR_0、$\cdots$、IR_4。

8259A 设置为自动循环方式后,其中断系统的初始优先级仍是固定的,即 IR_0 最高,IR_1 次之……IR_7 最低,其他以此类推。自动循环方式适用于系统中多个中断源的优先级相等的情况。

(4) 特殊循环方式:该方式与上述自动循环方式相比,不同之处在于在特殊循环方式中,一开始的最低优先级由编程确定,而不是像自动循环方式中固定为 IR_7。在此方式中,设置 $IR_0 \sim IR_7$ 中哪一级为最低都可以,最低优先级设置后,最高优先级也就确定了。例如,在 8259A 初始时,编程设定 IR_3 为最低级,则 IR_4 就为最高优先级,其他以此类推。

5. 中断屏蔽方式

8259A 可编程设置对中断请求的允许或屏蔽,中断屏蔽的设置方式有如下两种:

(1) 普通屏蔽方式:8259A 内的中断屏蔽寄存器 IMR 为 8 位,与 8 个中断源 $IR_0 \sim IR_7$ 相对应。设置普通屏蔽方式,CPU 只需向 8259A 的中断屏蔽寄存器 IMR 中发一个屏蔽字,屏蔽字中为"1"的位所对应的中断源就被屏蔽,它们的中断申请就不能传送到 CPU;屏蔽字中为"0"的位所对应的中断源则被允许提出中断请求。如 CPU 在执行某级中断服务中,为了禁止比它级别高的中断进入,可在中断服务程序中将 IMR 中比此中断级别高的相应位置"1"而加以屏蔽。

(2) 特殊屏蔽方式:此方式的特点是 CPU 正在处理某一级中断时,只可对本级中断进行屏蔽,允许级别比它高的或比它低的中断源申请中断。在中断处理过程中,需要动态改变系统的优先级结构时可采用特殊屏蔽方式。

在多级中断嵌套的情况下,通常都是按事先安排好的优先级顺序进行嵌套,而且只允许级别高的中断源打断优先级别低的中断源。在这种情况下,如果有某个优先级高的中断源的服务程序运行时间很长,那么那些低优先级的中断申请可能等很长时间也得不到响应。为了能够临时改变固定的嵌套顺序,允许低级别的中断打断高级别的中断,即实现优先级的动态改变,就要采用特殊屏蔽方式。

当中断系统设置使用特殊屏蔽方式之后,在中断系统正在处理某个级别的中断的时候,对于外界来说,只有同一级别的中断被屏蔽,其他比当前级别高的或低的中断系统都可以响应。

6. 中断结束管理

当 8259A 响应某一级中断并为其服务时,中断服务寄存器(ISR)相应位置"1",表示正在对外服务,当有更高级的中断请求进入时,ISR 相应位又要置"1"。因此 ISR 寄存器中会有多位同时置"1"的情况。这样,中断管理会比较混乱,所以在中断服务结束时,ISR 相应位应清"0",以便再次接收同级别中断。所谓中断结束管理,就是用不同的方式使 ISR 相应位清"0",并确定随后的优先权排队顺序。

8259A 中断结束管理可分为如下 3 种方式。

(1) 自动中断结束方式:在此方式下,某级中断被响应后,当 8259A 收到第 1 个中断响应信号 $\overline{\text{INTA}}$ 后,ISR 中对应位就被置"1";当 8259A 收到第 2 个中断响应信号 $\overline{\text{INTA}}$ 后,8259A 就自动将 ISR 中对应位清"0"。这时,该中断服务程序可能还在执行,但对 8259A 来说,因为在 ISR 中对应标志位为"0",它对本次中断的控制已经结束。在此方式下,当中断服务程序结束时,不需要向 8259A 发送 EOI 命令(中断结束命令),本方式是一种最简单的中断结束方式。

但是这种方式存在着明显的缺欠,当 8259A 收到第 2 个中断响应信号后,由于 ISR 中相应位已被清 0,在 8259A 中已没有对应的标志,如果在此过程中出现新的中断请求,那么只要 CPU 允许中断,不管新的中断级别如何,都将打断正在执行的中断服务程序而被优先执行。这样显然是不合理的,而且如果低级中断可以打断高级中断,反过来高级中断又可打断低级中断,将产生重复嵌套,并且无法控制嵌套深度。因此,自动中断结束方式只能用在一些以预定速率发生中断,且不会发生同级中断互相打断或低级中断打断高级中断的情况下。

(2) 普通中断结束方式:适用于一般全嵌套方式。在这种方式下,当中断服务结束时,由 CPU 发送一个普通 EOI 命令,在 8259A 收到该命令后,将当前 ISR 中最高优先级对应的位清"0"。此方式只有在当前结束的中断总是尚未处理完的优先级最高的中断时才能使用。倘若在中断服务中修改过中断优先级,则不能采用这种方式。

(3) 特殊中断结束方式:因为在自动循环、特殊循环等方式下,无法根据 ISR 的内容来确定哪一级中断是最后响应和处理的,这时就要采用特殊的中断结束方式来指出应将 ISR 寄存器中哪一个置"1"位清 0。

特殊中断结束方式与普通中断结束方式类似,当中断服务结束,CPU 给 8259A 发出 EOI 命令的同时,将当前结束的中断级别也发送给 8259A。即在命令字中明确指出对 ISR 寄存器中指定优先级相应位清"0",所以这种方式也称为"指定 EOI 方式"。

特殊中断结束方式在任何情况下都可以使用,尤其适合 8259A 级联方式。这时,当中断结束时,CPU 应发出两个 EOI 命令,一个发送给主 8259A,用来将主 8259A 的 ISR 相应位清"0";另一个发送给从 8259A,用来将从 8259A 中的 ISR 相应位清"0"。

7. 连接系统总线的方式

8259A 中断控制器与系统总线的连接分为缓冲方式和非缓冲方式。

(1) 缓冲方式:此方式应用于多片 8259A 级联的中断系统中,这时 8259A 通过总线驱动器与系统数据总线相连。为了解决总线驱动器的启动问题,将 8259A 的 $\overline{\text{SP}/\text{EN}}$ 端和总线驱动器的允许端相连。8259A 工作在缓冲方式时,将在输出状态字或中断类型号的同时,从 $\overline{\text{SP}/\text{EN}}$ 端输出一个低电平,此低电平用作总线驱动器的启动信号。

（2）非缓冲方式：当中断系统中只有单片 8259A 或不多几片 8259A 时，一般要将它直接与数据总线相连。在上述情况下，8259A 就可以工作在非缓冲方式下。在此方式下，8259A 中的 $\overline{SP}/\overline{EN}$ 端作为输入端。当中断系统中只有单片 8259A 时，其 $\overline{SP}/\overline{EN}$ 端必须接高电平；当有多片 8259A 时，主片 $\overline{SP}/\overline{EN}$ 端接高电平，从片 $\overline{SP}/\overline{EN}$ 端接低电平。

8．中断请求触发方式

8259A 中断控制器允许 I/O 设备的中断请求信号以以下两种方式触发：

（1）电平触发方式：8259A 将中断请求输入端出现的高电平作为有效中断请求信号。在这种方式下，当中断请求输入端出现一个高电平并得到 CPU 响应时，高电平必须及时撤销。否则，当 CPU 进入中断处理过程并开放中断后，会引起第 2 次不应该有的中断。因此，对中断源产生的中断请求触发电平要有时间的限定，若有效高电平持续的时间太短，就达不到触发中断的目的；但时间如果太长就会引起重复触发。一般要求中断请求触发电平应持续到 CPU 响应中断的第 1 个 $\overline{INTA}$ 脉冲的下降沿为止。

（2）边沿触发方式：8259A 将中断请求输入端出现的上升沿作为有效的中断请求信号。当请求信号的上升沿出现后，相应引脚可以保持高电平，直到下一次需要申请时为止，不会产生电平触发方式的误动作。

9．中断响应过程

8259A 在 8086/8088 微机系统中的中断响应过程如下：

（1）若中断请求线（$IR_0 \sim IR_7$）上有一条或几条变为高电平时，则将中断请求寄存器 IRR 的相应位置位。

（2）若 IRR 某一位被置 1 后，则检查 IMR 中相应的屏蔽位，若该屏蔽位为 1，则禁止该中断请求；若该屏蔽位为 0，则将中断请求发送给优先权电路。

（3）优先权电路接收到中断请求后，比较它们的优先级，把当前优先级最高的中断请求信号由 INT 引脚输出，发送到 CPU 的 INTR 端。

（4）如果 CPU 处于开中断状态（IF＝1），则在当前指令执行完毕后，向 8259A 发出 $\overline{INTA}$ 中断响应信号。

（5）若 8259A 接收到 CPU 的第 1 个 $\overline{INTA}$ 信号，把 ISR 中对应于允许中断的最高优先级请求位置 1，并清除 IRR 中的相应位。

（6）CPU 向 8259A 发出第 2 个 $\overline{INTA}$，在该脉冲期间，8259A 向 CPU 发出中断类型号。

（7）如果 8259A 设置为自动中断结束方式，则第 2 个 $\overline{INTA}$ 结束时，相应的 ISR 位被清"0"。在其他方式中，ISR 相应位由中断服务程序结束时发出的 EOI 命令来清"0"。

如果 8259A 为级联方式的主从结构，且某从 8259A 的中断请求优先级最高，则在第 1 个 $\overline{INTA}$ 脉冲结束时，主 8259A 将这个从设备标志 ID 发送到级联线上。系统中的每个从 8259A 把这个标志与自己级联缓冲器中保存的标志相比较，在第 2 个 $\overline{INTA}$ 期间，将被选中的从 8259A 的中断类型号发送到数据总线上。

（8）CPU 收到从 8259A 发来的中断类型号，将它乘以 4 得到中断向量，然后跳转至中断服务程序。

7.4 DMA 方式的输入/输出

7.4.1 DMA 的概念

所谓 DMA 传送方式,即 I/O 设备在专用的接口电路 DMA 控制器的控制下直接和存储器进行高速数据传输。采用 DMA 传送方式时,如 I/O 设备需要进行数据传输,首先要向 DMA 控制器发出请求,DMA 控制器再向 CPU 发出总线请求,要求使用系统总线。接下来,CPU 响应 DMA 控制器的总线请求并把总线控制权交给 DMA 控制器,然后在 DMA 控制器的控制下开始利用系统总线进行数据传输。当数据传输结束后,DMA 控制器向 CPU 自动交出总线控制权。DMA 控制器传送数据的速度基本上取决于 I/O 设备和存储器的速度。值得注意的是,在 DMA 的传送过程中,CPU 不参与控制。但若在 DMA 传送的过程中,CPU 需要收回系统总线,可通过发送信号来收回总线控制权。

DMA 传送主要用于需要大批量、高速进行数据传送的系统中,如磁盘存取、图形图像处理等。DMA 传送所达到的高速度是以增加系统硬件的复杂度和成本为代价的,因此 DMA 传送方式和传统传送方式相比,用硬件控制代替了软件控制。另外,由于在 DMA 传送过程中,CPU 失去了对总线的控制权,这样外部中断申请可能不会被及时响应,因此 DMA 方式不适合一些实时的数据处理过程。DMA 传送方式通常采用 DMA 控制器来取代 CPU,来负责以 DMA 方式传送数据的全过程。

虽然 DMA 方式数据传送主要是依靠硬件来实现的,但为了实现有关控制,CPU 需要事先向 DMA 控制器发出有关的控制信息。一般来说,DMA 方式的数据传送过程可以分为三个阶段:传送前预处理、正式数据传送、传送后处理。

7.4.2 DMA 传送的过程

DMA 控制器主要包括地址寄存器、字节计数器、控制寄存器、设备地址寄存器和控制逻辑 5 部分,图 7.17 显示了 DMA 控制器(DMAC)与 I/O 设备及 CPU 相连的简单情况,从图中可以看出整个 DMA 数据传输的基本过程:

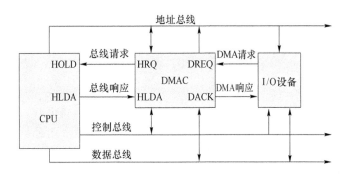

图 7.17 DMA 控制器

(1) I/O 设备通过 DMA 控制器向 CPU 发出 DMA 请求。

(2) CPU 响应 DMA 请求,微机系统工作方式转变为 DMA 工作方式,CPU 把总线控制权交给 DMA 控制器。

（3）由 DMA 控制器发送要使用的存储器地址,并决定传送数据块的长度。

（4）执行 DMA 数据传送。

（5）DMA 方式数据传送结束,DMA 控制器把总线控制权交还 CPU。

7.4.3 DMA 控制器 8237A

DMA 控制器 8237A 是 8086/8088 系列微处理器的配套芯片,可用来接管 CPU 对总线的控制权,在存储器与 I/O 设备之间建立直接进行数据块传送的高速通路。

1. 8237A 芯片概述及主要功能

8237A 必须与一个 8 位锁存器(8282 或其他代用芯片)配合使用,才能形成完整的 4 通道 DMA 控制器。8237A 各通道可分别完成 3 种不同的操作:

（1）DMA 读操作,读存储器发送给 I/O 设备。

（2）DMA 写操作,读 I/O 设备写存储器。

（3）DMA 校验操作,此时通道不进行数据传送操作,只是完成校验功能。

当某一通道进入 DMA 校验方式时,8237A 不产生对存储器和 I/O 设备的读/写控制信号,但是仍保持对系统总线的控制权;并且每一个 DMA 周期都将响应 I/O 设备的 DMA 请求,发出 DACK 信号,I/O 设备可使用这一响应信号对所得到的数据进行某种校验操作。因此,DMA 校验操作并不是由 8237A 自身完成的。

8237A 可处于主工作状态和从工作状态。在 8237A 未取得总线控制权以前,CPU 处于主工作状态,8237A 处于从工作状态。当 8237A 取得总线控制权后,8237A 便上升为主工作状态,完全在 8237A 控制下完成存储器和 I/O 设备之间的数据传送功能,CPU 不再参与数据传送的控制。

8237A 是一种双列直插式的高性能可编程 DMA 控制器,共 40 个引脚。8237A 采用 +5 V 工作电源,主频为 5 MHz,传送速度可达 1.6 MB/s。8237A 的主要功能如下:

（1）每个 8237A 芯片中有 4 个可以独立传送数据的 DMA 通道,每个 DMA 通道可控制 4 个 I/O 设备进行数据传送。

（2）可以分别允许或禁止每个通道的 DMA 请求。4 个通道的 DMA 请求有不同的优先级,优先级可以是固定的,也可以是循环的。

（3）每个通道进行一次 DMA 传送的数据最大长度可达 64 KB。DMA 数据传送可以在存储器与 I/O 设备间进行,也可以在存储器的两个区域之间进行。

（4）8237A 进行 DMA 数据传送的方式有 4 种,分别为单字节传送、数据块传送、请求传送和级联传送方式。

（5）如果通道数不够,可以通过级联方式,将几片 8237A 级联在一起,以扩展更多的通道。

2. 8237A 的工作状态

在 DMA 控制器获得总线控制权之前,它受 CPU 的控制,需要由 CPU 对 DMA 控制器进行编程,以确定通道的选择、数据传送的方式和类型、内存单元起始地址、地址是递增还是递减及传送的总字节数等。CPU 也可以读取 DMA 控制总线的状态,此时,CPU 处于主工作状态,而 DMA 控制器和其他芯片一样,是系统总线的从设备,它的工作方式被称为从工作状态方式。

当 DMA 控制器得到总线控制权后,DMA 就处于主工作状态,在 DMA 控制下,I/O 设备和存储器之间或存储器与存储器之间可进行直接的数据传送。

3. 8237A 内部结构

8237A 的内部结构如图 7.18 所示,主要包括有 4 个通道的内部寄存器组、时序与控制逻辑、优先级编码电路、地址/数据缓冲器组、命令控制逻辑 5 个部分。

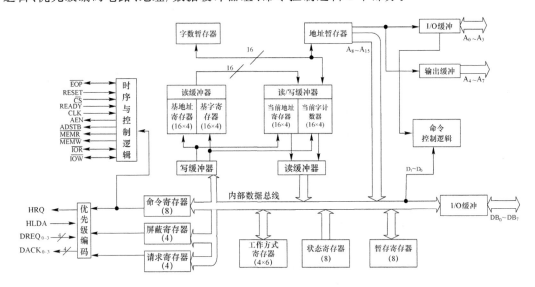

图 7.18 8237A 的内部结构

(1) 内部寄存器组:8237A 有 4 个独立的 DMA 通道,每个通道都有各自的 7 个寄存器,这些寄存器包括:基地址寄存器、基字节寄存器、当前地址寄存器、当前字节寄存器、模式寄存器、请求触发寄存器和屏蔽寄存器。另外,8237A 内部还有这 4 个通道共用的命令寄存器、状态寄存器、DMA 服务请求寄存器以及暂存寄存器等。通过对这些寄存器的编程,可设置 8237A 优先级管理方式,设置 8237A 的工作方式以及实现存储器之间数据传送等一系列操作。

(2) 时序与控制逻辑:当 8237A 处于从工作状态时,这部分电路用于接收从 CPU 发送来的复位、时钟、片选和读/写控制等信号,完成相应的控制操作;当 8237A 处于主工作状态时,则向存储器、I/O 设备发出相应的控制信号。

(3) 优先级编码电路:该部分电路根据 CPU 在 8237A 初始化时送来的命令,对同时提出 DMA 请求的多个通道进行优先级排队判优。判优可以是固定判优也可以是循环判优。固定判优是指四个通道的优先级是不变的,即通道 0 优先级最高,其次是通道 1,通道 3 的优先级最低。在循环判优中,四个通道的优先级不断变化,即本次循环执行 DMA 操作的通道,到下一次循环为优先级最低。不论优先级是高还是低,只要某个通道正在进行 DMA 操作,其他通道无论级别高低,均不能打断当前的操作。当前通道操作结束后,再根据优先级的高低,响应下一个通道的 DMA 操作申请。

(4) 数据/地址缓冲器组:这部分包括两个 I/O 缓冲器和一个输出缓冲器,通过这三个缓冲器可以把 8237A 的数据线、地址线和 CPU 的系统总线相连。8237A 的 $A_0 \sim A_7$ 为地址线。$DB_0 \sim DB_7$ 在 8237A 处于从工作状态时传输数据,主工作状态时传送地址。

（5）命令控制逻辑：该部分电路在主工作状态时，对 CPU 送来方式字的最低两位 D_1D_0 进行译码，以确定 DMA 的操作类型。该部分电路在从工作状态时，接收 CPU 送来的寄存器选择信号 $A_0 \sim A_3$，选择 8237A 内部相应的寄存器；$A_0 \sim A_3$ 与 $\overline{IOR}$、$\overline{IOW}$ 两个信号配合可组成各种操作命令。

4．8237A 引脚及功能

如图 7.19 所示，8237A 是一个 40 引脚的双列直插式芯片。因为 8237A 既可做主模块又可做从模块，所以其外部引脚设置也具有一定的特点。如 8237A 的 I/O 读/写线和数据线是双向的，还设置了存储器读/写线和 16 位地址输出线，这些都是其他 I/O 接口芯片所没有的。

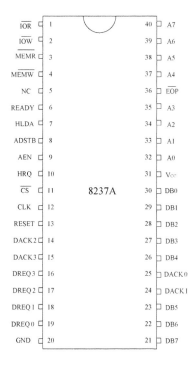

图 7.19　8237A 的引脚

下面具体地介绍一下 8237A 的各个引脚：

（1）CLK：时钟信号，输入。该信号用来控制 8237A 的内部定时和数据传送速率。8237A 的时钟频率为 4 MHz，之后改进的 8237A-5DMA 控制器，时钟频率可达到 5 MHz。

（2）$\overline{CS}$：片选信号，输入，低电平有效。在从工作状态下，即空闲时，当 $\overline{CS}$ 有效时选中 8237A，这时 DMA 控制器作为一个普通的 I/O 设备，允许 CPU 向其输出工作方式控制字、操作方式控制字，或读入状态寄存器中的内容。

（3）RESET：复位信号，输入，高电平有效。当 8237A 被复位时，其屏蔽寄存器被置 1，其余寄存器置 0，8237A 处于从工作状态，即不作为 DMA 控制器，仅作为一般 I/O 设备。

（4）READY：准备就绪信号，输入，高电平有效。当进行 DMA 操作，参与传送的设备中有慢速 I/O 设备或存储器速度比较慢时，可能需要延长读/写操作周期，这时可使 READY 信号为低电平，自动插入等待周期 Tw，直到 READY 变成高电平，恢复正常节拍。

（5）ADSTB：地址选通信号，输出，高电平有效。此信号有效时，将通过 DB0～DB7 将 8237A 缓冲器的高 8 位地址信号传送到片外地址锁存器。

（6）AEN：地址允许信号，输出，高电平有效。此信号有效时，将由片外锁存器锁存的高 8 位地址送入地址总线，与芯片直接输出的低 8 位地址一起构成 16 位内存偏移地址。同时，AEN 信号使得与 CPU 相连的地址锁存器无效，从而保证了地址总线上的信号来自 DMA 控制器，而不是来自 CPU。

（7）$\overline{MEMR}$：存储器读信号，输出，低电平有效。当 8237A 处于主工作状态时，可与 $\overline{IOW}$ 配合把数据从存储器读出到外设中，也可用于控制存储器间的数据传送，把数据从源地址单元中读出。当 8237A 处于从工作状态时，该信号无效。

（8）$\overline{MEMW}$：存储器写信号，输出，低电平有效。当 8237A 处于主工作状态时，可与 $\overline{IOR}$ 配合将数据从 I/O 设备写入存储器，也可用于存储器间的数据传送，实现把数据写入目的地址单元。当 8237A 处于从工作状态时，该信号无效。

（9）$\overline{IOR}$：输入/输出设备读信号，双向，低电平有效。当 8237A 处于从工作状态时，$\overline{IOR}$ 是由 CPU 向 8237A 发送的控制信号，表示 CPU 读取 8237A 内部寄存器的值，该信号为输入信号。当 8237A 处于主工作状态时，$\overline{IOR}$ 是由 8237A 发给 I/O 设备的读控制信号，表示从 I/O 设备读数据并送到内存单元，该信号为输出信号。

（10）$\overline{IOW}$：输入/输出设备写信号，双向，低电平有效。当 8237A 处于从工作状态时，$\overline{IOW}$ 作为输入控制信号，当它为低电平时，CPU 向 8237A 的内部寄存器中写入信息，对 8237A 进行初始化编程。当 8237A 处于主工作状态时，它作为输出控制信号，与 $\overline{MEMR}$ 相配合，将从存储器读出的数据写入 I/O 设备中。

（11）$\overline{EOP}$：传输过程结束信号，双向，低电平有效。在 DMA 周期，当 8237A 的任一通道中的当前字计数器减为 0，8237A 会在 $\overline{EOP}$ 引脚上输出一个有效的低电平信号，作为 DMA 传输过程结束信号。反之，如果外部输入一个低电平信号到 $\overline{EOP}$ 引脚上，就会强制终止 DMA 传送，并使 8237A 内部寄存器复位。

（12）$DREQ_0 \sim DREQ_3$：通道 0～3 的 DMA 的请求信号，输入，有效电平可由工作方式控制字确定。它们分别是连接到四个通道的 I/O 设备，向 8237A 请求 DMA 操作的请求信号。DREQ 信号需要保持有效电平一直到 8237A 控制器做出 DMA 应答信号 DACK 为止。当 8237A 被复位时，DREQ 信号被初始化为高电平有效。在 8237A 采用固定优先级的情况下，$DREQ_0$ 的优先级最高，$DREQ_3$ 的优先级最低。当 8237A 采用循环优先级时，其优先级可以循环改变。

（13）$DACK_0 \sim DACK_3$：通道 0～3 的 DMA 响应信号，输出，有效电平可由工作方式控制字确定。DACK 信号是由 8237A 控制器发给四个通道中申请 DMA 操作的通道的应答信号。当 8237A 收到从 CPU 传来的允许响应信号 HLDA，开始 DMA 传送后，相应通道的 DACK 信号升为高电平，用来通知外部电路现已进入 DMA 周期。

（14）HRQ：总线请求信号，输出，高电平有效。该信号送到 CPU 的 HOLD 端，是 DMA 控制器接到某个通道的 DMA 请求信号后，且该通道请求未被屏蔽情况下，DMA 控制器向 CPU 发出请求占用总线的信号。

（15）HLDA：总线响应信号，输入，高电平有效。此引脚与 CPU 的 HLDA 端相连，此信号是 CPU 发给 8237A，同意 8237A 占用总线控制权请求的应答信号。当 8237A 接收到 HLDA 信号后，即可进行 DMA 操作。

(16) A$_0$～A$_3$：低 8 位地址线的低 4 位，双向。A$_0$～A$_3$ 有两种不同的使用情况，第一种是当 8237A 处于从工作状态，作为一般 I/O 接口，A$_0$～A$_3$ 为输入，作为选中 8237A 内部寄存器的地址选择线；第二种是当 8237A 处于主工作状态时，A$_0$～A$_3$ 为输出，作为选中存储器的低 4 位地址来使用。

(17) A$_4$～A$_7$：低 8 位地址线的高 4 位，输出。A$_4$～A$_7$ 仅用在 8237A 处于主工作状态时，提供访问存储器低字节的高 4 位地址。

(18) DB$_0$～DB$_7$：8 位数据线，双向。DB$_0$～DB$_7$ 数据线的作用主要有 3 个：一是当 8237A 处于从工作状态时，提供 CPU 访问 8237A 寄存器的数据通道；二是在 8237A 接到 CPU 发出的 HLDA 应答信号后，将访问存储器的高 8 位地址通过 DB$_0$～DB$_7$ 送到外部缓冲器锁存；三是当 8237A 处于主工作状态时，在读周期把源存储器的数据经 DB$_0$～DB$_7$ 线送入数据缓冲器保存，在写周期再把数据缓冲器保存的数据经 DB$_0$～DB$_7$ 传送到目的存储器。

5. 工作方式

8237A 可以工作在主工作状态和从工作状态，当它没有获得总线控制权时，作为从设备由 CPU 控制，可完成初始化操作。8237A 一旦获得总线控制权，就由从属状态变为主控状态进行 DMA 数据传送。数据传送完毕，8237A 将总线控制权交还给 CPU，又由主工作状态变为从工作状态。

当 8237A 从 CPU 获得总线控制权后，作为主控设备执行 DMA 传送时有以下 4 种数据传送方式。

(1) 单字节传送方式

8237A 控制器每响应一次 DMA 申请，只传送一个字节的数据，数据传送后当前字节计数器自动减 1，当前地址寄存器作加 1 或减 1 修改；8237A 撤销 HRQ 信号，释放系统总线控制权，并退还给 CPU。如果传送使当前字节计数器减为 0，或接收到外部 $\overline{EOP}$ 信号时，终止 DMA 过程。

(2) 块传送方式

在这种传送方式下，8237A 每响应一次 DMA 请求要连续地传送一个数据块，直到当前字节计数器减为 0 或接收到外部 $\overline{EOP}$ 信号时，终止 DMA 传送，8237A 释放总线。8237A 在进行块传送时，HRQ 信号一直保持有效。

(3) 请求传送方式

这种方式与块传送方式类似，按照字节计数器的设定值进行传送，只是在这种传送方式下，要求 DREQ 在整个传送期间一直保持有效，8237A 每传送一个字节就要检测一次 DREQ，若有效则继续传送下一个字节；若无效则停止传送，结束 DMA 过程。此时，DMA 的传送现场全部保留，待请求信号 DREQ 再次有效时，8237A 按原来的计数和地址值继续进行传送，直到计数器减为 0 或接收到外部 $\overline{EOP}$ 信号时才终止 DMA 传送，释放总线。

(4) 级联传送方式

这种传送方式实际上是扩充通道数，当一片 8237A 通道不够用时，可通过多片级联的方式增加 DMA 通道。8237A 级联方式如图 7.20 所示，级联由主、从两级构成，从片 8237A 的 HRQ 和 HLDA 引脚分别与主片 8237A 的 DREQ 和 DACK 引脚相连，一个主片至多可连接四个从片。在级联工作方式下，8237A 从片负责进行 DMA 数据传送，主片在从片和 CPU 之间传递联络信号，并负责对从片的优先级进行管理。

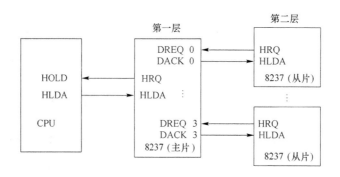

图 7.20 8237A 的级联方式

6. 8237A 的工作时序

(1) I/O 设备和内存间的 DMA 数据传送时序

8237A 主要用于 I/O 设备和内存之间进行高速的数据传输,其时序如图 7.21 所示。

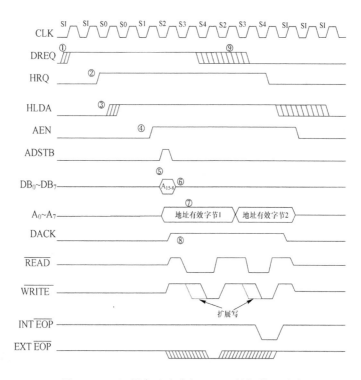

图 7.21 I/O 设备和内存间 DMA 数据传送时序

8237A 有两个工作周期,即空闲周期(8237A 处于从工作状态)和有效周期(8237A 处于主工作状态)。每个工作周期都包含若干操作状态,8237A 共设有 7 个独立的操作状态:SI、S0、S1、S2、S3、S4 和 SW,每个状态对应一个时钟周期。

在 8237A 的 7 个操作状态中,SI 称为非操作状态,当 8327A 未接到 DMA 请求时便进入 SI 状态,在 SI 状态下,CPU 可通过编程,预置 8237A 的操作方式。S0 称为 DMA 服务的第一个状态,此时 8237A 已向 CPU 发出一个 DMA 请求信号,但还没收到应答信号。当 8237A 收到 CPU 的应答信号 HLDA 后,DMA 数据传送正式开始。S1、S2、S3 和 S4 称为

DMA 服务的工作状态,慢速设备可以通过使用 READY 信号线,在 S2 和 S4 或 S3 和 S4 之间插入等待状态 SW。

(2)空闲周期

在 8237A 上电之后、未编程前或无 DMA 请求时处于空闲周期,这时 8237A 处于从工作状态。此时,8237A 一方面对 DREQ 线进行采样,以确定是否有 DMA 请求;另一方面对 $\overline{CS}$ 端进行采样,若 $\overline{CS}$ 为低电平(有效),而 DREQ 也为低电平(无效)则进入编程状态。这时,CPU 可对 8237A 进行编程,把各种命令参数写入内部寄存器,或者从内部寄存器中读出数据进行检查。

(3)有效周期

当 8237A 初始化完成后,在 SI 状态检测到外部有效的 DREQ 信号,就向 CPU 发出 DMA 请求信号 HRQ,并进入有效周期 S0 状态,等待允许 DMA 操作的应答信号 HLDA。此时,8237A 仍然可以接受 CPU 的访问,S0 是一个由从工作状态到主工作状态的过渡阶段。如果 8237A 在 S0 周期的上升沿检测到 HLDA 信号(高电平),则表示 CPU 已交出系统总线的控制权,下一个周期 8237A 便可进入 DMA 传送状态周期 S1。

8237A 的一个完整的 DMA 传送周期由 S1、S2、S3 和 S4 共 4 个状态组成。S1 状态周期用来更新高 8 位地址。8237A 在 S1 状态周期,发出地址允许信号 AEN,将要访问的存储单元的高 8 位地址 $A_8 \sim A_{15}$ 送到数据总线 $DB_0 \sim DB_7$ 上,并发地址选通信号 ADSTB。AD-STB 信号的下降沿(S2 周期内)把高 8 位地址锁存到外部的地址锁存器中,低 8 位地址 $A_0 \sim A_7$ 由 8237A 直接送到地址总线上,在整个 DMA 传送中都要加以保持。

在 S2 状态周期中,8237A 要完成两个工作。首先要修改存储单元的低 16 位地址。此时 8237A 通过 $DB_0 \sim DB_7$ 线输出这 16 位地址的高 8 位 $A_8 \sim A_{15}$,通过 $A_0 \sim A_7$ 线输出 16 位地址的低 8 位。其次,8237A 要向 I/O 设备输出 DMA 响应信号 DACK,并使读/写信号有效,这样 I/O 设备与内存间才可在读/写信号控制下交换数据。通常 DREQ 信号必须保持到 DACK 有效之后才能失效,在图 7.20 中用多条斜线表示失效允许的时间范围。

S3 状态为读周期。在这个状态下,发出 DMA 读或写命令。此时,将从内存或 I/O 设备读取的 8 位数据发送到 $DB_0 \sim DB_7$ 线上并等待写周期的到来。如果采用提前写方式,则在 S3 中同时发出 DMA 读和 DMA 写命令,即把写命令提前到与读命令同时从 S3 开始。如果采用压缩时序,则可以将 S3 去掉,从 S2 直接到 S4。

S4 状态为写周期。在这个状态下,发出 DMA 读或写命令。此时,将读周期之后保存在数据线 $DB_0 \sim DB_7$ 线上的数据字节写到内存或 I/O 设备。到此,8237A 完成了一个字节的数据传送。

(4)扩展写周期

如前所述,8237A 的一个完整的 DMA 传送周期由 S1、S2、S3 和 S4 共 4 个状态组成。在系统允许的范围内,为了加快数据传送,8237A 可以采用压缩时序,即将传送时间压缩到 S2 和 S4 两个时钟周期内。压缩时序只能在连续传送数据的 DMA 操作中使用。不管是正常时序还是压缩时序,当高 8 位地址需要修正时,S1 状态仍必须按时出现。

如果 I/O 设备的速度比较慢,采用正常时序不能满足要求,那么就要在硬件上通过将 READY 信号变为低电平来使 8237A 插入等待状态 SW 来对传送周期进行扩展。一些 I/O

设备是利用 8237A 发出的 $\overline{IOW}$ 信号或者 $\overline{MEMW}$ 信号的下降沿来产生 READY 信号的,而这两个信号都是在传送过程的最后才发出的。为了将写脉冲拉宽,并且使它们提前到来,就要用到扩展写信号的功能。扩展写信号的功能是通过对命令寄存器的 D_5 位的设置来实现的,当将 D_5 位置 1 时,写信号被扩展到两个时钟周期。

对于慢速的存储器和 I/O 设备,在 S3 后半个周期,8237A 检测 READY 输入信号,如果其为低电平则插入等待状态 SW,直到 READY 变为高电平,才进入 S4。在 S4 结束时,8237A 完成 DMA 数据传输。

7. 8237A 的内部寄存器

8237A 有两类内部寄存器,一类为通道寄存器,另一类为命令和状态寄存器。8237A 共有 4 个通道,每个通道有 5 个通道寄存器,分别是:基地址寄存器、当前地址寄存器、基字节计数器、当前字节计数器和工作方式寄存器,这些寄存器的值由 CPU 在初始化时写入。8237A 的另一类寄存器为命令和状态寄存器,这类寄存器是 4 个通道所共用的,命令寄存器用来设置 8237A 的传送方式和请求控制方式等,命令寄存器的值由 CPU 在初始化时写入;状态寄存器用来存放 8237A 的工作状态信息,可供 CPU 读取、查询。8237A 各寄存器的接口地址分配及读写功能如表 7.1 所示。

表 7.1　8237A 的内部寄存器的端口分配及读写功能

通道号	A3	A2	A1	A0	读操作($\overline{IOR}=0$)	写操作($\overline{IOW}=0$)
0	0	0	0	0	当前地址寄存器	基(当前)地址寄存器
	0	0	0	1	当前字节计数器	基(当前)字节计数器
1	0	0	1	0	当前地址寄存器	基(当前)地址寄存器
	0	0	1	1	当前字节计数器	基(当前)字节计数器
2	0	1	0	0	当前地址寄存器	基(当前)地址寄存器
	0	1	0	1	当前字节计数器	基(当前)字节计数器
3	0	1	1	0	当前地址寄存器	基(当前)地址寄存器
	0	1	1	1	当前字节计数器	基(当前)字节计数器
	1	0	0	0	状态寄存器	命令寄存器
	1	0	0	1		请求寄存器
	1	0	1	0		单通道屏蔽寄存器
	1	0	1	1		方式寄存器
	1	1	0	0		清除先/后触发器
	1	1	0	1	暂存寄存器	主清除(软件复位)
	1	1	1	0		清除屏蔽寄存器
	1	1	1	1		4 通道屏蔽寄存器

(1) 命令寄存器

命令寄存器的格式如图 7.22 所示。

D0:负责控制存储器到存储器传送。D0＝1 时,允许存储器到存储器传送,D0＝0 时,禁止存储器到存储器传送。由通道 0 和通道 1 控制在存储器之间传送数据。8237A 由通道

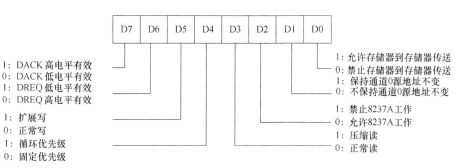

图 7.22　命令寄存器的格式

0 从源地址单元中读出数据并存储到暂存寄存器中,再由通道 1 从暂存寄存器中读出数据并写入目的单元中。当通道 1 的当前字节计数器减为 0 时,8237A 产生 $\overline{EOP}$ 信号,结束当前的 DMA 数据传送。

D1:在存储器到存储器传送的过程中,负责控制通道 0 的源地址不变。D1=1,保持通道 0 的源地址不变;D1=0,不保持通道 0 的源地址不变。这样做可以使源地址内的同一个数据传送到一组目的存储单元中去。当 D0=0 时,D1 位无意义。

D2:负责控制 8237A 工作允许与否。D2=0,允许 8237A 工作;D2=1,禁止 8237A 工作。

D3:选择 8237A 读时序。D3=0 时,8237A 选择正常读时序;D3=1 时,8237A 选择压缩读时序。

D4:负责设置 8237A 通道的优先级。D4=0,采用固定优先级;D4=1,采用循环优先级。

D5:负责控制写入的时刻。D5=0,采用滞后写;D5=1,采用扩展写。

D6:决定请求信号 DREQ 的有效电平。当 D6=0 时,DREQ 高电平有效;当 D6=1 时,DREQ 低电平有效。

D7:决定响应信号 DACK 的有效电平。当 D7=0 时,DACK 低电平有效;当 D7=1 时,DACK 高电平有效。

（2）工作方式寄存器

工作方式寄存器的格式如图 7.23 所示。

D1D0:负责 DMA 传送时的通道选择。D1D0=00～11 分别与通道 0～通道 3 相对应。

D3D2:决定 DMA 传送类型。D3D2=01 为写传送,将 I/O 设备的数据写入存储器;D3D2=10 为读传送,将存储器中的数据读出送至 I/O 设备;D3D2=00 为校验方式,是一种伪传送,此时存储器和 I/O 接口的控制信号无效,但是在每一个 DMA 周期后,地址加 1 或减 1,字节计数器减 1,直至减到 0,产生 $\overline{EOP}$ 信号,可以利用这个时序进行校验操作。

D4:决定自动设置方式。如果 D4=1,则当计数器减为 0 并产生 $\overline{EOP}$ 信号时,当前字节计数器和当前地址寄存器会自动地从基字节计数器和基地址寄存器中获取初值,又从头开始重复操作。

D5:决定每传送一个字节后地址是自增还是自减。当一个字节数据传送完毕,如果 D5=0,则地址加 1;如果 D5=1,则地址减 1。

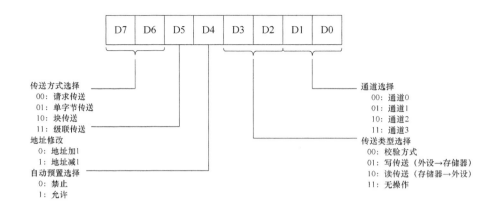

图 7.23　工作方式寄存器的格式

D7D6:决定 DMA 传送方式。D7D6 的取值决定 8237A 的 4 种数据传送方式,D7D6＝00 为请求传送,D7D6＝01 为单字节传送,D7D6＝10 为数据块传送,D7D6＝11 为级联方式。

（3）请求寄存器

DMA 请求既可以由 I/O 设备发出,也可以通过写入请求命令(软件)产生。请求寄存器的格式如图 7.24 所示。

D1D0:负责通道选择。D1D0＝00～11 分别与通道 0～通道 3 相对应。

D2:DMA 请求使能位。D2＝1,表示该通道有 DMA 请求;D2＝0,表示该通道无 DMA 请求。

当执行存储器到存储器的 DMA 传送时,启动 DMA 过程的不是外部的 DREQ 信号,而是由内部软件发送 DMA 请求实现的。即通过编程对通道 0 的请求寄存器写入 DMA 请求 04H 命令,从而产生 DREQ 请求,使 8237A 产生总线请求信号 HRQ,启动 DMA 传送。

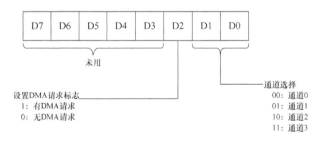

图 7.24　请求寄存器的格式

（4）屏蔽寄存器

该寄存器用来禁止或允许某通道的 DMA 请求。当某个通道的屏蔽位＝1 时,8237A 禁止该通道的 DMA 请求。通道的屏蔽位可用下面两种命令字置位或清除。

① 单通道屏蔽字。单通道屏蔽字的格式如图 7.25 所示,它每次只能屏蔽一个通道。

D1D0:负责通道选择。D1D0＝00～11 分别与通道 0～通道 3 相对应。

D2:表示屏蔽与否。D2＝1,禁止此通道的 DMA 请求;D2＝0,允许此通道的 DMA 请求。

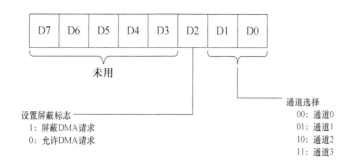

图 7.25　单通道屏蔽字的格式

② 四通道屏蔽字。四通道屏蔽字用来同时设定四个通道的屏蔽位,格式如图 7.26 所示。

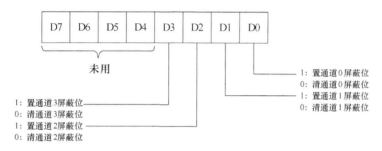

图 7.26　四通道屏蔽字的格式

D3D2D1D0 分别与通道 3、2、1、0 的屏蔽位相对应,若为 1,则禁止该通道的 DMA 请求;若为 0,则允许该通道的 DMA 请求。

（5）状态寄存器

状态寄存器用来存放 8237A 各通道的工作状态与请求标志,格式如图 7.27 所示。

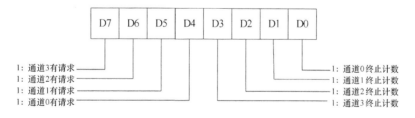

图 7.27　状态寄存器的格式

D3D2D1D0:分别表示通道 3、2、1、0 的终止计数状态。当某通道终止计数(计数值为"0")或出现外部的 $\overline{EOP}$ 信号,则相应位置 1;8237A 复位或 CPU 读后,此 4 位将被清除。

D7D6D5D4:分别表示通道 3、2、1、0 的请求信号 DREQ 的输入是否有效。为 1 表示该通道的 DMA 传送过程已经结束/有 DMA 请求,为 0 表示该通道的 DMA 传送过程未结束/无 DMA 请求,

（6）暂存寄存器

暂存寄存器用于对数据的暂时保存。当 8237A 进行从存储器到存储器的 DMA 数据

传送时,先由通道 0 将源存储单元中的数据读出,保存到暂存寄存器中,再由通道 1 从暂存寄存器中读出数据,传送到目的存储单元中。

（7）清除命令

8237A 的清除命令不需要写入命令寄存器,只需要对特定的 DMA 端口执行一次写操作即可完成清除任务,并且与写入的数据无关。8237A 的清除命令共有 3 条:

① 主清除命令。主清除命令的功能与硬件 RESET 信号作用类似,可以对 8237A 进行软件复位。执行主清除命令,只要对 A3~A0=1101 的端口进行一次写操作,便可以使 8237A 处于复位状态。

② 清除先/后触发器命令。在向 8237A 通道内的 16 位寄存器进行读写时,因为数据线是 8 位,所以要分 2 次写入。可以用先/后触发器来控制读/写 16 位寄存器的高字节还是低字节。当先/后触发器为"0"时,对低字节操作;当先/后触发器为"1"时,对高字节操作。要注意先/后触发器有自动置位功能,在执行 RESET 或清除命令之后,该触发器为"0",CPU 可访问寄存器的低字节。当 CPU 访问之后,先/后触发器自动置位为"1",CPU 可访问寄存器的高字节。当 CPU 再次访问之后,先/后触发器又自动置位为"0"。先/后触发器的端口地址为 A3~A0=1100。

③ 清除屏蔽位命令。当 8237A 的 DMA 通道初始化时,需要清除屏蔽位以开放各通道的 DMA 请求。执行清除屏蔽位命令只需对端口地址 A3~A0=1110（屏蔽寄存器地址）进行一次写"0"操作,就可清除四个通道的屏蔽位,开放全部通道的 DMA 请求。

习　题

1. I/O 系统的层次结构是怎样的?

2. C 标准库函数是在用户态还是在内核态执行?

3. I/O 接口的作用是什么? 具有哪些主要功能?

4. CPU 与 I/O 接口之间传送的信息有哪些? 各表示什么含义?

5. CPU 与 I/O 设备数据传送的控制方式有哪几种? 它们各有什么特点?

6. 什么叫接口? I/O 接口的编址方式有哪两种? 它们各有什么特点?

7. 在中断响应过程中,8086 往 8259A 发的两个 $\overline{INTA}$ 信号分别起什么作用?

8. 8086 最多可有多少级中断? 按照产生中断的方法分为哪两大类?

9. 非屏蔽中断有什么特点? 可屏蔽中断有什么特点? 分别用在什么场合?

10. 什么叫中断向量? 它放在哪里? 对应于 ICH 的中断向量存放在哪里? 如果 ICH 的中断处理子程序从 3550H:1050H 开始,则中断向量应怎样存放?

11. 从 8086/8088 的中断向量表中可以看到,如果一个用户想定义某个中断,应该选择在什么范围?

12. 非屏蔽中断处理程序的入口地址怎样寻找?

13. 叙述可屏蔽中断的响应过程,一个可屏蔽中断或者非屏蔽中断响应后,堆栈顶部四个单元中是什么内容?

14. 一个可屏蔽中断请求来到时,通常只要中断允许标志为 1,便可在执行完当前指令后响应,在哪些情况下有例外?

15. 在编写中断处理子程序时,为什么要在子程序中保护许多寄存器?

16. 中断指令执行时,堆栈的内容有什么变化? 中断处理子程序的入口地址是怎样得到的?

17. 中断返回指令 IRET 和普通子程序返回指令 RET 在执行时,具体操作内容有什么不同?

18. 若在一个系统中有五个中断源,它们的优先权排列为:1、2、3、4、5,它们的中断服务程序的入口地址分别为:2000H、2010H、2030H、2060H、20B0H。编一个程序,使得当有中断请求 CPU 响应时,能用查询方式转至申请中断的优先级最高的源的中断服务程序。

19. 设置中断优先级的目的是什么?

20. 可编程中断控制器 8259A 在中断处理时,协助 CPU 完成哪些功能?

21. 什么是中断响应周期? 在中断响应中 8086CPU 和 8259A 一般完成哪些工作?

22. 8086 有哪几种中断? 哪些是硬件中断? 哪些是软件中断?

23. 什么是 8086 的中断向量? 中断向量表是什么? 8086 的中断向量表放在何处?

24. 8259A 的中断屏蔽寄存器 IMR 和 8086/8088 的中断允许标志 IF 有什么差别? 在中断响应过程中,它们怎样配合起来工作?

25. 8259A 有几种结束中断处理的方式? 各自应用在什么场合? 除了中断自动结束方式以外,其他情况下如果没有在中断处理程序中发中断结束命令,会出现什么问题?

26. 8259A 引入中断请求的方式有哪几种? 如果对 8259A 用查询方式引入中断请求,那会有什么特点? 中断查询方式用在什么场合?

27. DMA 控制器 8237A 有哪两种工作状态? 其工作特点如何?

28. 8237A 的当前地址寄存器、当前字节计数寄存器和基字节寄存器各保存什么值?

29. 8237A 进行 DMA 数据传送时有几种传送方式? 其特点是什么?

30. 8237A 有几种对其 DMA 通道屏蔽位操作的方法?

31. 8237A 的清除命令有哪些? 都起什么作用?

32. 设处理器按 800 MHz 的速度执行,每次中断传输一个 8 字节的数据,磁盘传输速率为 4 MB/s,在磁盘传输数据过程中,要求没有任何数据被错过。

(1) 若采用中断方式,每次传送的开销(包括用于中断响应和处理的时间)是 800 个时钟周期。那么处理器用在硬盘 I/O 操作上所花的时间百分比(主机占用率)为多少?

(2) 若采用 DMA 方式,处理器用 500 个时钟进行 DMA 传送初始化,在 DMA 完成后的中断处理需要 500 个时钟。如果每次 DMA 传送 8000B 的数据块,处理器用在硬盘 I/O 操作上的时间百分比(主机占用率)为多少?

课后习题答案

第1章 习题答案

1. 解释以下术语

（1）集成电路

集成电路是指采用一定的工艺,把一个电路中所需的晶体管、电阻、电容和电感等元件及布线互连一起,制作在一小块或几小块半导体晶片或介质基片上,然后封装在一个管壳内,成为具有所需电路功能的微型结构。

（2）摩尔定律

集成电路问世六年后,戈登·摩尔预言:集成电路芯片上所集成的晶体管的数目,每隔18个月就翻一倍。摩尔的这个预言在后来的发展中得以证实,并在较长时期保持着有效性,被人誉为"摩尔定律"。

（3）中央处理器

中央处理器是计算机中最重要的部件之一,主要由运算器和控制器组成。其内部结构归纳起来可以分为控制部件、运算部件和存储部件三大部分,它们相互协调,共同完成对指令的执行。

（4）算术逻辑部件（ALU）

ALU 是运算器的核心部件,能进行基本的算术运算,即按照算术规则进行的运算,如加、减、乘、除,以及逻辑运算即比较、移位、逻辑加、逻辑减、逻辑乘、逻辑非及异或运算等。ALU 中最基本的部件是加法器,所有的运算都可以基于加法运算和逻辑运算来实现。

（5）内存

内存也被称为内存储器,有时也称为主存。其作用是用于暂时存放 CPU 中的运算数据,以及与硬盘等外部存储器交换的数据。

（6）系统软件

系统软件是指计算机厂家为实现计算机系统的管理、调度、监视和服务等功能而提供给用户使用的软件。系统软件包括各类操作系统,如 Windows、Linux、UNIX 等,还包括操作系统的补丁程序及硬件驱动程序、语言处理系统、数据库系统、分布式软件系统、网络软件系统、人机交互系统等。

（7）应用软件

应用软件是指专门为数据处理、科学计算、事务管理、多媒体处理、工程设计等应用编写的各类程序,可以细分的种类就更多了,如工具软件、游戏软件、管理软件等都属于应用软件类。

（8）高级语言

高级语言也称为高级编程语言或算法语言，是面向问题和算法的描述语言。用这种语言编写程序时，程序员不必了解实际机器的结构和指令系统等细节，而是通过一种比较自然的、直接的方式来描述问题和算法。

（9）汇编语言

汇编语言是一种面向实际机器结构的低级语言，是机器语言的符号表示，与机器语言一一对应。因此，汇编语言程序员必须对机器的结构和指令系统等细节非常清楚。

（10）机器语言

机器语言是指直接用二进制代码（指令）表示的语言。用户必须用二进制代码来编写机器语言程序。因此，机器语言程序员必须对机器的结构和指令系统等细节非常清楚。

（11）指令集体系结构

ISA（指令集体系结构）是连接硬件和软件之间的桥梁，它是软件与硬件之间接口的一个完整定义。其核心部分是指令系统，同时还包含数据类型和数据格式定义、寄存器组织、I/O 空间的编址和数据传输方式、中断结构、计算机状态的定义和切换、存储保护等。ISA设计得好坏直接决定了计算机的性能和成本。

（12）源程序

编译程序、解释程序和汇编程序统称为语言处理程序。各种语言处理程序处理的对象称为源程序，用高级（算法）语言或汇编语言编写，如 C 语言源程序、Java 语言源程序、汇编语言源程序等。

（13）目标程序

编译程序和汇编程序对源程序进行翻译得到的结果程序称为目标程序或目标代码。

（14）编译程序

编译程序（Compiler，Compiling Program）也称为编译器，是指把用高级程序设计语言书写的源程序，翻译成等价的机器语言格式目标程序的翻译程序。

（15）解释程序

解释程序是高级语言翻译程序的一种，它将源语言书写的源程序作为输入，解释一句后就提交计算机执行一句，并不形成目标程序。就像外语翻译中的"口译"一样，说一句翻一句，不产生全文的翻译文本。

（16）汇编程序

把汇编语言书写的程序翻译成与之等价的机器语言程序的翻译程序。汇编程序输入的是用汇编语言书写的源程序，输出的是用机器语言表示的目标程序。

（17）主频

CPU 的主频，即 CPU 主脉冲信号的时钟频率（CPU Clock Speed）。CPU 的工作节拍是由时钟所控制的，时钟不断产生固定频率的时钟脉冲，这个时钟的频率就是 CPU 的主频。因此主频越高，CPU 的工作节拍就越快。

（18）MIPS

运算速度是指每秒所能执行的指令条数，单位为 MIPS（百万条指令每秒），这是衡量CPU 速度的一个指标。

（19）基准程序

基准程序是进行计算机性能评测的一种重要工具,基准程序是专门用来进行性能评价的一组程序,能够很好地反映机器在运行实际负载时的性能,可以通地在不同的机器上运行相同的基准程序来比较不同机器上的运行时间,从而评测其性能。

（20）SPEC 基准程序集

SPEC 测试程序集是应用最广泛,也是最全面的性能评测基准程序集。1988 年,由 SUN、MIPS、HP、Apollo、DEC 五家公司联合提出了 SPEC 标准。它包括一组标准的测试程序、标准输入和测试报告。

2. 简单回答以下问题

（1）什么是存储程序原理,各部分的功能是什么,采用什么工作方式?

答:"存储程序"式计算机的特点可归纳如下:

计算机由运算器、控制器、存储器、输入设备和输出设备五大部件组成。

指令和数据均用二进制形式表示。

指令和数据以同等地位存放于存储器内,并可按地址访问。

指令在存储器内按顺序存放。但也可以根据运算结果或某种设定条件改变指令执行顺序。

运算器:

运算器通常由算术逻辑单元 ALU 和一系列的寄存器构成。ALU 是运算器的核心部件,能进行基本的算术运算,即按照算术规则进行的运算,如加、减、乘、除,以及逻辑运算即比较、移位、逻辑加、逻辑减、逻辑乘、逻辑非及异或运算等。ALU 中最基本的部件是加法器,所有的运算都可以基于加法运算和逻辑运算来实现。

控制器:

控制器是计算机的管理机构和指挥中心,按照预先确定的操作步骤,协调控制计算机各部件有条不紊地自动工作,它每次从存储器中读取一条指令,经过分析译码,产生一系列的控制信号,发向各个部件以控制它们的操作,保证数据通路的正确。中央处理器（CPU）包含运算器和控制器。

存储器:

存储器用于存储程序和数据,分为内存储器和外存储器。

输入设备:

输入设备是指将人们熟悉的信息形式,变换成计算机能接收并识别的二进制信息形式。

输出设备:

输出设备是指将计算机输出的处理结果信息,转换成人类或其他设备能够接受和识别的信息形式理想的设备。

（2）CPU 的时钟频率越高,机器的速度就越快,对吗?

答:在其他因素不变的情况下,CPU 的时钟频率越高,机器的速度肯定越快。但是,程序执行的速度除了与 CPU 的速度有关外,还与存储器、I/O 等模块的存取速度、总线的传输速度、Cache 的设计策略等有很大关系。因此,机器的速度不只是由 CPU 的时钟决定。

（3）为什么说 MIPS 不能很好反映计算机的性能?

答:MIPS 虽然反映了计算机的运算速度,但用 MIPS 对不同机器进行性能评价是不准确的。因为不同机器的指令集不同,而且指令的功能也不同,即在机器 M1 上某一条指令的功能,在机器 M2 上要用多条指令来完成。

（4）计算机系统只是硬件系统吗？

答:不对。计算机系统是由计算机软件系统与计算机硬件系统共同构成。计算机硬件系统主要由以下五大部件组成,五大部件协调工作从而完成上述的输入数据、输出数据、处理数据和存储数据几大功能。软件是用户与硬件之间的接口界面。用户主要是通过软件与计算机进行交流。计算机软件总体分为系统软件和应用软件两大类。系统软件是指计算机厂家为实现计算机系统的管理、调度、监视和服务等功能而提供给用户使用的软件。应用软件是指专门为数据处理、科学计算、事务管理、多媒体处理、工程设计等应用编写的各类程序。计算机系统中的硬件与软件是相辅相成,缺一不可的。

（5）简述计算机的层次结构

答:计算机系统由不同的抽象层构成。从上往下看,包括具体的应用问题、算法、各种程序设计语言、操作系统、ISA 指令集架构、处理器微体系结构、数字逻辑电路、电子器件。程序员将应用问题转变成算法,接着用各种程序设计语言来实现,高级语言不能被计算机识别,需要通过转换才能被执行,因此程序员编写的程序都需要通过翻译程序变成计算机所能识别的机器语言,操作系统是管理和控制计算机硬件与软件资源的计算机程序,是直接运行在"裸机"上的最基本的系统软件,任何其他软件都必须在操作系统的支持下才能运行。接着便是连接硬件和软件之间桥梁的层次—ISA(指令集体系结构),或称体系结构,它是软件与硬件之间接口的一个完整定义。再下一层是微体系架构层。这一层就是将上层的 ISA 翻译为具体的实现。再下一层就是数字逻辑电路层,该层就是使用微体系架构的实现,即微架构中的不同功能部件就是用不同的逻辑电路来实现的。最后一层就是电子器件层,即每一种逻辑门电路都是由特定的器件来实现的。

（6）简述以下 HELLO.C 的 C 语言源程序代码的编译过程？

```
#include <stdio.h>
Int main()
{
Printf("hello world\n");
}
```

答:当用户在键盘上敲击字母序列"HELLO"后,字符串"HELLO"中的每一个字符都通过键盘设备翻译成对应的二进制代码,每一个编码被 I/O 总线传递到 I/O 桥,并经过 I/O 桥转换传递到内部系统总线上,每个字符编码便逐一暂存在 CPU 的寄存器中,当用户按Enter 键时,操作系统 Shell 命令解释器就会调出内核中相应的服务例程来加载磁盘上的可执行文件 HELLO 到主存中。于是,HELLO 的二进制代码便放入了主存中,同时将可执行文件 HELLO 的第一条指令的地址送到程序计数器(Program Counter,PC),这就是 CPU 下一条即将执行的指令的地址。因此,处理器随后开始根据 PC 存储的地址,逐条地从主存中取出可执行文件 Hello 指令序列,然后通过存储器总线,经 IO 桥转换,并经过系统总线送入 CPU 中分析、解释、执行。最后由运算器运算得到运算结果,然后存放在 CPU 的内部寄存器中,最后将结果通过系统总线、IO 桥、IO 总线送入图形适配器的显存中,显示器从显存中读取显示数据并把结果显示给用户。

3. 假定你的朋友不太懂计算机,请用简单通俗的语言给你的朋友介绍计算机系统是如何工作的?

答:略。

4. 谈谈你对未来计算机发展的认识。

答:略。

第 2 章 习题答案

1. (1) $A+B$

(2) $\overline{A}+B+C$

(3) $\overline{A}B+BC$

(4) $A\overline{B}$

2.

$_A^{\,BC}$	00	01	11	10
0	1	0	0	0
1	0	1	0	0

所以 $L=\overline{A}\,\overline{B}\,\overline{C}+ABC$

3.

(1) 卡诺表示真值表:

$_{AB}^{\,CD}$	00	01	11	10
00	1			
01	1	1		
11	1		1	
10	1			1

(2) 画包围圈:

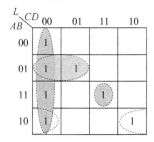

(3) 合并最小项,得逻辑表达式:

$L=ABCD+A\overline{B}\,\overline{D}+\overline{A}B\,\overline{C}+C\overline{D}$

4. (1)逻辑表达式: $L=A\oplus B\oplus C\oplus D$

真值表:

A	B	C	D	L
0	0	0	0	0
0	0	0	1	1
0	0	1	0	1
0	0	1	1	0
0	1	0	0	1
0	1	0	1	0
0	1	1	0	0
0	1	1	1	1
1	0	0	0	1
1	0	0	1	0
1	0	1	0	0
1	0	1	1	1
1	1	0	0	0
1	1	0	1	1
1	1	1	0	1
1	1	1	1	0

逻辑功能:判奇电路。

（2）

逻辑表达式:

$L_1 = A \oplus B \oplus C$

$L_2 = AB + C(A \oplus B)$

真值表:

A	B	C	L_1	L_2
0	0	0	0	0
0	0	1	1	0
0	1	0	1	0
0	1	1	0	1
1	0	0	1	0
1	0	1	0	1
1	1	0	0	1
1	1	1	1	1

逻辑功能:全加器。

（3）$Y_1 = ABC + (A + B + C)\overline{AB + AC + BC}$

$Y_2 = AB + AC + BC$

真值表:

A	B	C	Y_1	Y_2
0	0	0	0	0
0	0	1	1	0
0	1	0	1	0
0	1	1	0	1
1	0	0	1	0
1	0	1	0	1
1	1	0	0	1
1	1	1	1	1

由真值表可知:电路构成全加器,输入 A、B、C 为加数、被加数和低位的进位,Y_1 为 "和",Y_2 为"进位"。

5. (1)组合,时序

(2)输入,历史状态

6. DDDABB

7. 简答题:

(1)

答:①真值表,将变量的各种聚会与相应的函数值,以形式一一列举出来。

优点:直观明了,便于将实现逻辑问题抽象成数学表达式。

缺点:难以用公式和定理进行运算和变换;当变量较多时,列函数真值表较烦琐。

② 逻辑函数表达式,就是由逻辑变量和"与""或""非"3 种运算符所构成的表达式。

优点:这一表达方式便于研究逻辑电路,形式简单、写写方便,便于进行运算和转换。对于逻辑函数式的化简非常方便,便于简化逻辑电路。

缺点:表达式形式不唯一。逻辑函数式所表达的逻辑关系不直观。

③ 逻辑电路图,是由逻辑电路符号及其之间的连续而构成的图形。

优点:与实际使用的器件有着对应关系,比较接近于实际的电路。

缺点:不能反映电气参数和性能,不具备唯一性。

④ 卡诺图,是按一种相邻原则排列而成的最小项方格图,利用相邻可合并规则,使逻辑函数得到化简。

优点:在化简逻辑函数时比较直观且容易掌握。具有唯一性。

缺点:多个变量时,复杂度将大大提升。化简后的逻辑表达式不是唯一的。

⑤ 波形图,是以数字波形的形式表示逻辑电路输入与输出的逻辑关系。

优点:可以直观、清晰地看到输入变量和输出函数间随时间变化的对应的逻辑关系的全过程,波形图具有唯一性。

(2)

答:数字电路根据逻辑功能的不同可以分为两大类,一类称为组合逻辑电路,另一类称为时序逻辑电路。

组合逻辑电路在逻辑功能上的特点是任意输出仅仅该输入,与逻辑电路原来的状态无关。而时序逻辑电路是由最基本的逻辑门电路加上反馈逻辑电路(输出到输入)或器件组合而成的电路,与组合逻辑电路最本质的区别在于时序电路具有记忆功能。时序逻辑电路的特点是:不仅输出当时的输入值,而且还与逻辑电路过去的状态有关。它类似于含储能元件的电感或电容的电路和。触发器、锁存器、计数器、移位寄存器、储存器等逻辑电路都是时序逻辑电路的典型器件。

8.

解:(1) 写出各逻辑方程式。

这仍是一个同步时序电路,时钟方程可以不写。

驱动方程:$J_0=1$, $\quad J_1=X\overline{Q_0}+\overline{X}Q_0$

$\qquad\qquad K_0=1$, $\quad K_1=X\overline{Q_0}+\overline{X}Q_0$

输出方程:$Z=Q_1Q_0$

将驱动方程代入 JK 触发器特性方程中,求得状态方程:

$Q_0^{n+1}=\overline{Q_0^n}$

$Q_1^{n+1}=X\oplus Q_0\oplus Q_1^n$

(2) 列状态表,画状态图和时序图。

由于本例中有输入信号 X,所以列状态表时应加入 X 的取值组合,列状态表如下:

$Q_1^nQ_0^n$ ＼ $Q_1^{n+1}Q_0^{n+1}/Z$ ＼ X	0	1
00	01/0	11/0
01	10/0	00/0
10	11/0	01/0
11	00/1	10/1

由状态表容易画出状态转换图

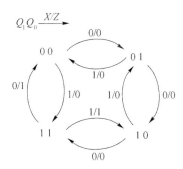

状态转换图

时序图如下所示。

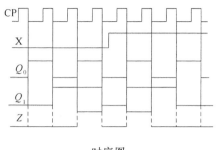

时序图

（3）功能说明。

$X=0$ 加法计数，$X=1$ 减法计数。

可逆计数器。

第3章　习题答案

1. 真值：机器数真正的值，即原来带有正负号的数称为机器数的真值。机器数：通常将数值数据在计算机内部编码表示的数称为机器数。机器数中只有0和1两种符号。原码：原码由符号位直接跟数值位构成，也称"符号—数值"表示法。它的编码规则是：正号用0表示，负号用1表示，数值部分不变。补码：反码基础上加1。BCD码：十进制数用二进制编码的形式表示称为BCD码。ASCII码：目前计算机使用最广泛的西文字符集及其编码，即美国标准信息交换码，简称ASCII码。

2. (1) $(25.81)_{10}=(11001.1100)_2=(31.63)_8$
   (2) $(1011.1101)_2=(11.8125)_{10}$

3. $+0.1001$ 原码：0.1001000 -1.0 原码：溢出 $+0$ 原码：0.0000000 -0 原码：1.0000000

4. 11100111 的补码为：10011001

5. （1）机器数为 $1\cdots1\ 1000\ 0000\ 0000\ 0000=$ FFFF8000H。（2）机器数为 000FFFAH。（3）机器数为 020AH。

6.（1）mysring1 指向的存储区存放内容为：2EH 2FH 6DH 79H 66H 69H 6CH 65H 00H 。（2）mysring2 指向的存储区存放内容为：4FH 4BH 2CH 67H 6FH 6FH 64H 21H 00H。

7. （1）x 的最高有效字节不变，其余各位全变为 0。（2）x 的最低有效字节不变，其余各位全变为 0。

8. $+1.75=$3FE00000H。$+19=$41980000H。$-1/8=$BE000000H。$258=$43810000H。

9. (1) 16 位无符号整数范围为 0～65535。(2) 16 位原码定点小数表示的范围为 $-(1-2^{-15})$～$+(1-2^{-15})$。(3) 16 位补码定点整数表示范围为 $-32\ 768$～$+32\ 767$。

10. $2049=100000000001B=+1.00000000001B\times2^{11}$，用 32 位补码整数表示为 00000000000000000000100000000001，用十六进制形式表示为 00000801H。用 IEEE745 单精度浮点数格式表示为 45001000H。

11. d 的 ASCII 码为 1100100。

12.
```
int ch_mu1_overflow(int  x, int y)
{
    long long prod_64 = (long long) x * y;
    Return prod_64 ！ = (int) prod_64;
}
```

13. 根据表达式 55 * x＝(64－8－1) * x＝64 * x－8 * x－x 可知,完成 55 * x 只要两次移动操作和两次减法操作,共 4 个时钟周期。若将 55 分解为 32＋16＋4＋2＋1,则需要 4 次移位操作和 4 次加法操作,共 8 个时钟周期。上面的两种方式都比直接执行一次乘法操作所用时钟周期少。

14. 对于结果为 1x.xxx… 的情况,需要进行右规。对于结果为 0.00…01xxx 的情况,需要进行左规。

(1) 最终结果:E＝10000101,M＝1(1).00000010…0,即－64.5。(2) 最终结果:E＝10000101,M＝0(1).00001000…0,即＋66。

第4章 习题答案

1. 操作码、操作数
2. 运算器、控制器、寄存器
3. AX、BX、CX、DX
4. CD9DH、319DH、3123H、6246H、636BH、6246H、636BH、C6D6H、C663H、6B63H、D663H
5.
```
MOV AX,3
ADD AX,AX
ADD AX,AX
ADD AX,AX
```
6.
```
ASSUME CS:CODE
CODE SEGMENT
MOV AX,0
  MOV CX,236
    L：ADD AX,123
  LOOP L
  MOV AX,4C00H
  INT 21H
  ENDS
  END
```
7.
```
MOV AX,X
MUL Y
MOV CX,AX
```

```
        MOV BX,DX
        MOV AX,Z
        CWD
        ADD CX,AX
        ADC BX,DX
        SUB CX,540
        SBB BX,0
        MOV AX,V
        CWD
        SUB AX,CX
        SBB DX,BX
        DIV X
```

8. 设计思路:两个数分别存放在 X 和 Y 中,将 X 和 Y 相加后存入 Z 中。

```
    DATA SEGMENT
        X   DB   4CH
        Y   DB   86H
        Z   DW   ?
    DATA ENDS
    CODE SEGMENT
        ASSUME CS:CODE,DS:DATA
        START:MOV AX,DATA
            MOV DS,AX
            MOV AL,X         ;AL＝4CH
            MOV AH,0         ;AH 清零
            ADD AL,Y         ;AL＝4CH＋86H
            ADC AH,0         ;加上进位
            MOV Z,AX         ;将其和送入 Z 中
            MOV AH,4CH
            INT 21H
    CODE ENDS
        END START
```

9. 程序的三种基本是:顺序结构、分支结构和循环结构,流程图分别如下:

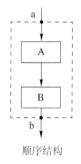

顺序结构

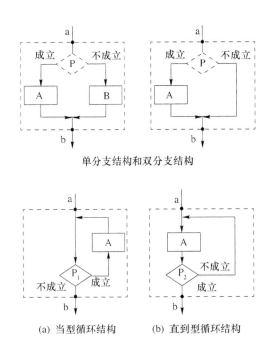

单分支结构和双分支结构

(a) 当型循环结构   (b) 直到型循环结构

10. 0808H

11. 标志寄存器设置了 CF、PF、AF、ZF、SF、TF、IF、DF、OF 九种标志。各位的状态表示如下：

CF(Carry Flag)：进位/借位标志，指令执行结果的最高位是否有向更高位进位或借位，若有则 CF 置 1，否则置 0。

PF(Parity Check Flag)：奇偶校验标志，指令执行结果中 1 的个数是奇数个还是偶数个，若为奇数个则 PF 置 0，否则置 1。

AF(Auxiliary Carry Flag)：辅助进位/借位标志，当进行字节运算有低 4 位向高 4 位进位或借位时置 1，否则置 0，其主要用于 BCD 码修正运算。

ZF(Zero Flag)：零标志，指令指行结果是不是为 0，若为 0 则 ZF 置 1，否则置 0。

SF(Sign Flag)：符号标志，指令执行结果的最高二进制位是 0 还是 1，若为 0，则 SF＝0，代表正数；若为 1，则 SF＝1，代表负数。

TF(Trag Flag)：陷阱标志(单步中断标志)，TF＝1，程序执行当前指令后暂停，TF＝0 程序执行当前指令后不会暂停。

IF(Interrupt Enable Flag)：中断允许标志，用于控制 CPU 能否响应可屏蔽中断请求，若 IF＝1，开中断，能够响应中断；若 IF＝0，关中断，不能响应中断。

DF(Direction Flag)：方向标志，用于指示串操作时源串的源变址和目的串的目的变址的变化方向，DF＝1 引起串操作指令的变址寄存器自动减值，DF＝0 引起串操作指令的变址寄存器自动增值。

OF(Overflow Flag)：有符号数的溢出标志，指令执行结果是否超出有符号数的表示范围，若超出则 OF＝1，否则 OF＝0。可以通过是否出现以下四种情况之一来判断：正加正得负，正减负得负，负加负得正，负减正得正。若出现则 OF＝1，否则 OF＝0。

12.

$$
\begin{array}{r}
0010001101000101 \\
+\,0011001000011001 \\
\hline
0101010101011110
\end{array}
$$

SF:由于运算结果最高位为 0,所以 SF＝0。

ZF:由于运算结果不为 0,所以 ZF＝0。

AF:由于第 3 位没有向第 4 位进位,所以 AF＝0。

PF:由于 1 的个数为奇数(9 个 1),所以 PF＝0。

CF:由于最高位没有产生进位,所以 CF＝0。

OF:由于正加正得正,所以 OF＝0。

13. 显然这里的汇编指令是 gcc 默认的 AT&T 格式,＄2 和＄1 分别表示立即数 2 和 1,假设上述代码执行前(AX)＝X,则执行(X＜＜2)＋X)＞＞1 后,即(AX)＝(X＊2＊2＋X)/2,算术移位时,AX 中的内容在移位前、后符号未发生变化,故 OF＝0,没有溢出。最终 AX 的内容为 FEC0H。

第 5 章　习题答案

1. 解释以下术语

(1) 时钟周期

答:将一个机器周期划分为若干个相等的时间段,每个时间段内完成一步操作,这是时序系统中最基本的时间分段。即时钟周期。

(2) 机器周期

答:将指令周期划分为若干个工作阶段,如取指令、读取源操作数、读取目的操作数、执行等阶段。每个阶段称为一个机器周期,也称为 CPU 周期。

(3) 指令周期

答:指从内存取出一条指令并执行该指令所用的时间。

(4) 同步时序

答:将操作时间划分为许多时钟周期,周期长度固定,每个时钟周期完成一步操作。CPU 则按照统一的时钟周期来安排严格的指令执行时间表。各项操作应在规定的时钟周期内完成,一个周期开始,一批操作就开始进行,该周期结束,这批操作也就结束。各项操作之间的衔接取决于时钟周期的切换。

(5) 异步时序

答:操作按其需要选择不同的时间,不受统一的时钟周期的约束,各项操作之间衔接与各部件之间的信息交换采取应答方式。前一个操作完成后给出回答信号,启动下一个操作。

(6) 微操作

答:微操作是指一个功能部件能够完成的最基本的硬件动作,是控制器需要处理的具有独立意义的最小操作。

（7）节拍

答：一个 CPU 时钟周期也称为节拍。

（8）程序计数器

答：称指令计数器或指令指针 IP，该寄存器的作用是保存下一条即将执行指令的地址，以保证 CPU 在当前指令执行完成后，能自动确定下一条指令的地址。

（9）指令寄存器

答：指令寄存器存放的现行指令，CPU 从内存中取出指令送到指令寄存器中，然后进行指令的译码和执行工作。

（10）指令译码器

计算机执行一条指定的指令时，必须首先分析这条指令的操作码是什么，以决定操作的性质和方法，然后才能控制计算机其他各部件协同完成指令表达的功能。这个分析工作由指令译码器来完成。

（11）指令流水线

答：为了加快计算机的处理速度，将工厂中的生产流水线方式引入计算机内部，构成了计算机的流水线结构。即将多条指令的执行相互重叠起来，从而提高 CPU 执行指令的效率。

2. 简单回答以下问题

（1）CPU 的基本组成和基本功能是什么？

答：CPU 中主要包含运算器、控制器以及一系列寄存器。

运算器主要功能是对数据进行加工处理，包括算术逻辑单元（ALU Arithmetic Logic Unit）、多路选择器、通用寄存器组及移位器组成。

控制器就是计算机系统的指挥中心，这一部件控制着计算机系统的各个功能部件，保证其能协同工作，自动执行计算机程序。

寄存器组是指 CPU 在运算或控制的过程中需要暂时存储信息的存储器集合。CPU 中的寄存器主要可分为三类：处理寄存器、控制寄存器及主存接口寄存器。

（2）简述计算机三级时序系统。

答：三级时序系统包括机器周期、时钟周期以及工作脉冲。

机器周期（CPU 周期）将指令周期划分为若干个工作阶段，如取指令、读取源操作数、读取目的操作数、执行等阶段。每个阶段称为一个机器周期，也称为 CPU 周期。机器周期划分的目的是为了更好地安排 CPU 的工作，如取指周期的工作就是取出指令，执行周期就是执行指令等。这是三级时序系统中的第一级时序。

时钟周期（节拍）一个机器周期的操作可能需要分成几步完成，例如按变址方式读取操作数，先要进行变址运算才能访存读取。因此又将一个机器周期划分为若干个相等的时间段，每个时间段内完成一步操作，这是时序系统中最基本的时间分段。各时钟周期长度相同，一个机器周期可根据其需要，由若干个时钟周期组成。不同机器周期，或不同指令中的同一种机器周期，其时钟周期数目可以不同。这是三级时序系统中的第二级时序。

工作脉冲在一个时钟周期（节拍）中设置若干个脉冲，用于寄存器的输出、输入等。这是三级时序系统中的第三级时序。

（3）如何控制一条指令执行结束后能够接着另一条指令的执行？

答：一条指令执行结束后能够接着执行另一条指令主要是通过 PC（程序计数器）进行控制。CPU 中的指令译码器能过对指令译码，知道正在执行的是一种顺序执行的指令，就直接通过对 PC 加"1"（这里的"1"是指一条指令的长度）来使其指向下一条顺序执行的指令；当执行到转移指令时，指令译码器知道正在执行的是一种转移我指令，因而把转移目标地址送到 PC 中，使得执行的下一条指令为转移到的目标指令。

（4）通常一条指令的执行要经过哪些步骤？

答：一条指令的执行过程包括取指令、指令译码、计算源操作数地址、取源操作数、执行指令、存储目的操作数。

取出指令：在 CPU 能够执行某条指令之前，它必须将这条指令从存储器中取出来，此时即将执行的指令地址就存放在程序计数器 PC 中，于是 CPU 根据 PC 地址找到主存中对应的单元，取出相应的指令。

指令译码：当 CPU 把一条指令取出来后，放入 IR（指令寄存器）中，然后对 IR 中的指令操作码进行译码。

指令执行：

① 取源操作数：控制器根据指令的地址码字段提供的寻址方式确定源操作数地址的计算方式，从而得到源操作数的地址（可能是存储器、寄存器，或指令本身），进而取出对应的源操作数；

② 执行指令：按照指令操作码字段执行对应的操作，如加法、减法等；

③ 存储目的操作数：把执行的结果存储在目的操作数对应的地址中，在计算目的操作数的地址时，同样要根据该条指令的地址码字段提供的寻址方式确定目的操作数地址的计算方法，从而得到目的操作数的地址（可能会是存储器、寄存器中）存储对应的目的操作数的地址中。

（5）流水线下，一条指令的执行时间缩短了还是加长了？程序的执行时间缩短了还是加长了？为什么？

答：流水线下，一条指令的执行时间加长，程序的执行时间缩短了。因为采用流水线方式使得指令吞吐率提高了，即在给定的时间内完成指令执行的条数增加了，但每条指令的执行过程没有减少，因此不会缩短一条指令的执行时间，而且在确定流水段宽度时，是以最复杂流水估所需的宽度来设计，因此所有指令都需要花费最慢指令所需的执行时间才能完成，延长一条指令的执行时间。

3. 已知 CPU 结构如下图所示。各部分之间的连线表示数据通路，箭头表示信息传递方向。试完成以下工作：①写出图中四个寄存器 A、B、C、D 的名称和作用；②简述指令 LOAD Y 在执行阶段所需的微操作命令及节拍安排。（Y 为存储单元地址，本指令功能为 (Y)→AC）。

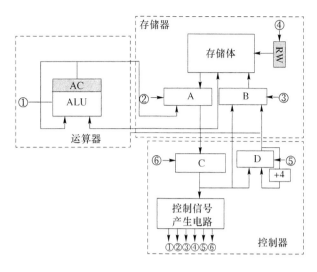

答：①A：MDR　　B：MAR　C：IR　　D：PC

②

节拍	微操作
1	PC 送 MAR
	设置读条件
2	存储器取指，取出结果送 MDR
3	MDR 送 IR
4	IR 操作码字段进行译码；IR 地址码字段送 MAR
	设置读条件
	PC+4 送 PC，准备下一条指令地址
5	存储器取数，取出结果送 MDR
6	ALU 把 MDR 输出送 AC

第 6 章　习题答案

1．填空题

（1）主存、辅存、Cache 和寄存器

（2）快　　速　度

（3）主存　Cache

（4）全相联映射　直接映射

（5）程序访问的局部性原理

2．选择题

1～5　BCBBD　　6～10　BCACA　　11～13　CBA

3．综合题

（1）**解**：cache 的平均访问时间 $T_e = H \times T_c + (1-H) \times T_m = 0.98 \times 200/4 + (1-0.98) \times$

200＝53 ns。

（2）**解**：存储字：（word）一个二进制数由若干位组成，当一个数作为一个整体存入存储器或从存储器中取出时，这个数称为存储字。

存储单元：若干存储元件（或称为存储元）组成一个存储单元，一个存储单元可以放一个存储字或一至多个字节（Byte）。

存储地址：（Address）存储单元的编号称为存储地址简称为地址。存储地址是存储单元的唯一标志，它们是一一对应的。

（3）**解**：读操作是指从 CPU 送来的地址所指定的存储单元中取出信息，再送给 CPU，其操作过程如下：

① 地址→MAR→AB：CPU 将地址信号送至地址总线。

② Read：CPU 发出读命令。

③ Wait for MFC：等待存储器工作完成信号。

④ M(MAR)→DB→MDR：读出信息经数据总线送至 CPU。

写操作是指将要写入的信息存入 CPU 所指定的存储单元中，其操作过程如下：

① 地址→MAR→AB：CPU 将地址信号送至地址总线。

② 数据→MDR→DB：CPU 将要写入的数据送至数据总线。

③ Write：CPU 发出写命令。

④ Wait for MFC：等待存储器工作完成信号。

（4）**解**：由于采用直接映射方式，所以主存的地址由区号 E、区内块号 B 和块内地址 W 构成，而 Cache 的地址由块号 b（b＝B）和块内地址 w（w＝W）构成。

Cache 容量为 16KB＝2^{14}B，所以 Cache 地址用 14 位表示，其中块内 4×32/8 个 B＝2^4B，w 用 4 位地址表示，Cache 块号 b 用 14－4＝10 位表示。

主存容量为 1MB＝2^{20}B，所以主存地址用 20 位表示，其中块内地址 W＝ w，即 4 位，区内块号 B＝b＝10 位，区号 E 用 20－10－4＝6 位表示。

主存地址 ABCDEH 用二进制表示为：1010 1011 1100 1101 1110，取后 W（＝w）位 1110，再往前取 B（＝b）位 1111001101，组合成 Cache 地址，即在 Cache 中的位置为：11110011011110。

（5）**解**：① 存储器的层次结构主要体现在 Cache—主存和主存—辅存这两个存储层次上。

② Cache—主存层次主要解决 CPU 和主存速度不匹配的问题，在存储系统中主要对 CPU 访存起加速作用。从 CPU 的角度看，该层次的速度接近于 Cache，而容量和每位价格却接近于主存。这就解决了存储器的高速度和低成本之间的矛盾。

主存—辅存层次主要解决存储系统的容量问题，在存储系统中主要起扩容作用。从程序员的角度看，其所使用的存储器的容量和每位价格接近于辅存，而速度接近于主存。该层次解决了大容量和低成本之间的矛盾。

③ 主存与 Cache 之间的数据调度是由硬件自动完成的，对程序员是透明的。而主存—辅存之间的数据调动，是由硬件和操作系统共同完成的。换言之，即采用虚拟存储技术实现。

存储器的层次结构主要体现在什么地方？为什么要分这些层次？

（6）**解**：16K＝2^{14}，有 14 根地址线，有 32 根数据线，所以地址线和数据线总和是 14＋32＝46 根。

规格：1K×4 位 128 片，2K×8 位＝4K×4 位＝16K×1 位＝32 片，4K×8 位 16 片，8K×8 位 8 片。

（7）什么叫刷新？为什么要刷新？说明刷新有几种方法。

为了保持数据，DRAM 使用 MOS 管的栅极电容存储数据，但是由于栅极漏电会造成数据丢失，因此隔一段时间就要对数据重写，对 DRAM 定期重写称为刷新。

如果存储单元没有被刷新，存储的信息就会丢失，所以一定要对 DRAM 刷新。

常用的刷新方式有四种：集中刷新方式、分散刷新方式、异步刷新方式、透明刷新方式。

① 集中刷新方式：在整个刷新间隔内集中对每一行进行刷新，刷新时读/写操作停止。每行的刷新周期一般与一次的读/写周期相等。

② 分散刷新方式：把每行存储元的刷新分散安排在各个读写周期内，即把读写周期分为两段，前段用来进行读/写，后段为刷新时间。

③ 异步刷新方式：将前两种刷新方式结合起来即可构成异步刷新方式。每行刷新的时间是行数对 2ms 的分割。

④ 透明刷新方式：CPU 在指令译码阶段，存储器是空闲的，可以利用这段空闲时间进行刷新操作，而不占用 CPU 时间。

（8）**解**：主存地址：

主存字块标记（8 位）	Cache 组号（4 位）	块内地址（7 位）

Cache 地址：

Cache 组号（4 位）	组内块号（2 位）	块内地址（7 位）

第 7 章　习题答案

1．I/O 系统的层次结构是怎样的？

I/O 子系统的层次结构如下图所示：

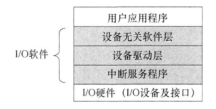

2．C 标准库函数是在用户态还是内核态执行？

用户态。

3．I/O 接口的作用是什么？具有哪些主要功能？

CPU 与外部设备的连接和数据交换都需要通过接口设备来实现，这种接口设备被称为 I/O 接口，又称设备控制器、I/O 控制器或 I/O 模块。

综合各种情况,I/O 接口的基本作用归纳如下。

(1) 数据缓冲功能:实现高速 CPU 与慢速外部设备的速度匹配。

(2) 信号转换功能:实现数字量与模拟量的转换、串行与并行格式的转换和电平转换。

(3) 中断控制功能:实现 CPU 与外部设备并行工作和故障自动处理等。

(4) 定时计数功能:实现系统定时和外部事件计数及控制。

(5) DAM 传送功能:实现存储器与 I/O 设备之间直接交换信息。

4. CPU 与 I/O 接口之间传送的信息有哪些?各表示什么含义?

数据信息:主要是各类数据。控制信息:也就是控制命令。状态信息:设备状态。

5. CPU 与 I/O 设备数据传送的控制方式有哪几种?它们各有什么特点?

在微机系统中,I/O 接口可采用的输入/输出控制方式一般有 4 种:查询控制方式、中断控制方式、直接存储器存取方式(DMA 方式)和输入/输出协处理器方式。

(1) 查询控制方式

查询控制方式分为无条件传送方式和条件传送方式。

① 无条件传送方式:这种方式是查询控制方式的特例,在此种条件下不需要查询,或假设查询已经完成。当 I/O 设备已准备就绪,而且不必查询它的状态就可以进行信息传输,这种情况就称为无条件传送。这种信息传送方式只适用于简单的 I/O 设备,如开关和数码段显示器等。

② 条件传送方式:CPU 主动查询,也称程序查询或轮询(Polling)方式。CPU 通过执行程序不断读取并测试 I/O 设备状态,如果输入外部设备处于已准备好状态或输出外部设备为空闲状态时,则 CPU 执行数据读/写指令。由于条件传送方式是 CPU 通过程序在不断查询 I/O 设备的当前状态后才进行信息传送,所以也称为"查询式传送"。条件传送方式的接口电路一般包括:传送数据接口及传送状态接口。当输入信息时,CPU 查询到 I/O 设备准备好后,则将接口的"准备好"标志位置 1。当输出信息时,I/O 设备取走一个数据后,CPU 将传送状态接口标志置为"空闲"状态,数据端口可以接收下一个数据。

(2) 中断控制方式

中断控制方式是一种高效的、适用于频繁而随机发生的小数据量的输入/输出请求的控制方法。中断控制方式中,主机启动外设后不需要等待查询,而是继续执行程序。当外设工作完成后便向 CPU 发中断请求。CPU 接到中断请求后在响应条件满足时可以响应,并由 CPU 执行中断服务程序以完成外设和主机的一次信息传送,完成传送后主机又继续执行主程序。

(3) DMA 控制方式

DMA 控制方式是一种通过 DMA 控制器大量、直接传送数据的方式。当某一 I/O 设备需要输入/输出一批数据时,它首先向 DMA 控制器发出请求,DMA 控制器接收到这一请求后,向 CPU 发出总线请求;此时若 CPU 响应 DMA 的请求,就把总线使用权赋给 DMA 控制器,则数据可以不通过 CPU,直接在 DMA 控制器操纵下进行。当这批数据传送完毕后,DMA 控制器就使得总线请求信号变得无效,CPU 检测到这一信号,即可收回总线使用权。

(4) 输入/输出协处理器方式

对于有大量输入/输出任务的微机系统,DMA 控制方式已经不能满足输入/输出的需求。为了满足输入/输出的需要,Intel 公司生产了与 x86 系列芯片配套的输入/输出协处理器(IOP)8089。系统中配置了 IOP 后,x86 系列 CPU 必须工作在最大模式。当 CPU 需要进行 I/O 操作时,只要在存储器中建立一个规定格式的信息块,设置好需要执行的操作和有关参数,然后把这些参数送入 IOP,IOP 即会执行输入/输出操作。如果在数据传送过程中出现错误,IOP 就会进行重复传送或做必要的处理。整个数据块的传送过程由 IOP 控制,在同时 CPU 可去完成其他作业。

6. 什么叫接口?I/O 接口的编址方式有哪两种?它们各有什么特点?

通常将 I/O 寄存器和它们的控制逻辑统称为 I/O 接口(Port),CPU 可对 I/O 接口中的信息直接进行读写。

CPU 对 I/O 设备的访问也就是对 I/O 接口电路中相应的接口进行访问,因此和访问存储器一样,也需要由译码电路来形成 I/O 接口地址。I/O 接口的编址方式有两种,分别称为存储器映象编址方式和 I/O 单独编址方式。

(1) 存储器映象编址方式

若把微机系统中的每一个 I/O 接口都看作一个存储单元,并与存储器单元一样统一编址,这样访问存储器的所有指令均可用来访问 I/O 接口,不用设置专门的 I/O 指令,这种编址方式称为存储器映像的 I/O 编址方式(Memory Mapped I/O)。这种编址方式的优点是:微处理器的指令集中不必包含专门的 I/O 操作指令,简化了指令系统的设计;可以使用类型多、功能强的存储器访问指令,对 I/O 设备进行方便、灵活的操作。缺点主要是在统一编址中,I/O 接口占用了存储单元的地址空间。

(2) I/O 单独编址方式

若对微机系统中的输入输出接口地址单独编址,构成一个 I/O 空间,它们不占用存储空间,系统用专门的 IN 指令和 OUT 指令来访问这种具有独立地址空间的接口,这种寻址方式称为 I/O 单独编址方式。Intel 8086 和 Intel 8088 等微处理器都采用这种寻址方式来访问 I/O 设备。在 Intel 8086 中,使用地址总线的低 16 位($A_0 \sim A_{15}$)来寻址 I/O 接口,最多可以访问 $2^{16}=65536$ 个输入或输出接口。Intel 8086 CPU 中的 M/$\overline{IO}$ 控制信号用来区分是 I/O 寻址还是存储器寻址,当它为高电平时,表示 CPU 执行的是存储器操作,为低电平时则是访问 I/O 接口。

I/O 单独编址方式的优点是:将 I/O 指令和存储器访问指令区分开,使程序清晰,可读性好;I/O 指令长度短,执行的速度快。I/O 接口不占用存储内存空间;I/O 地址译码电路较简单。此种编址方式的不足之处是:CPU 指令系统中必须设有专门的 IN 和 OUT 指令,这些指令的功能没存储器访问指令强;CPU 还需提供能够区分访问内存和访问 I/O 接口的硬件引脚信号。

7. 在中断响应过程中,8086 往 8259A 发的两个 $\overline{INTA}$ 信号分别起什么作用?

某级中断被响应后,当 8259A 收到第 1 个中断响应信号 $\overline{INTA}$ 后,ISR 中对应位就被置"1";当 8259A 收到第 2 个中断响应信号 $\overline{INTA}$ 后,8259A 就自动将 ISR 中对应位清"0",并向 8086 发送中断类型码。

8. 8086 最多可有多少级中断?按照产生中断的方法分为哪两大类?

8086 最多可有 256 种中断。在计算机系统中,引起中断的原因或能发出中断请求的外设称为中断源。8086/8088 系列微机系统有两种中断源,一种称为硬件中断源或外部中断源,它们从 CPU 的不可屏蔽中断引脚 NMI 和可屏蔽中断引脚 INTR 引入;另一种称为软件中断源或内部中断源,是为解决 CPU 运行过程中出现的一些意外事件或便于程序调试而设置的。因此,根据不同的中断源,可以把 8086/8088 系列微机的中断分为硬件中断和软件中断两大类。

9. 非屏蔽中断有什么特点?可屏蔽中断有什么特点?分别用在什么场合?

从 NMI 和 INTR 引脚引入的中断属于硬件中断(外部中断)。其中,从 NMI 引脚引入的中断称为非可屏蔽中断。非可屏蔽中断用来应对比较紧急的情况,如断电、存储器或 I/O 校验错、协处理器异常中断请求等,它不受中断标志 IF 的影响,CPU 必须马上响应和处理。非可屏蔽中断通常采用边沿脉冲触发,当 8086/8088 处理器的 NMI 引脚上接收到由低到高的电平变化时,将自动产生中断类型码为 2 的非可屏蔽中断。

从 8086/8088 处理器的 INTR 引脚引入的中断请求称为可屏蔽中断。只有当 CPU 的标志寄存器 FLAGS 的中断标志位 IF=1 时,才允许响应此引脚引入的中断请求;若 IF=0,即使外部有中断请求,也不能响应中断。在 8086/8088 系列微机中,这类中断是通过 8259A 可编程中断控制器的输出引脚 INT,连到 CPU 的 INTR 引脚上去的。

10. 什么叫中断向量?它放在哪里?对应于 1CH 的中断向量存放在哪里?如果 1CH 的中断处理子程序从 3550H:1050H 开始,则中断向量应怎样存放?

通常,将中断服务程序的入口地址称为中断向量。中断入口地址位于内存 00000~003FFH 的区域中,存储了这些地址的连续空间称为中断向量表。1CH * 4。从 3550H:1050H 开始,IP 填充为低 2 字节内容,CS 填充为高 2 字节内容。

11. 从 8086/8088 的中断向量表中可以看到,如果一个用户想定义某个中断,应该选择在什么范围?

0080H 到 03FFH 之间。

12. 非屏蔽中断处理程序的入口地址怎样寻找?

从类型 0 到类型 4 的 5 个中断被定义为专用中断,它们分别是:除法出错中断、单步中断、非可屏蔽(NMI)中断、断点中断和溢出中断。专用中断的中断服务程序的入口地址分别存放在 00H、04H、08H、0CH、和 10H 开始的 4 个连续单元中。例如,对类型号为 2 的非可屏蔽中断,它的中断服务程序的入口地址存放在 00008H~0000BH 单元之中,其中 CS 存放在 0000AH 开始的字单元中,IP 存放在 00008H 开始的字单元中。

13. 叙述可屏蔽中断的响应过程,一个可屏蔽中断或者非屏蔽中断响应后,堆栈顶部四个单元中是什么内容?

中断响应时,CPU 除了要向中断源发出中断响应信号($\overline{\text{INTA}}$)外,还要做下面 4 项工作。

(1) 保护硬件现场,即将标志寄存器 FLAGS 压栈保存。

(2) 保护断点。将断点的段地址(CS 值)和偏移量(IP 值)压入堆栈,以保证中断结束后能正常返回到被中断的程序。

(3) 获得中断服务程序入口地址。

(4) 转移到中断服务程序。

堆栈顶部为:段地址 2 个字节,偏移量 2 个字节,标志寄存器 2 个字节。

14. 一个可屏蔽中断请求来到时,通常只要中断允许标志为 1,便可在执行完当前指令后响应,在哪些情况下有例外?

有更高级别可屏蔽中断发生,有非可屏蔽中断发生,IMR 对应位为 1,即关屏蔽状态。

15. 在编写中断处理子程序时,为什么要在子程序中保护许多寄存器?

CPU 响应中断时自动完成 CS 和 IP 寄存器以及标志寄存器 FLAGS 的压栈,但主程序中使用的寄存器的保护则由用户按照需要而定。由于中断服务程序中也使用某些寄存器,若对这些寄存器在中断前的值不加以保护,中断服务程序会将其修改,这样中断服务程序返回主程序后,主程序就不能正确执行。对现场的保护,实际上是通过执行 PUSH 指令将需要保护的寄存器内容推入堆栈而完成的。

16. 中断指令执行时,堆栈的内容有什么变化?中断处理子程序的入口地址是怎样得到的?

(1) 保护硬件现场,即将标志寄存器 FLAGS 压栈保存。

(2) 保护断点。将断点的段地址(CS 值)和偏移量(IP 值)压入堆栈,以保证中断结束后能正常返回到被中断的程序。因为每个中断向量要占用 4 个字节的存储单元,所以必须将中断类型号 n 乘以 4 才能找到此类型的中断向量。

17. 中断返回指令 IRET 和普通子程序返回指令 RET 在执行时,具体操作内容有什么不同?

中断返回通过执行中断返回指令 IRET 实现,其操作正好是 CPU 硬件在中断响应时自动保护硬件现场和断点的逆过程,CPU 自动从现行堆栈中弹出 CS、IP 和标志寄存器 FLAGS 的内容,以便继续执行主程序。RET 为一般子程序返回指令,从堆栈中弹出主程序断点并返回。

18. 若在一个系统中有五个中断源,它们的优先权排列为:1、2、3、4、5,它们的中断服务程序的入口地址分别为:2000H、2010H、2030H、2060H、20B0H。编一个程序,使得当有中断请求 CPU 响应时,能以查询方式转至申请中断的优先级最高的源的中断服务程序。

解:若 5 个中断源的中断请求放在一中断状态寄存器中,按优先权分别放在状态的 7 位(优先权最高)至位 3 中。查询方法的程序段为:

```
        IN      AL, STATUS
        CMP     AL, 80H
        JNE     N1
        JMP     2000H

N1:     IN      AL,  STATUS
        CMP     AL,  40H
        JNE     N2
        JMP     2010H

N2:     IN      AL,  STATUS
        CMP     AL,  20H
        JNE     N3
        JMP     2030H

N3:     IN      AL,  STATUS
        CMP     AL,  10H
        JNE     N4
        JMP     2060H
```

```
N4:   IN    AL,   STATUS
      CMP   AL,   08H
      JNE   N5
      JMP   20B0H
N5:   RET
```

19. 设置中断优先级的目的是什么？

CPU 暂停现行程序而转去响应中断请求的过程称为中断响应；为使系统能及时响应并处理发生的所有中断，系统根据引起中断事件的重要性和紧迫程序，硬件将中断源分为若干个级别，称作中断优先级。设定中断优先级的目标是解决多个中断源同时发出中断申请的问题。

由于中断的产生具有随机性，当系统中的中断源多于 1 个的时候，就有可能在某一时刻有两个或多个中断源同时发出中断请求。而 CPU 只有一条中断申请线，并且任一时刻只能响应并处理一个中断。这就要求 CPU 能够识别中断源，找出中断优先级最高的中断源并响应之，在这个中断响应完成后，再响应级别较低的中断源的请求。中断源的识别及其优先级的顺序判定就是中断源识别（中断判优）要解决的问题。

20. 可编程中断控制器 8259A 在中断处理时，协助 CPU 完成哪些功能？

8259A 可协助 CPU 完成如下中断管理任务：

（1）接受外部设备的可屏蔽中断请求，并经优先权电路判决找出优先级最高的中断源，然后向 CPU 发出中断请求信号 INT。一片 8259A 可接受 8 级可屏蔽中断请求，通过 9 片 8259A 级联可管理 64 级可屏蔽中断。

（2）8259A 具有允许或禁止（屏蔽）某个可屏蔽中断的功能。8259A 中断控制器可对提出中断请求的 I/O 设备进行允许或屏蔽，采用 8259A 可使系统无须添加其他电路，只需要对 8259A 进行级联就可管理 8 级、15 级或最多到 64 级的可屏蔽中断。

（3）为 CPU 提供中断类型号（可编程的标识码），也就是中断服务程序入口地址指针，这是 8259A 最突出的特点之一。CPU 在中断响应周期根据 8259A 提供的中断类型号乘以 4，找到中断服务程序的入口地址来实现中断服务程序的转移。

（4）8259A 具有多种中断优先权管理方式，可通过编程来进行选择。

21. 什么是中断响应周期？在中断响应中 8086CPU 和 8259A 一般完成哪些工作？

中断响应周期是指当 CPU 采用中断方式实现主机与 I/O 交换信息时，CPU 在每条指令执行阶段结束前，都要发中断查询信号，以检测是否有某个 I/O 提出中断请求。如果有请求，CPU 则要进入中断响应阶段，又称中断周期。8259A 在 8086/8088 微机系统中的中断响应过程如下：

（1）若中断请求线（$IR_0 \sim IR_7$）上有一条或几条变为高电平时，则将中断请求寄存器 IRR 的相应位置位。

（2）若 IRR 某一位被置 1 后，则检查 IMR 中相应的屏蔽位，若该屏蔽位为 1，则禁止该中断请求；若该屏蔽位为 0，则将中断请求发送给优先权电路。

（3）优先权电路接收到中断请求后，比较它们的优先级，把当前优先级最高的中断请求信号由 INT 引脚输出，发送到 CPU 的 INTR 端。

（4）如果 CPU 处于开中断状态（IF＝1），则在当前指令执行完毕后，向 8259A 发出

$\overline{\text{INTA}}$中断响应信号。

（5）若 8259A 接收到 CPU 的第 1 个 $\overline{\text{INTA}}$ 信号,把 ISR 中对应于允许中断的最高优先级请求位置 1,并清除 IRR 中的相应位。

（6）CPU 向 8259A 发出第 2 个 $\overline{\text{INTA}}$,在该脉冲期间,8259A 向 CPU 发出中断类型号。

（7）如果 8259A 设置为自动中断结束方式,则第 2 个 $\overline{\text{INTA}}$ 结束时,相应的 ISR 位被清"0"。在其他方式中,ISR 相应位由中断服务程序结束时发出的 EOI 命令来清"0"。

如果 8259A 为级联方式的主从结构,且某从 8259A 的中断请求优先级最高,则在第 1 个 $\overline{\text{INTA}}$ 脉冲结束时,主 8259A 将这个从设备标志 ID 发送到级联线上。系统中的每个从 8259A 把这个标志与自己级联缓冲器中保存的标志相比较,在第 2 个 $\overline{\text{INTA}}$ 期间,将被选中的从 8259A 的中断类型号发送到数据总线上。

（8）CPU 收到从 8259A 发来的中断类型号,将它乘以 4 得到中断向量,然后跳转至中断服务程序。

22. 8086 有哪几种中断? 哪些是硬件中断? 哪些是软件中断?

根据不同的中断源,可以把 8086/8088 系列微机的中断分为硬件中断和软件中断两大类。8086/8088 系列微机系统有两种中断源,一种称为硬件中断源或外部中断源,它们从 CPU 的不可屏蔽中断引脚 NMI 和可屏蔽中断引脚 INTR 引入;另一种称为软件中断源或内部中断源,是为解决 CPU 运行过程中出现的一些意外事件或便于程序调试而设置的。

23. 什么是 8086 的中断向量? 中断向量表是什么? 8086 的中断向量表放在何处?

通常,将中断服务程序的入口地址称为中断向量。8086/8088 系列微机可处理 256 种中断,类型号为 0～255(0～FFH)。每种中断对应一个入口地址,需要用 4 个字节存储 CS 和 IP,这样 256 种中断的入口地址要占用 1K 字节。中断入口地址位于内存 00000～003FFH 的区域中,存储了这些地址的连续空间称为中断向量表。

24. 8259A 的中断屏蔽寄存器 IMR 和 8086/8088 的中断允许标志 IF 有什么差别? 在中断响应过程中,它们怎样配合起来工作?

IMR 为 8259A 中断控制器的一部分,通过它可对可屏蔽中断的申请进行屏蔽和允许操作。IF 为 CPU 中的中断允许标志,只有当 IF＝1 时,才能允许可屏蔽中断。一个可屏蔽中断,只有当 IMR 对应位为 0 且 IF＝1 时,CPU 才能够响应其中断请求。

25. 8259A 有几种结束中断处理的方式? 各自应用在什么场合? 除了中断自动结束方式以外,其他情况下如果没有在中断处理程序中发中断结束命令,会出现什么问题?

8259A 中断结束管理可分为如下 3 种方式。

（1）自动中断结束方式:在此方式下,某级中断被响应后,当 8259A 收到第 1 个中断响应信号 $\overline{\text{INTA}}$ 后,ISR 中对应位就被置"1";当 8259A 收到第 2 个中断响应信号 $\overline{\text{INTA}}$ 后,8259A 就自动将 ISR 中对应位清"0"。这时,该中断服务程序可能还在执行,但对 8259A 来说,因为在 ISR 中对应标志位为"0",它对本次中断的控制已经结束。在此方式下,当中断服务程序结束时,不需要向 8259A 发送 EOI 命令(中断结束命令),本方式是一种最简单的中断结束方式。

（2）普通中断结束方式:适用于一般全嵌套方式。在这种方式下,当中断服务结束时,由 CPU 发送一个普通 EOI 命令,在 8259A 收到该命令后,将当前 ISR 中最高优先级对应的位清"0"。此方式只有在当前结束的中断总是尚未处理完的优先级最高的中断时才能使用。

倘若在中断服务中修改过中断优先级,则不能采用这种方式。

(3)特殊中断结束方式:因为在自动循环、特殊循环等方式下,无法根据 ISR 的内容来确定哪一级中断是最后响应和处理的,这时就要采用特殊的中断结束方式来指出应将 ISR 寄存器中哪一个置"1"位清 0。

特殊中断结束方式与普通中断结束方式类似,当中断服务结束,CPU 给 8259A 发出 EOI 命令的同时,将当前结束的中断级别也发送给 8259A。即在命令字中明确指出对 ISR 寄存器中指定优先级相应位清"0",所以这种方式也称为"指定 EOI 方式"。

特殊中断结束方式在任何情况下都可以使用,尤其适合 8259A 级联方式。这时,当中断结束时,CPU 应发出两个 EOI 命令,一个发送给主 8259A,用来将主 8259A 的 ISR 相应位清"0";另一个发送给从 8259A,用来将从 8259A 中的 ISR 相应位清"0"。

不发中断命令造成认为中断未能结束,挡住了低级别中断请求。

26. 8259A 引入中断请求的方式有哪几种? 如果对 8259A 用查询方式引入中断请求,那会有什么特点? 中断查询方式用在什么场合?

(1)引入中断请求方式有:边沿触发方式,电平触发方式,中断查询方式。

(2)中断查询方式特点:

① 设备通过 8259 发中断信号,但不用 INT 信号。

② CPU 内部 IF=0,禁止了外部对 CPU 的中断请求。

③ CPU 用软件查询来确定中断源,从而实现对设备的中断服务。

(3)中断查询方式,一般用在多于 64 个中断的场合。也可以用在一个中断服务程序中的几个模块分别为几个中断设备服务的情况。

27. DMA 控制器 8237A 有哪两种工作状态,其工作特点如何?

在 DMA 控制器获得总线控制权之前,它受 CPU 的控制,需要由 CPU 对 DMA 控制器进行编程,以确定通道的选择、数据传送的方式和类型、内存单元起始地址、地址是递增还是递减及传送的总字节数等。CPU 也可以读取 DMA 控制总线的状态,此时,CPU 处于主工作状态,而 DMA 控制器和其他芯片一样,是系统总线的从设备,它的工作方式被称为从工作状态方式。

当 DMA 控制器得到总线控制权后,DMA 就处于主工作状态,在 DMA 控制下,I/O 设备和存储器之间或存储器与存储器之间可进行直接的数据传送。

28. 8237A 的当前地址寄存器、当前字节计数寄存器和基字节寄存器各保存什么值?

当前地址寄存器:保存 DMA 传送期间的地址值。当前字节计数寄存器:保存当前字节数。基字节寄存器:保存数据传送的初始地址。

29. 8237A 进行 DMA 数据传送时有几种传送方式? 其特点是什么?

当 8237A 从 CPU 获得总线控制权后,作为主控设备执行 DMA 传送时有单字节传送方式、块传送方式、请求传送方式、级联传送方式等 4 种数据传送方式。

(1)单字节传送方式

8237A 控制器每响应一次 DMA 申请,只传送一个字节的数据,数据传送后当前字节计数器自动减1,当前地址寄存器作加 1 或减 1 修改;8237A 撤销 HRQ 信号,释放系统总线控制权,并退还给 CPU。如果传送使当前字节计数器减为 0,或接收到外部 $\overline{EOP}$ 信号时,终止 DMA 过程。

（2）块传送方式

在这种传送方式下,8237A 每响应一次 DMA 请求要连续地传送一个数据块,直到当前字节计数器减为 0 或接收到外部 $\overline{EOP}$ 信号时,终止 DMA 传送,8237A 释放总线。8237A 在进行块传送时,HRQ 信号一直保持有效。

（3）请求传送方式

这种方式与块传送方式类似,按照字节计数器的设定值进行传送,只是在这种传送方式下,要求 DREQ 在整个传送期间一直保持有效,8237A 每传送一个字节就要检测一次 DREQ,若有效则继续传送下一个字节;若无效则停止传送,结束 DMA 过程。此时,DMA 的传送现场全部保留,待请求信号 DREQ 再次有效时,8237A 按原来的计数和地址值继续进行传送,直到计数器减为 0 或接收到外部 $\overline{EOP}$ 信号时才终止 DMA 传送,释放总线。

（4）级联传送方式

这种传送方式实际上是扩充通道数,当一片 8237A 通道不够用时,可通过多片级联的方式增加 DMA 通道。级联由主、从两级构成,从片 8237A 的 HRQ 和 HLDA 引脚分别与主片 8237A 的 DREQ 和 DACK 引脚相连,一个主片至多可连接四个从片。在级联工作方式下,8237A 从片负责进行 DMA 数据传送,主片在从片和 CPU 之间传递联络信号,并负责对从片的优先级进行管理。

30. 8237A 有几种对其 DMA 通道屏蔽位操作的方法?

两种,分别为单通道屏蔽字和四通道屏蔽字。

31. 8237A 的清除命令有哪些? 都起什么作用?

8237A 的清除命令不需要写入命令寄存器,只需要对特定的 DMA 端口执行一次写操作即可完成清除任务,并且与写入的数据无关。8237A 的清除命令共有 3 条。

（1）主清除命令

主清除命令的功能与硬件 RESET 信号作用类似,可以对 8237A 进行软件复位。执行主清除命令,只要对 $A_3 \sim A_0 = 1101$ 的端口进行一次写操作,便可以使 8237A 处于复位状态。

（2）清除先/后触发器命令

在向 8237A 通道内的 16 位寄存器进行读写时,因为数据线是 8 位,所以要分 2 次写入。可以用先/后触发器来控制读/写 16 位寄存器的高字节还是低字节。当先/后触发器为"0"时,对低字节操作;当先/后触发器为"1"时,对高字节操作。要注意先/后触发器有自动置位功能,在执行 RESET 或清除命令之后,该触发器为"0",CPU 可访问寄存器的低字节。当 CPU 访问之后,先/后触发器自动置位为"1",CPU 可访问寄存器的高字节。当 CPU 再次访问之后,先/后触发器又自动置位为"0"。先/后触发器的端口地址为 $A_3 \sim A_0 = 1100$。

（3）清除屏蔽位命令

当 8237A 的 DMA 通道初始化时,需要清除屏蔽位以开放各通道的 DMA 请求。执行清除屏蔽位命令只需对端口地址 $A_3 \sim A_0 = 1110$（屏蔽寄存器地址）进行一次写"0"操作,就可清除四个通道的屏蔽位,开放全部通道的 DMA 请求。

32. 设处理器按 800MHz 的速度执行,每次中断传输一个 8 字节的数据,磁盘传输速率为 4MB/s,在磁盘传输数据过程中,要求没有任何数据被错过。

（1）若采用中断方式,每次传送的开销（包括用于中断响应和处理的时间）是 800 个时钟周期。那么处理器用在硬盘 I/O 操作上所花的时间百分比(主机占用率)为多少？

为保证没有任何数据传输被错过,CPU 每秒应该至少执行 4MB/8B＝0.5×10^6 次中断,每秒内硬盘数据传输的时钟周期数为 0.5×10^6×800＝400×10^6,故主机占用率是 400×10^6/800×10^6＝50%。

(2) 若采用 DMA 方式,处理器用 500 个时钟进行 DMA 传送初始化,在 DMA 完成后的中断处理需要 500 个时钟。如果每次 DMA 传送 8 000B 的数据块,处理器用在硬盘 I/O 操作上的时间百分比(主机占用率)为多少？

从硬盘上读/写 8 000B 的数据所需时间为 8 000/4 MB/s＝2.048 ms≈2 ms,如果硬盘一直处于工作状态的话,为了不错过任何数据,CPU 必须每秒钟有 1/2×10^3＝500 次 DMA 传送,一秒内 CPU 用于硬盘 I/O 操作的时间周期数为 500×(500＋500)＝0.5×10^6。因此,CPU 用于硬盘 I/O 的时间占整个 CPU 时间的百分比大约 0.5×10^6/800×10^6＝0.062 5%。

参 考 文 献

［1］　袁春风. 计算机系统基础,北京:机械工业出版社,2014.

［2］　Tanenbaum. 结构化计算机组成 . 刘卫东,译.北京:机械工业出版社,2014.

［3］　［美］帕特(Patt. Y. N),等.计算机系统概论(英文版). 北京:机械工业出版社,2006.

［4］　Randal E. Bryant,David O'Hallaron. 深入理解计算机系统 . 龚奕利,等,译.北京:机械工业出版社,2011.

［5］　刘真.计算机系统原理［M］. 北京:机械工业出版社,2011.

［6］　Ian McLoughlin. 计算机体系结构嵌入式方法［M］.王沁,等,译.北京:机械工业出版社,2012.

［7］　J. 斯坦利·沃法德.计算机系统核心概念及软硬件实现［M］. 龚奕利,译. 北京:机械工业出版社,2015.

［8］　李晓明. 计算机系统平台［M］. 北京:清华大学出版社,2009.

［9］　张新荣,等.计算机组成原理［M］. 北京:机械工业出版社,2010.